浙江省科技计划项目
"人工湿地氮磷深度削减集成技术研发和应用"
（2019C03102）资助

浙江省科技计划项目
"基于新型轻质载体的制备改性及其在水处理中的应用研究"
（2018F10031）资助

浙江省自然科学基金资助项目
"基于自然通风的生物滤床——人工湿地耦合系统处理生活污水机理及系统优化研究"
（LY18E080005）资助

水环境治理与保护丛书

尾水人工湿地

设计与实践

Design and Practice of
Tailwater
Constructed Wetland

中国电建集团华东勘测设计研究院有限公司

魏俊　韩万玉　杜运领 等　编著

中国水利水电出版社
www.waterpub.com.cn
·北京·

内 容 提 要

本书基于党的十九大提出建设生态文明、十八大提出建设美丽中国、2015 年实施水污染防治行动计划即"水十条"及 2013 年浙江省全面实施"五水共治"等大背景，全面系统地总结了尾水人工湿地的设计、施工和运行经验。通过对人工湿地技术发展的回顾，对尾水人工湿地的工艺设计、景观设计、防渗设计与施工、填料设计与施工、防堵塞设计、植物设计和湿地工程运行管理等进行了分析总结，并介绍了九个各具特点的工程案例。

本书可供从事水污染控制和水资源保护的科研、规划、设计与管理人员参考，也可供高等院校相关专业师生参阅。

图书在版编目（C I P）数据

尾水人工湿地设计与实践 ／ 魏俊等编著. -- 北京 ：
中国水利水电出版社，2019.8
（水环境治理与保护丛书）
ISBN 978-7-5170-7836-4

Ⅰ．①尾… Ⅱ．①魏… Ⅲ．①人工湿地系统－污水处理工程－设计 Ⅳ．①X703

中国版本图书馆CIP数据核字(2019)第153477号

书　　名	水环境治理与保护丛书 **尾水人工湿地设计与实践** WEISHUI RENGONG SHIDI SHEJI YU SHIJIAN
作　　者	中国电建集团华东勘测设计研究院有限公司 魏俊　韩万玉　杜运领　等　编著
出版发行	中国水利水电出版社 （北京市海淀区玉渊潭南路 1 号 D 座　100038） 网址：www. waterpub. com. cn E - mail：sales@waterpub. com. cn 电话：(010) 68367658（营销中心）
经　　售	北京科水图书销售中心（零售） 电话：(010) 88383994、63202643、68545874 全国各地新华书店和相关出版物销售网点
排　　版	中国水利水电出版社微机排版中心
印　　刷	北京印匠彩色印刷有限公司
规　　格	210mm×285mm　16 开本　24.25 印张　559 千字
版　　次	2019 年 8 月第 1 版　2019 年 8 月第 1 次印刷
印　　数	0001—1600 册
定　　价	**198.00 元**

本 书 编 委 会

顾　　　问：郭　忠　吴关叶　陈晨宇　章立峰

主　　　编：魏　俊　韩万玉　杜运领

副 主 编：孔令为　叶红玉　李小艳　杨永兴

主　　　审：程开宇　徐建强　陶如钧　成水平　徐美福

编　　　委：赵梦飞　王济来　胡剑东　苏　展　宋凯宇
　　　　　　吕丰锦　刘伟荣　金　诚　肖生明　李　珍
　　　　　　李　宇　严海波　赵　炜　周笑天　郑　亨
　　　　　　斯筱洁　高祝敏　唐颖栋　高全喜　沈昌明
　　　　　　陈文峰　许良峰　温东辉　Gunther Geller
　　　　　　Heribert Rustige　程鹏宇　章粟粲　吕权伟
　　　　　　李天飞　王礼兵　王明铭　杨　彬　李中坚
　　　　　　黄　靖　闫　亮　周　严　王晓敏　孙　健
　　　　　　潘洋洋　汪　洋　傅　睿　吴书鑫　裴毓雯
　　　　　　卢烨彬　杨　东　潘笑文　王　晓　陈　广
　　　　　　杜建强　张　瑛　潘志灏　刘新超　李　春
　　　　　　徐晓颖

主 编 单 位：中国电建集团华东勘测设计研究院有限公司

副主编单位：浙江省环境保护科学研究院
　　　　　　浙江大学

序

湿地由于其在水生态中的巨大作用，被誉为"地球之肾"，而人工湿地则是湿地功能经人工强化后用于污水处理的一种方法和技术。对人工湿地技术进行有目的的研究和应用始于 20 世纪 50 年代的德国。迄今为止，人工湿地已成为世界上公认的一种环境友好型的"绿色"污水处理技术。由于其成本、能耗较低，管理维护较易且设计应用灵活，人工湿地在世界各地都有成功应用的实例。近年来，人工湿地技术的研究和应用在国际上更是日趋活跃，每年都有人工湿地技术的国际学术交流和研讨会议。国际水协会（International Water Association）设有人工湿地专家委员会，以引领人工湿地技术的发展。

从人工湿地净化污水的原理看，污染物的去除主要是依靠湿地填料、湿地植物和大量附着生长的微生物的物理、化学及生物的协同作用，其净化机理亦相当复杂。在我眼里，人工湿地属于生物膜法的范畴，湿地中的填料是其核心，是污水处理效果的最主要承担者。也就是说，人工湿地技术的成败和研发必须在填料上做文章，而不是湿地植物。然而，湿地植物的作用和价值不可忽视。人工湿地在净化污水的同时，水和植物构成的体系使其兼具了保护生物多样性、调节小气候和提供生物栖息地等功能。这使人工湿地系统有别于其他污水处理系统，成为其特质。不可否认，相对于传统污水处理工艺，人工湿地占地面积往往较大，这成为人工湿地最大的"硬伤"和在实践应用中被否决的最主要的原因，而恰恰是湿地植物独具的景观价值可以弥补湿地占地大的"硬伤"。人工湿地具有景观营造所必需的水和植物两大要素，可以说一旦人工湿地系统在工艺设计的基础上再由景观设计师尽情发挥，必将创造出集污水处理、景观、休闲娱乐、科普教育等多功能于一体的花园式/公园式的"绿色基础设施"，这是目前其他污水处理工艺无法比拟的。本书正是在功能型湿地与景观型湿地的融合方面做了许多有价值的探索和实践。

在中国，随着环境保护越来越重要，水环境的治理也正快速推进，特别是在目前中国开展的"海绵城市"建设、"黑臭水体"治理和污水处理厂的提标改造等方面，人工湿地技术均大有可为。然而，人工湿地尤其是大型人工湿地在尾水提标改造和水环境生态修复领域的应用案例较少，可供借鉴参考的资料缺乏，亟须业界同行将自己的设计和实践经验进行交流沟通。

鉴于此，由中国电建集团华东勘测设计研究院有限公司水环境工程院副院长魏俊等所著的《尾水人工湿地设计与实践》一书，及时总结了他及其团队在人工湿地技术与工程方面的有益探索成果，特别是景观型尾水人工湿地方面的研究和实践经验，无私地供业界参考交流。此书贯彻理论联系实际的原则，既突出理论知识的应用，又包含了大量的第一手资料和现场图片，具有针对性和实用性，特别是大型人工湿地与景观结合的具体项目实例，体现了作者的设计理念和对人工湿地技术与景观营造的理解和认识，对当前污水处理厂的提标改造、"海绵城市"建设和"黑臭水体"治理等都具有很好的借鉴作用和参考价值。全书结构合理、逻辑严谨、行文流畅、风格统一、图文并茂，给人清新之感，具有很强的可读性。

我能为此书作序，感到非常的荣幸。魏俊曾两次参加我在中国组织和举办的"人工湿地污水处理理论、设计及应用高级国际研修班"，并将其学习成果展现在大型人工湿地项目的工程实践中。此书的出版是他本人的思考和总结，无疑也是对人工湿地技术在中国的发展所作的贡献。希望本书能有助于推进中国城市水环境建设和生态修复的伟大事业，也希望本书能为工程技术人员所喜爱。

赵亚乾

于爱尔兰都柏林大学

2019 年 1 月

（赵亚乾，现任西安理工大学全职特聘教授，陕西省"百人计划"特聘教授，国际水协会会士（FIWA），曾任爱尔兰都柏林大学土木工程系水环境实验室主任、教授、博士研究生导师。）

湿地与森林、海洋并称为全球三大生态系统，湿地生物多样性丰富，生产力较高。根据《第二次全国湿地资源调查报告》，我国的湿地面积约 53.6 万 km^2。湿地具有调节气候、涵养水源、维持生物多样性、固碳、美化环境等多种功能。人工湿地是湿地的一种，广义上来讲，指由人工参与建设并由人为操作与控制的湿地，包括池塘、稻田、水库、渠道、鱼塘等。本书特指用于水处理的人工湿地。近年来，随着国家"水十条""海绵城市""城市双修"等工作的开展，人工湿地项目呈现快速增长的势头，尤其是在城市污水处理厂尾水提标方面，由于其具有景观效果好、环境影响小等优点，得到广泛应用。

我们对尾水人工湿地的认知和实践经历了三个阶段。

第一阶段是 2011—2012 年：认知阶段。此阶段在开展水环境方面的科研课题中，我们系统地调研了国内 20 余处的湿地工程，梳理了国内外有关湿地的研究成果，从工程的角度进行总结，将国内的湿地工程分为三类：第一类是以水处理功能为主的人工湿地；第二类是以景观游憩体验为主的湿地公园；第三类是以自然保护功能为主、兼有小部分景观游憩体验功能的湿地公园。这个阶段，我们关注的重点是第一类，作者认为绝大多数水处理型人工湿地目标过于聚焦于水质处理，且参与的专业单一，使得工程的景观、游憩、科普教育等功能较弱，没有充分发挥湿地工程的优势。随着城市化的发展，对污水处理设施的园林化、景观化呼声越来越高，人工湿地作为一种水处理工艺日渐被广泛应用，人工湿地的景观功能也日益受到重视。打造景观型尾水人工湿地，将是一个重要的发展方向，这是此阶段得到的一个重要结论。

第二阶段是 2013—2016 年：实践阶段。2013 年我们迎来了一个契机，承担了东阳市江滨景观带湿地公园工程的设计施工（EPC）总承包任务（简称"东阳项目"）。该工程列入了 2014 年浙江省"五水共治"重点工程和东阳市 2014 年重点建设工程，项目工期紧张，而参建各方又没有大型潜流人工湿地的施工经验，虽然面临一系列问题和挑战，但通过近半年夜以继日地设计和近一年半的现场建设，项目在原方案的基础上实现了蜕变，我们对人工湿地的认知也发生了飞跃。诚然，现在回过头去看，从最终呈现的景观效果来说，该项目在传统的水处理型人工湿地（1.0 版本）基础上提升到了 2.0 版本，但相比纯景观的湿地公园还有不小差距，很多环节留有不少的遗憾，很多细节有待打磨，我们期望在新的项目中打造 3.0 版本。

第三阶段是 2017 年至今：总结反思和深入实践阶段。东阳项目完工后，我们又陆续开展了一系列尾水人工湿地工程的咨询、设计和总承包工作。在工作过程中，我们查阅了国内外绝大部分湿地类书籍，总体上可以将其分为三类：第一类是偏景观的湿地公园类的案例或介绍湿地植物的图书；第二类是研究湿地生态系统的学术型著作；第三类是关于水处理人工湿地设计的图书。没有找到由工程设计人员编著的讲述尾水人工湿地设计和实践类的书籍，因此我们希望能系统总结此方面取得的经验和教训，在更大范围内来共享这些经验，谋定而后动，就促成了本书的出版。

本书是"水环境治理与保护丛书"的第二卷。第一卷是《城市水环境治理理论与实践》，主要介绍了杭州市市区河道治理的经验，可认为是河道卷。该书已经由中国水利水电出版社出版。本书则系统总结了污水处理厂尾水人工湿地的设计、建设和运行等，为湿地卷。全书共计 21 章，分为两部分：第一部分是理论篇，第二部分是案例篇。随着实践工作的开展，我们对人工湿地的认知仍将不断发展，因此，本书的出版不是结束，而是一个新的开始。一切过往，皆为序章！

本书适合从事水环境治理工程的科研、规划、设计、施工、管理、运营等方面的技术人员和管理人员阅读，也可作为高等院校环境科学、环境工程等专业的参考教材。感谢同济大学周琪教授、闻岳教授，浙江大学许良峰博士，中国环境科学研究院张列宇研究员，捷克生命科学大学 Jan Vymazal 教授，西安建筑科技大学杨永哲教授，上海甚致环保科技有限公司高康总经理，华东勘测设计研究院有限公司胡赛华总经济师、李海林主任、徐康安总工程师、徐堃副总建筑师等在项目实施过程、日常工作及本书编写过程中给予的帮助和指导。另外，在编写过程中，参考引用了同行公开发表的有关文献与技术资料，在此一并表示感谢。

由于作者编纂时间有限，限于理论和实践的认知水平，书中难免存在不足甚至是错误，敬请读者批评指正！

作者

2019 年 1 月

植 物 名 称 列 表

中文名称	拉 丁 名 称	中文名称	拉 丁 名 称
菖蒲	*Acorus calamus*	落羽杉	*Taxodium distichum*
池杉	*Taxodium ascendens*	木槿	*Hibiscus syriacus*
穿叶眼子菜	*Potamogeton perfoliatus*	满江红	*Azolla imbircata*
茨藻	*Najas marina*	马来眼子菜	*Potamogeton wrightii*
大米草	*Spartina anglica*	美人蕉	*Iris tectorum*
东南景天	*Sedum alfredii*	萍蓬草	*Nuphar pumilum*
大藻	*Pistia stratiotes*	千屈菜	*Lythrum salicaria*
灯芯草	*Juncus effusus*	芡实	*Euryale ferox*
风车草	*Cyperus alternifolius*	睡莲	*Nymphaea*
浮萍	*Lemna minor*	莎草	*Cyperus rotundus*
凤眼莲	*Eichhornia crassipes*	水鳖	*Hydrocharis dubia*
枫杨	*Pterocarya stenoptera*	水葱	*Scirpus validus*
虎耳草	*Saxifraga stolonifera*	水车前	*Ottelia alismoides*
荷花	*Nelumbo nucifera*	水韭	*Isoetes sinensis*
黄花狸藻	*Utricularia aurea*	水柳	*Salix warburgii*
红蓼	*Polygonum orientale*	水蓼	*Polygonum hydropiper*
旱伞草	*Cyperus alternifolius*	水芹	*Oenanthe benghalensis*
狐尾藻	*Myriophyllum verticillatum*	水松	*Glyptostrobus pensilis*
海芋	*Alocasia macrorrhiza*	水杉	*Metasequoia glyptostroboides*
槐叶萍	*Salvinia natans*	梭鱼草	*Pontederia cordata*
花叶芦荻	*Arundo donax*	王莲	*Victoria regia*
黑藻	*Hydrilla verticillata*	五月菊	*Callistephus chinensis*
海州香薷	*Elsholtzia splendens*	荇菜	*Nymphoides peltatum*
菹草	*Potamogeton crispus*	香根草	*Vetiveria zizanioides*
茭白	*Zizania latifolia*	香蒲	*Typha orientalis*
姜花	*Hedychium coronarium*	香石竹	*Dianthus caryophyllus*
金鱼藻	*Ceratophyllum demersum*	香樟	*Cinnamomum camphora*
金鱼草	*Antirrhinum majus*	雨久花	*Monochoria korsakowii*
金盏菊	*Calendula officinalis*	伊乐藻	*Elodea nuttallii*
茳芏	*Cyperus malaccensis*	鸢尾	*Canna indica*
夹竹桃	*Nerium indicum*	眼子菜	*Potamogeton distinctus*
苦草	*Vallisneria natans*	亚洲苦草	*Vallisneria natans*
菱	*Trapa bispinosa*	再力花	*Thalia dealbata*
柳杉	*Cryptomeria fortunei*	纸莎草	*Cyperus papyrus*
芦苇	*Phragmites communis*	竹叶眼子菜	*Potamogeton malaianus*
轮叶黑藻	*Hydrilla verticillata*		

化学符号名称对照表

化学符号	名　称	化学符号	名　称
BOD_5	五日生化需氧量	Nb	铌
NH_3-N	氨氮	Cs^+	铯离子
NO_2^-	亚硝酸根	K^+	钾离子
TP	总磷	Pb^{2+}	铅离子
DO	溶解氧	Ba^{2+}	钡离子
Cl^-	氯离子	Sr^{2+}	锶离子
F^-	氟离子	Li^+	锂离子
$PPCPs$	药物及个人护理品	Cu^{2+}	铜离子
$POPs$	持久性有机污染物	SiO_2	二氧化硅
As	砷	Al_2O_3	三氧化二铝
Cr	铬	FeO	氧化铁
Se	硒	MgO	氧化镁
Cd	镉	Na_2O	氧化钠
Hg	汞	H_2O	水
COD	化学需氧量	Zr	锆
NO_3^-	硝酸根	P	磷
TN	总氮	Sn	锡
SS	悬浮物	V	钒
Cr^{6+}	六价铬	Y	钇
SO_4^{2-}	硫酸根	La	镧
TCN^-	总氰化物	Rb^+	铷离子
$EDCs$	内分泌干扰物	NH_4^+	铵根离子
Mn	锰	Ag^+	银离子
Pb	铅	Na^+	钠离子
Cu	铜	Ca^{2+}	钙离子
Fe	铁	Cd^{2+}	镉离子
Zn	锌	Zn^{2+}	锌离子
Be	铍	TiO_2	二氧化钛
Ni	镍	Fe_2O_3	三氧化二铁
Mo	钼	MnO	氧化锰
Ga	镓	CaO	氧化钙
Yb	镱	K_2O	氧化钾

目　录

序

前言

植物名称列表

化学符号名称对照表

理　论　篇

案 例 篇

CONTENT

Cases

图 目 录

表 目 录

理　论　篇

1 湿地概论

1.1 湿地定义

  长期以来，湿地的重要价值与功能不为人们所认识。国内外往往把湿地当作无用的荒芜之地，把它列为被开垦的对象。湿地广泛分布于世界各地，是地球上生物多样性和生产力较高的生态系统之一，与森林、海洋并列为全球三大系统（图1.1-1）。湿地具有重要的生态与环境功能，可以抵御洪水，调节径流，控制污染，改善气候，为珍稀与濒危动植物提供栖息地，为人类提供多种资源、美化环境等，在区域生态平衡中起着重要作用。湿地还与人类文明息息相关，科学已经证明，生命来源于水，生命多起源于富含有机质的地方。人类文明多发源于大河流域，国外的尼罗河、底格里斯河、幼发拉底河、恒河、湄公河和我国的黄河都是人类文明的发祥地，而这些河流两岸的湿地正是人类文明的摇篮。湿地与生命是紧密相连的，英国湿地学者在其所著《沼泽财富》一书中指出，生命就很可能起源于沼泽湿地。鉴于湿地具有上述巨大的生态与环境功能，被赞誉为"地球之肾""生命的摇篮""物种的基因库""天然水库"和"鸟类的乐园"等。

图 1.1-1 湿地

一直以来，学术界对湿地的定义众说纷纭。各国学者先后提出了很多湿地的定义，归纳起来可以将湿地定义划分为两大类。一类为广义的湿地定义，目前国际上公认的是《国际湿地公约》的湿地定义，即湿地是指天然或人工的、永久性或暂时性的沼泽地、泥炭地和水域，蓄有静止或流动的淡水、半咸水或咸水体，包括低潮时水深不超过 6m 的海水区。《国际湿地公约》将世界上的湿地划分为两个大类，42 种类型。该定义包含类型多，适用范围特别宽广，主要是根据湿地多水的属性，适用于珍稀濒危水禽栖息地保护与湿地保护的管理者。第二类是狭义的湿地定义，为湿地科学研究工作者提出的湿地科学定义，认为湿地的科学定义应该是："湿地是一类既不同于水体，又不同于陆地的特殊过渡类型生态系统，为水生、陆生生态系统界面相互延伸扩展的重叠空间区域。湿地应该具有 3 个突出特征：湿地地表长期或季节性处在过湿或积水状态；地表生长有湿生、沼生、浅水生植物（包括部分喜湿盐生植物），且具有较高生产力。生活湿生、沼生、浅水生动物和适应该特殊环境的微生物类群；发育水成或半水成土壤，具有明显的潜育化过程。"该定义主要根据湿地的生态系统属性，从湿地本质属性与湿地发生、发展、演化过程与功能认识出发而提出的科学性很强的湿地定义，是内涵与外延都十分清楚的科学的湿地定义，适用于湿地科学理论研究，得到湿地学术界比较广泛的认同。该湿地定义包括的湿地类型相对较少，主要包括内陆的淡水沼泽湿地、淡水沼泽化草甸、内陆盐沼、滨海盐沼、滨海红树林湿地和河口沼泽湿地。

1.2 湿地分布

《全国湿地资源调查技术规程（试行）》将湿地分为 5 大类 34 型，主要包括近海与海岸湿地、河流湿地、湖泊湿地、沼泽湿地和人工湿地。我国湿地资源的整体情况和在各省的分布情况分别见表 1.2-1 和表 1.2-2。

表 1.2-1　　　　　　　　各湿地类型在我国的总体情况

类　　型		面积 /万 hm²	湿地面积的占比 /%	国家湿地公园数量* /个	国家湿地公园面积 /万 hm²
自然湿地	近海与海岸湿地	579.59	10.8	12	1.94
	河流湿地	1055.21	19.8	145	35.52
	湖泊湿地	859.38	16.1	75	52.61
	沼泽湿地	2173.29	40.7	59	26.98
	小计	4667.47	87.4	291	117.05
人工湿地		674.59	12.6	138	32.82
合　　计		5342.06	100	429	149.87

注　1. 数据来自于《第二次全国湿地资源调查报告》（2014 年 1 月）。
　　2. 国家湿地公园数据截至 2013 年 12 月。
＊　国家湿地公园类型按湿地公园中面积最大的湿地类型进行定义。

省份	湿地资源面积 /hm²	湿地面积占比 /(hm²/km²)	省份	湿地资源面积 /hm²	湿地面积占比 /(hm²/km²)
上海	46.46	73.75	内蒙古	601.06	5.08
江苏	282.28	27.51	河北	94.19	5.02
天津	29.56	26.16	湖南	101.97	4.81
黑龙江	514.33	11.31	河南	62.79	3.76
山东	173.75	11.30	甘肃	169.39	3.73
青海	814.36	11.27	四川	174.78	3.63
浙江	111.01	10.90	广西	75.43	3.20
广东	175.34	9.74	宁夏	20.72	3.12
辽宁	139.48	9.56	北京	4.81	2.86
海南	32.00	9.41	重庆	20.72	2.52
湖北	144.50	7.77	新疆	394.82	2.38
安徽	104.18	7.46	陕西	30.85	1.50
福建	87.10	7.18	云南	56.35	1.47
江西	91.01	5.45	贵州	20.97	1.19
吉林	99.76	5.32	山西	15.19	0.97
西藏	652.90	5.32			

注 数据来自于《第二次全国湿地资源调查报告》（2014 年 1 月）。

1.3 湿地功能

根据统计，湿地共计有 17 种功能。

1.3.1 调节气候

湿地具有强大的调节气候的功能，主要表现在调节气温、湿度与降水方面。湿地水多，水的热容量大，可以起到调节大气温度的作用。它可以降低日高气温，提高日低气温，缩小气温的日较差，改善区域的气候特征。湿地还通过水面蒸发、植物蒸腾过程持续不断地向近地面大气输送水汽，这不仅可以大幅度地提高周围地区空气湿度，还可以在一定程度上诱发降雨，然后又以降水的形式使蒸发与蒸腾的水分降落到湿地及其周围地区，提高当地的大气湿度并在一定程度上增加局部地区的降雨量；提高空气湿度、增加大气降水，可以减少土壤水分丧失，有利于当地人民的生活和工农业生产。三江平原的原始湿地比开垦后的湿地（农田）贴地层平均相对湿度高 5%～16%。新疆博斯腾湖湿地面积为 1410km²，气温比周边区域低 1.3～4.3℃，相对湿度增加 5%～23%，沙暴日数减少 25%（图 1.3-1）。据一些地方的调查，湿地周围的空气湿度比远离湿地地区的空气湿度要高 5%～20% 以上，降水量相对也多。城市湿地建设可以大大减小城市热岛效应，有助于降低由热岛效应引发的突发性疾病，在一

尾水人工湿地设计与实践

图 1.3 - 1　新疆博斯腾湖湿地

定程度上保障了人类的生命安全。

1.3.2　控制洪水

　　湿地是一个天然储水系统，具有强大的调节径流、控制水位和洪水的生态功能，对区域防洪、抗旱和减灾，维持区域水平衡起着举足轻重的作用。湿地是一个巨大的蓄水库，可以在暴雨和河流涨水期储存过量的降水，暴雨后和落水期均匀地把径流释放出来，减弱危害下游的洪水。许多湿地发育在河流两岸的地势低洼地带，与河流水文存在着密切的联系，是天然调节洪水的理想场所。由于湿地土壤具有发育疏松的草根层和发育深厚的泥炭层，有很强的蓄水性和透水性，被称为蓄水、防洪的天然"海绵"。有些湿地植物本身可以吸收大量的水分，如沼泽湿地植物泥炭藓能够吸收自身体重 $10\sim25$ 倍的水分，比常用的脱脂棉的吸水能力还要强上 $1\sim1.5$ 倍（图 1.3 - 2）。我国属于季风性气候区域，降水的季节分配和年度分配不均匀，容易发生洪灾与涝灾，但是通过湿地的调节作用，在丰水期将降雨、河流过多的水量储存起来，不仅可以避免发生洪灾，同时又能保证在枯水期人民生活和工农业生产有稳定的水源供给。长江两岸的湿地、各级支流沿岸湿地以及长江中下游洞庭湖、鄱阳湖、太湖等许多湖泊都发挥着储水防洪功能。对东北三江平原湿地研究结果显示，本区湿地可储水 36.6 亿 m^3，如果考虑区内湖泊的蓄水量（据估算，平水期可蓄水 47 亿 m^3），蓄水总量可达 83.6 亿 m^3，相当于嫩江年径流量的 39.4%。挠力河上游大面积河漫滩湿地的调节洪水作用更为明显，能将下游的洪峰值消减 50%。它们对减缓洪水向下游推进的速度、降低河流流量、削减洪峰起到至关重要的作用，可大大缓解下游城市防洪抢险压力。我国 1998 年长江流域与嫩江流域洪灾的一个重要原因是沿江、沿河的湿地（湖泊）多被开（围）垦，丧失了大面积自然湿地，从而大大降低了调洪能力，导致巨大的生命财产损失。湿地可以调节河川径流，有利于保持流域的水量平衡。

1.3.3　提供水源

水是湿地生存的基础，湿地是水的载体。湿地是地球上淡水的主要储存库。人类生产和生活用水除少数来自地下水源外，绝大多数来源于湿地。湿地常常作为居民生活用水、工业生产用水和农业灌溉用水的水源。溪流、河流、池塘、湖泊及其滨岸带湿地中都有可以直接利用的水。其他湿地，如森林泥炭沼泽湿地可以成为浅水水井的水源。长江、黄河等许多河流都发源于湿地，湿地是陆地淡水水源地。美国佛罗里达大沼泽地国家公园占地面积近 $6000km^2$（图 1.3-3），这块湿地是该州重要的淡水水源地，负责供应当地居民生活用水与工农业生产用水。

图 1.3-2　沼泽湿地植物泥炭藓

1.3.4　补充地下水

湿地是补充地下蓄水层的水源，可以通过渗透作用向地下水补给，对维持周围地下水的水位、保证持续供水具有重要的作用。人类

图 1.3-3　美国佛罗里达大沼泽地国家公园

平时所用的水有很多是从地下开采出来的，不断地使用地下水，需要保持有水源向地下水补给，否则地下水也会枯竭，而湿地就可以为地下蓄水层补充水源。从湿地到蓄水层的水可以成为地下水系统的一部分，又可以为周围地区的工农业生产提供水源。如果湿地受到破坏或消失，就无法为地下蓄水层供水，地下水资源因此就会减少，甚至枯竭。湿地参与地下水的补给，可以涵养地下水、调节径流，对防止干旱和洪涝均有重要作用，也可保证工农业生产所依赖的地下水水资源供应。湿地补充地下水还可以避免缺少地下水引发的地面沉降，避免危及人们的生活和生命安全。内蒙古根河湿地与地下水交换频繁，地下水含有大量地热资源，从而使得根河湿地温度较高，即使室外温度达到−56℃，湿地中的水依然不会结冰（图 1.3-4）。

图 1.3-4　内蒙古根河湿地

1.3.5　保护堤岸

　　湿地中生长着多种多样的植物，这些湿地植物的共同特点是根系密集而发达，大多在水平与垂直方向延伸距离长。芦苇可以向下延伸到 2.5m，可以有效地固定湿地土壤与其下覆的沉积物，防止水土流失，因此可以抵御河水、湖水与海浪对堤岸的冲击，防止河岸、湖岸与海岸的侵蚀，保护居住河岸、湖岸与海岸带的居民与工农业生产。如果没有湿地，河流堤岸、湖泊堤岸与海岸就会遭到波浪的破坏，危及人类生活与生产活动。如印度的泰米尔纳德邦在2006 年东南亚海啸中红树林外围住宅区的损失相对较小，红树林在保护房屋和其他建筑方面起到了关键的作用。相反，2007 年的"卡特里娜"飓风给美国造成重大损失，与新奥尔良周边湿地大量减少有一定的关系。我国广东湛江沿海农民不但保护红树林，而且人工种植红树林，以保护他们位于海岸带的农田和水产养殖地。深圳红树林海滨生态公园已成为深圳重要的生态节点和市民休闲娱乐的绝佳场所（图 1.3-5）。

1.3.6　去除环境污染物

　　湿地是自然生态系统中自净能力强的生态系统。湿地地区地势低平，有助于减缓水流的速度，当含有污染物质（生活污水、农药和工业废水等排放物）的水流经过湿地时，流速会大幅度减慢，有利于污染物质的沉淀和排除。此外，一些湿地植物如芦苇、凤眼莲、香蒲、

图 1.3-5　深圳红树林海滨生态公园

水葱等，能有效地吸收各类污染物。在湿地中生长的植物、微生物和细菌等通过湿地生物地球化学过程的转换，包括物理过滤、生物吸收和化学合成与分解等，将生活污水和工业废水中的污染物和有毒物质吸收、分解或转化，吸收、固定、转化土壤和水中营养物质含量，降解污染物质，消减环境污染，使流经湿地的水体得到净化。在现实生活中，不少类型的湿地可以用作小型生活污水处理地，通过这一过程提高水环境质量，有益于人类的生产和生活，维护人类生态安全。美国佛罗里达州的实验表明，在进入河流之前，将污水先流经大柏树湿地，结果发现流经湿地后，大约有98％的氮与97％的磷被去除掉了（图 1.3-6）。

图 1.3-6　美国大柏树湿地

1.3.7　保留营养物质

湿地发育于地势低洼的地段，容易汇聚地表径流，携带地表土壤营养物质的地表径流多汇聚到湿地内，其中所含的地表物质营养成分部分被湿地植被吸收，大部分积累在湿地地表之中，这使湿地积累了大量富含有机质与植物生长所需的氮、磷、钾等营养物质，不仅净化了下游水源，而且积累在湿地中的营养物质养育了鱼虾、树木、野生动物和湿地农作物，还可以作为天然肥料，用于农田土壤改良，提高农田土壤的肥力，促进农业生产高产。江苏兴化垛田湿地通过种植油菜等经济作物可保留营养物质（图 1.3-7）。

图 1.3-7　江苏兴化垛田湿地

1.3.8　维持生物多样性

湿地发育于陆地生态系统与水体生态系统的过渡区域，其生物多样性占非常重要的地位。它仅占地球表面面积的 6%，却为世界上 20% 的生物提供了生境。据初步统计，我国已记录到的湿地植物有 2760 余种，其中湿地高等植物约 156 科 437 属 1380 多种，包括濒危高等植物约 100 种。我国已记录到的湿地动物约 1500 种（不含昆虫和其他无脊椎动物），其中鱼类 1040 种，仅淡水鱼就有 500 种。湿地的鸟类被称为水鸟，我国水鸟种类繁多，共有水鸟大约 300 余种，其中游禽 15 科 50 属 125 种，涉禽 14 科 53 属 132 种。列入《国家重点保护野生动物名录》的水鸟有 33 种，其中一些种类是我国特有的。在亚洲 57 种濒危鸟类中，中国湿地内就有 31 种，占 54%；全世界雁鸭类有 166 种，中国湿地就有 50 种，占 30%；全世界鹤类有 15 种，中国记录到的就有 9 种。此外，还有许多是属于跨国迁徙的鸟类，中国位于澳大利亚—东亚、印度—中亚迁徙水禽飞行路线中，每年有 200 种、数百万只迁徙水禽在中国湿地中停歇和繁殖。有的湿地是世界某些鸟类唯一的越冬或迁徙的必经之地，如在鄱阳湖越冬的白鹤（图 1.3-8）占世界总数的 95% 以上，白枕鹤占世界总数的 60%，天鹅占世界总数的 50%。湿地是许多珍稀濒危动物特别是濒危珍稀水禽所必需的栖息、迁徙、越冬和繁殖的场所，在生物多样性保护方面具有极其重要的价值。我国湿地面积约占国土面积的 5%，但却为约 50% 的珍稀鸟类提供栖息场所。依赖湿地生存、繁衍的野生动植物种类极为丰富，其中有许多是珍稀特有的物种。湿地是生物多样性丰富的重要地区和濒危鸟类、迁徙候鸟以及其他野生动物的栖息繁殖地。生物多样性中蕴藏着丰富的遗传资源，中国许多湿地都是具有国际意义的珍稀水禽、鱼类的栖息地，天然的湿地环境为鸟类、鱼类提供丰富的食物和良好的生存繁衍空间，对物种保存其多样性发挥着重要作用。湿地是重要的遗传基因库，对维持野生物种种群的存续、筛选和改良具有商品意义的物种均具有重要的意义。湿地的野生物种可以为改善经济物种提供基因材料。袁隆平教授在海南岛崖里搜集野生稻资源时，其中一个遗传材料是采自海南省湿地的野生稻。从红芒野生稻群体中发现花粉败育的雄性不育株，通过湿地野生稻杂交培养的水稻新品种"籼型杂交水稻"，具备高产、优质、抗病等特性，水稻产量出现飞跃，为世界粮食生产作出了突出贡献。

图 1.3-8　鄱阳湖越冬的白鹤

1.3.9　防止海水入侵

　　滨海的各类湿地向外流出的淡水限制了海水的回灌，沿岸的湿地植被也有助于阻碍潮水流入陆地。湿地不断地向滨海地区地下水补给淡水，这些都有效地防止了海水入侵。但是如果过多抽取湿地地下水或排干、疏干湿地，破坏湿地植被，淡水流量就会减少，海水可大量入侵，湿地供应人们生活、工农业生产的淡水量也将减少。沿海地区入海的河流淡水减少时，海水会沿着江河向上扩展，使原来淡水区域变成咸水区，水环境改变，严重时会影响人们的生活与工农业生产。天津市和上海市多次发生过海水倒灌，山东莱州至烟台沿海地区因海水入侵造成 4 万多 hm^2 土地盐渍化，这与这些地区大量开垦湿地与破坏湿地有着重要的关系。

1.3.10　提供可利用的资源

　　湿地可以为人类提供多种多样的产物，包括食用植物、水生蔬菜、药用植物、纤维植物、浆果植物、芳香植物等，具体包括木材、药材、动物皮革、肉蛋、鱼虾、牧草、水果、水稻、芦苇、蔬菜等，还可以提供水电、泥炭薪柴等多种能源利用（图 1.3-9）。湿地提供的产品主要有大米、鱼、虾、贝、藻类、莲、藕、菱、芡、泥炭、木材、芦苇、药材等。大米已经成为人类的主要粮食之一，其实水稻就是从典型的湿地植物野生稻驯化而来的，现在中国与印度水稻总面积已经占全世界的90%。湿地中还有丰富的木材资源，如冷杉、落叶松、赤杨等乔木，具有很高的经济价值。有些湿地动植物可以入药，含有葡萄糖、糖苷、鞣质、生物碱、乙醚油和其他生物活性物质。湿地中药用植物有250余种。有些产品也是轻工业的重要原材料，如芦苇就是重要的造纸原料。湿地中的泥炭资源是重要的有机矿产资源，可以用来生产泥炭肥料、花卉营养土，提取腐殖酸、酿酒、生产建筑材料等。湿地中还生长有芳香植物，如狭叶杜香就是制作香水的主要原料，具有很高的经济效益。有人计算过，湿地的生产力高于非湿地。湿地动植物资源的利用还间接带动了加工业的发展，中国的农业、渔业、牧业和副业生产在相当程度上要依赖于湿地提供的自然资源。

图 1.3-9　湿地提供的产品

1.3.11　提供野生动植物的栖息地

湿地是处于水体与陆地之间过渡类型的生态系统，可以为水体与陆地上的动物、植物提供多样的栖息地环境，不仅可以为很多水生、沼生、湿生植物提供生长发育的生境，而且是很多鸟类、鱼类、两栖动物的繁殖、栖息、迁徙、越冬的场所，其中有许多是珍稀、濒危物种。这是其他生态系统不能替代的功能。我国湿地仅鸟类就达271种之多。因此，中国湿地保护在全球生物多样性保护中占有十分重要的地位，如在鄱阳湖湿地越冬的白鹤，占世界总数的95%。湿地为很多动植物提供栖息地，成为世界上动植物的集结地与避难所，如北京城市湿地有植物312种，动物260多种。

1.3.12　减缓全球变暖

导致全球气温变暖的主要原因是CO_2等温室气体排放过多。湿地具有水分过于饱和的厌氧生态特性，积累了大量的无机碳和有机碳。由于处于厌氧环境下，湿地中的微生物活性相对较弱，植物残体分解释放CO_2的过程十分缓慢，因此形成了富含有机质的湿地土壤和堆积形成的泥炭层，起到了固定碳的作用。如果湿地遭到破坏，湿地的固碳功能将减弱，同时湿地中的碳也会氧化分解，湿地将由"碳汇"变成"碳源"，这将进一步加剧全球变暖的进程。世界上的湿地固定了陆地生物圈35％的碳素，总量为770亿t，是温带森林的5倍，单位面积的红树林沼泽湿地固定的碳是热带雨林的10倍。北方针叶林带未被干扰的泥炭沼泽湿地堆积巨厚的泥炭层，泥炭中有机质一般都在60％以上，高的达到95％，有机质的主要成分是碳，

因此湿地中储存了大量的碳。湿地保持在原生状态，碳被固定，不会产生CO_2影响大气环境。湿地被破坏，湿地储存的碳以CO_2的形式释放到大气中，CO_2吸收热量能力很强，增加大气温度，造成气候变暖，所以保护好湿地，防止其退化与丧失，就可以避免湿地中积累的泥炭中的碳转变为CO_2并释放到大气层中，这样地球气温维持在一定幅度内变化，不至于过高，可保障人类生态安全。云南腾冲

图 1.3 - 10 云南腾冲北海湿地

北海湿地属于高原"漂浮状苔草沼泽湿地"，"浮毯"沼泽的形成则是由火山喷发漂浮在湖面的火山灰及其丰富的有机物质形成的基质，适合草本沼泽植物的生长，其发达的根系和丰富的腐殖基质共同构成了多种草本植物生存的"浮岛"，形成"浮毯"型沼泽草甸，成为重要的"碳汇"场所（图1.3-10）。

1.3.13　打造特殊风韵的旅游资源

很多类型湿地蕴涵着丰富秀丽、具有独特风韵的自然风光，有些湿地也不乏人文景观，成为人们旅游、度假、疗养的理想佳地，发展旅游业大有可为。国内外有许多重要的旅游风景区都分布在湿地区域。滇池、太湖、洱海、杭州西湖等风景区，也曾都是湖滨湿地广泛发育区。佛罗里达大沼泽地国家公园，香港米埔湿地公园，四川九寨沟和黄龙大草原，青海鸟岛，以及丹顶鹤的故乡——黑龙江扎龙、江苏盐城、吉林向海、崇明东滩，黄河河口湿地、辽河口湿地、洞庭湖、鄱阳湖、青海湖等都是湿地集中分布的区域，很多景点本身就是湿地。草本类型湿地和森林湿地多是观赏鸟类和欣赏珍稀濒危动物的场所，浅水湿地可以是钓鱼爱好者垂钓的好地方。各类湿地又生长有丰富的植物种类。这些湿地旅游观光活动不仅可产生直接的经济效益、社会效益，而且还具有重要的文化价值。尤其是城市中的湿地，在美化环境、调节气候、为居民提供休憩空间方面有着重要的社会效益，是喧嚣城市中一块回归自然的绝佳场所，并成为21世纪生态城市建设中的组成部分。香港米埔湿地公园景观如图1.3-11所示。

1.3.14　提供教育和科研场地

复杂的湿地生态系统具有多样的动植物群落、珍贵的濒危动植物物种、强大的生态功能

尾水人工湿地设计与实践

图 1.3 - 11　香港米埔湿地

和丰富的自然资源，在自然科学教育和研究中都具有十分重要的价值与作用。泥炭沼泽湿地的泥炭富含腐殖酸，具有防腐作用，再加上湿地厌氧环境，分解作用弱，分解过程十分缓慢，很多生物残体在湿地可以很好地保存下来（图 1.3 - 12）。有些泥炭沼泽湿地也是过去自然环境变化的大自然的档案馆与信息库，它十分忠实地记录了古气候、古植被、古水文与古环境的详细变化过程，可以通过孢粉分析、植物残体分析、有孔虫鉴定、黏土矿物分析、碳同位素测定、氧同位素分析恢复古环境、古气候与古地理，是研究过去环境变化的信息载体。有些湿地还保留了具有宝贵历史价值的文化遗址，是历史文化研究的重要场所。湿地与文化遗产有着密切的联系。世界上有些种族的文化和宗教与湿地不可分割，如菲律宾的棉兰老岛。湿地是大自然的一部分，人类必须与自然和睦相处，成为同舟共济的伙伴。

图 1.3 - 12　泥炭沼泽湿地

1.3.15　创造航运条件

水运是古老而廉价的运输方式。一些类型的湿地有开阔的水域,为航运提供了有利条件,这些湿地具有重要的航运价值。沿海、沿江地区以及湖泊区域经济的迅速发展主要依赖丰富的湿地资源。美国佛罗里达大沼泽地就为当地居民旅游观光与娱乐提供了航运条件。

1.3.16　成陆造地

在河流入海口发育或某些淤积型海岸发育的湿地,通过促进泥沙淤积过程,具有成陆造

图 1.3-13　东营黄河口湿地

地的功能。这种过程一方面不断扩大湿地面积,增强湿地的生态与环境功能;另一方面为城市发展提供稀缺的土地资源。世界上的大河河口湿地都具有强大的造地功能。我国黄河河口与长江河口每年都新生大面积湿地,为各自区域发展提供了宝贵的土地资源。东营黄河口湿地如图 1.3-13 所示。

1.3.17　美化环境

湿地植物多叶形独特,气味芬芳,争芳斗艳,湿地动物种类繁多,仪容不凡,鸣声悦耳;湿地水景独具韵味,植物、动物与水景均极具观赏价值与美学价值,使湿地具有独特的美化环境的功能。现在湿地已经成为生态城市建设的重要景观与生态基础设施,是生态城市规划中的重要元素,是城市生态设计的重要内容之一,是城市可持续发展所依赖的重要自然生态系统。很多生态城市规划中都将湿地列入城市规划的重要内容,城市规划专家都将湿地作为

城市绿化的重要手段之一，实现生态的目标。国际上的景观规划公司经常运用湿地元素，规划设计出现代城市与现代城市景观，如美国易道公司近年来的景观设计中很多都引入湿地景观。近年来，房地产开发也有生态住宅区建设的发展趋势，住宅小区营造青山绿水的主题，除在设计上依山就势，充分利用自然地形与景观，也在住宅区内规划人工湿地、人工湖、小桥流水、假山瀑布等景观。为了使景观水体不至于恶化，住宅小区的设计者也引入人工湿地污水净化技术，循环处理人工湖水与景观河流水，以保持住宅水环境水质。如天津东丽湖人工湿地湖水循环处理系统自运行以来，出水水质均达到地表水Ⅳ类标准，不失为城市生态住宅区人工湿地应用的成功范例。小区湿地景观如图 1.3-14 所示。

图 1.3-14　小区湿地景观

2 人工湿地的现状与发展

2.1 人工湿地定义

广义上来讲，人工湿地指由人工参与建设并由人为操作与控制的湿地，有别于在自然界中经过长时间天然作用形成的具有完整生态系统功能的自然湿地。人工湿地是基于湿地特点由人工建造而成的模拟自然湿地功能的系统，包括池塘、稻田、水库、河道、鱼塘等类型（图 2.1-1），主要目的是为保护水资源和改善水生态环境。

图 2.1-1 广义的人工湿地

根据《人工湿地污水处理工程技术规范》（HJ 2005—2010）中的定义，污水处理用途的人工湿地是指用人工筑成水池或沟槽，底面铺设防渗漏隔水层，充填一定深度的基质层，种植水生植物，利用基质、植物、微生物的物理、化学、生物三重协同作用使污水得到净化的技术。人工湿地具有建造运行成本低廉、操作简单、处理效果较好、具有一定的经济效益及占地面积较大等特点。按照污水流动方式，人工湿地可以分为表流人工湿地和潜流人工湿地，其中潜流人工湿地进一步分为水平潜流人工湿地和垂直潜流人工湿地等。其他类型的人工湿地基本都是上述三种湿地类型的组合或变种。

2.2　污染物去除机理

人工湿地净化污水的主要组成部分包括填料、植物以及生长在湿地中的微生物，通过它们的物理、化学及生物的协同作用净化污水，其对各类污染物的去除机理总结分析如下。

2.2.1　悬浮物的去除

污水中不溶性的 BOD_5 及 SS 的去除主要依靠人工湿地填料的吸附、过滤功能以及不溶性 BOD_5 及 SS 自身的沉淀。研究表明，污水中不溶性的 BOD_5 可在水平潜流人工湿地进水的 5m 以内得到快速去除，SS 则可在进水的 10m 以内去除 90%。但人工湿地的处理能力是有一定限度的，因此人工湿地设计负荷及水力停留时间要适当。可溶性的 BOD_5 及 SS 的去除主要依靠湿地中植物的根系及根系周围的生物膜的吸附作用以及湿地中微生物的分解代谢作用。

2.2.2　有机物的去除

1. 不溶性有机物的去除

污水中不溶性有机物的存在形态为悬浮态和胶体态，这些有机物通过人工湿地时被截留下来，并附着在填料上形成的生物膜表面，在细菌外酶的作用下水解成小分子或可溶性有机物，从而渗透进入细胞内，被微生物所利用。

2. 可溶性有机物的去除

污水中的可溶性有机物可直接渗入细菌细胞内。由于根系区附近属于好氧区域，所以在好氧条件和胞内酶的作用下，有机物作为电子供体，氧作为受氢体，使一部分有机物经过微生物的异化作用迅速降解为 CO_2、H_2O、NH_3 等，并且放出能量，促进生物体增殖。其余大部分有机物通过同化作用，合成新的原生质，表现为微生物的增殖。

在远离根系的缺氧区域，有机物的去除是通过微生物的吸附和脱附这一动态过程完成的。吸附是指生物膜对有机物的吸附，脱附则依赖微生物的代谢过程。由于缺氧区生存条件恶劣，迫使缺氧区的微生物发生变异。在细菌突变的过程中，约有 1/10 是能够存活的正突变，其余均是致死突变。突变为微生物适应新环境，为降解难降解的有机物提供生物遗传学基础。缺氧区的正突变微生物适应了缺氧生存环境后，把好氧条件下难降解的有机物降解，从而来满足自身代谢的要求，使污水中的难降解有机物得到降解去除。

在离根系区更远的厌氧区域，由于没有溶解氧条件，发生的是厌氧消化过程，兼性细菌和厌氧细菌降解有机物，使部分有机物经过一级代谢和二级代谢分解为 CH_4、CO_2、H_2S 等，提供能量供微生物增殖用。部分有机物则合成为新的原生质，表现为微生物增殖。有机物的去除机理图如图 2.2-1 所示。

2.2.3　氮的去除

污水中有机氮被异养菌转化为氨氮后，在自养硝化细菌的作用下，转化为亚硝态氮和硝

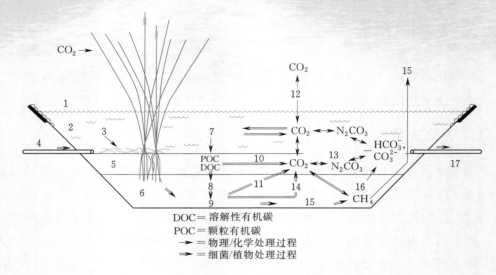

图 2.2-1 有机物的去除机理

1—空气；2—水；3—枯枝落叶层；4—进水；5—好氧土层；6—厌氧土层；7—光合作用和呼吸作用；
8—发酵；9—DOC（如乳酸、乙醇）；10—呼吸作用；11—硫酸盐还原；12—扩散；13—碳酸
系统；14—硝酸盐还原；15—甲烷生成；16—土壤无机物；17—处理过的污水

态氮，在缺氧或厌氧条件下，通过反硝化菌作用以及植物根系的吸收作用从系统中去除。污水中的无机氮，作为植物生长过程中不可缺少的营养元素，直接被湿地中的植物吸收，用于植物蛋白等有机氮的合成，最后通过植物的收割而将其从污水中去除。由于湿地中的氧分布状态是以根系为中心，不同距离处形成好氧—缺氧—厌氧状态，相当于在湿地中存在许多 A^2O 处理反应器，从而使硝化和反硝化作用在湿地中同时发生，大大提高了脱氮能力。氮的去除机理图如图 2.2-2 所示。

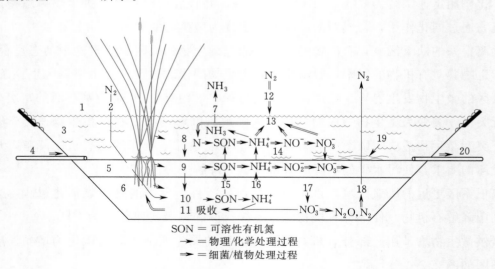

图 2.2-2 氮的去除机理

1—空气；2—固氮作用；3—水；4—进水；5—好氧土层；6—厌氧土层；7—挥发；8～10—有机 N；
11—植物摄入；12—固定；13—浮游生物；14—硝化；15+16—向上扩散；17—向下扩散；
18—反硝化；19—枯枝落叶层；20—处理过的污水

2.2.4 磷的去除

人工湿地除磷的主要原理是通过湿地中的填料、植物和微生物的协同作用来完成。

1. 填料的固磷作用

具有除磷功能的填料颗粒一般是一些多孔或大比表面积的固体物质，其固磷作用主要包括化学沉淀、吸附作用等。化学沉淀受溶度积控制，可分为钙、镁或铁、铝控制的两种转化系统。可溶性磷酸盐与这些金属离子发生反应，形成可逆性和溶解性均很小的钙、镁或铁、铝磷酸盐。吸附作用主要包括固体表面的物理吸附以及离子交换形式的化学吸附，由填料的表面性质决定，受填料的表面积和活性基团控制。一般认为磷酸根离子主要通过配位体交换而被吸附停留在填料和土壤表面。以上反应的产物最终吸附或沉降在填料内，从而使填料内这些元素的含量急剧升高，几年后即可达到进水浓度的 $10 \sim 10000$ 倍以上。因此，当填料达到饱和后，必须更换人工湿地的填料来保证人工湿地持续的除磷效果。

2. 生物的除磷作用

人工湿地是一种人工强化的污水生态过程处理技术，它可以充分利用湿地中生长和生活的各种生物如微生物、植物等将污水中的磷加以净化。

填料中的聚磷菌在好氧条件下可以过量吸收污水中的溶解性磷酸盐，将其以聚磷形式积累在体内（好氧吸磷），然后通过定期更换湿地填料将其从系统中去除。另外，聚磷在厌氧状态下可被聚磷菌分解（厌氧释磷），形成的无机磷可被植物吸收。

无机磷是植物生长所必需的营养物质，而污水中的无机磷大部分以正磷酸盐形式（植物对磷的直接吸收形式）存在，所以可以在湿地系统中种植一些对磷吸收能力很强的植物来实现除磷的目的，如风车草对磷的吸收性能很高。植物通过摄取作用，吸收水体和填料中的一部分磷富集在体内后，通过同化作用将其合成 ATP、DNA、RNA 等有机组分，最后通过对植物的收割从系统中去除。磷的去除机理如图 2.2 - 3 所示。

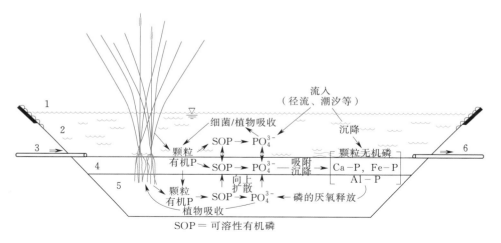

图 2.2 - 3　磷的去除机理
1—空气；2—水；3—进水；4—好氧土层；5—还原土层；6—出水

2.2.5　重金属离子的去除

重金属离子在人工湿地系统中可以通过植物的富集和微生物的转化来降低其毒性。

植物通过根部可以直接吸收水溶性重金属。重金属在土壤中向根系的迁移途径有两种：一种是质体流作用，即植物吸收水分时，重金属随土壤溶液向根系流动到根部；另一种是扩散作用，即植物表面吸收离子后，根系周围土壤溶液离子浓度降低，引起离子向根部扩散。到达植物根系表面的重金属离子被植物吸收、浓缩。其生理过程包括两种方式：细胞壁质外空间对重金属的吸收和重金属透过细胞质膜进入植物细胞。

微生物与重金属具有很强的亲和性，不仅能富集许多重金属，还能够改变重金属存在的氧化还原形态。金属价态的变化必然会导致稳定性改变。当有毒金属被富集储存在细胞的不同部位或被结合到胞外基质后，通过微生物代谢，这些离子可形成沉淀，或被轻度螯合在可溶或不可溶生物多聚物上，最终达到从污水中去除的目的。

2.2.6　细菌的去除

细菌必然不断经受周围环境中各种因素的影响。当环境适宜时，细菌能进行正常的新陈代谢而生长繁殖；若环境条件变化，可引起细菌的代谢和其他性状发生变异；若环境条件改变剧烈，可使细菌生长受到抑制或导致死亡。日光是最有效的天然杀菌方法，对大多数微生物均有损害作用，直射杀菌效果尤佳，其主要的作用因素为紫外线。此外，热与氧气起辅助作用。在人工湿地系统中，细菌可因沉淀、紫外线照射、化学分解、自然死亡和浮游生物的捕食等而被去除。

2.2.7　新型有机污染物的去除

新型有机污染物主要有持久性有机污染物（POPs）、药物和个人护理用品（PPCPs）、环境内分泌干扰物（EDCs）等。此类污染物种类繁多、化学性质稳定，具有长期残留性、生物累积性、毒性等特点。

POPs是对人类健康和环境具有严重危害的天然的或人工合成的有机污染物，多为苯系物、氯化物和氟化物，包括有机氯杀虫剂、多氯联苯类等，这些物质可以通过各种环境介质如大气、水、生物等长距离传输。PPCPs包括各种处方药和非处方药（如抗生素、消炎药）、兽药、香料、化妆品、诊断剂、保健品等，具有较强的持久性和生物累积性。EDCs是一类外源性干扰内分泌系统的化学物质，多为有机污染物及重金属等物质，这些物质可模拟体内的天然荷尔蒙，与荷尔蒙的受体结合，影响本来身体内荷尔蒙的量，以及使身体产生对体内荷尔蒙的过度作用，使内分泌系统失调。

由于难降解的特性，传统污水处理工艺对新型有机污染物几乎没有处理效果，膜处理、高级氧化等主流深度处理工艺对新型有机污染物具有一定的去除效果，但由于上述深度处理工艺投资、运行成本普遍较高，现阶段在部分地区无法大规模应用。相关研究表明，人工湿地作为一种低成本、低能耗的深度处理工艺，除了对常规污染物如氮、磷等有良好的去除效果，对部分新型有机污染物也具有一定的去除效果。

近年来，人工湿地被应用于含芳香族化合物、有机氯农药、重金属、医药品和个人护理品的水体中，并且取得了较好的净化效果。与常规污染物的去除机理类似，新型有机污染物主要通过人工湿地中基质、植物和微生物的单独或者协同作用得到去除。湿地中不同的基质类型与粒径组合对新型有机污染物的去除机理不同，选择对污染物净化能力强的材料作为人工湿地基质，可提高湿地的使用寿命，减少投资成本，如选择吸附能力较强的膨润土作为基质，可有效提高多环芳烃类物质的吸附效率。植物是氧气传输、微生物生长的重要载体，同时植物根系分泌的酶、内源激素、一些次生代谢产物等对新型有机污染物的去除具有重要作用，例如分泌物中某些酶类物质可用来降解苯酚、有机磷杀虫剂、多环芳烃等有机污染物。人工湿地中的微生物在新型有机污染物降解中起着重要作用，去除效率主要受微生物类型、水力停留时间、温度等因素的影响。

2.3 国外发展及应用

1903 年建造于英国约克郡 Earby 的人工湿地被认为是世界上第一个用于污水处理的人工湿地系统。Seidel 等人于 1953 年在发现芦苇良好的净水能力的基础上设计的"淹没垂直潜流＋水平潜流"人工湿地系统（"Krefeld"人工湿地系统），被认为是现代人工湿地的重要开端，至此开始，全球的科研工作者和工程技术人员开展了大量的人工湿地研究和实际工程应用。至 21 世纪初期，美国有 600 多处人工湿地工程用于处理市政、工业和农业废水（其中 400 多处用于处理煤矿废水，50 多处用于处理生物污泥，近 40 处用于处理暴雨径流，超过 30 处用于处理奶产品加工废水），丹麦、德国、英国各国至少有 200 处人工湿地系统（主要为地下潜流型）正在运行，新西兰也有 80 多处人工湿地系统投入使用。表 2.3－1 列出了人工湿地在世界范围内处理各类污水的应用情况。加拿大某人工湿地工程剖面示意图如图 2.3－1 所示。

表 2.3－1　　　　　　　　　　人工湿地在世界范围内的应用

污水种类	表流	水平潜流	垂直潜流	组合人工湿地	所在地区
炼油厂废水		√			南非
	√				中国
造纸厂废水		√			美国
		√			美国
农药厂废水	√				美国
			√		英国
鱼塘出水	√				美国
		√			美国
屠宰场废水		√			厄瓜多尔
	√	√			挪威

污水种类	表流	水平潜流	垂直潜流	组合人工湿地	所在地区
垃圾渗滤液		√			美国
		√			斯洛文尼亚
炸药废水	√				美国
		√			美国
采矿废水	√				加拿大
		√			美国
奶牛场废水			√		荷兰
				√	法国
		√			新西兰
奶酪乳制品废水			√		德国
化工废水		√			英国
纺织废水		√			澳大利亚
食品加工废水		√			斯洛文尼亚
		√			意大利
养猪场废水		√			中国
高速公路路面径流		√			英国
机场路面径流		√			瑞士
温室径流		√			加拿大
城市径流	√				澳大利亚
烃类物质		√			美国

注 本表引自参考文献 [69]。

尾水人工湿地设计与实践

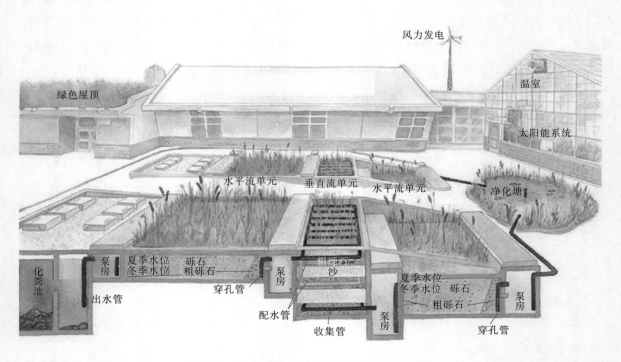

图 2.3-1 加拿大某人工湿地工程剖面示意图

2.4 国内发展及应用

与西方国家相比，我国对人工湿地系统的研究与应用起步较晚，研究始于 20 世纪 80 年代中期，之后人工湿地在我国的发展主要可以分为两个阶段。

（1）研究及探索应用阶段（1987—2004 年）：1987 年我国第一个人工湿地污水处理系统建成。该系统为占地 6hm²、处理规模为 1400m³/d 的芦苇床湿地工程，标志着我国应用人工湿地进行污水处理的开始；1990 年，以我国第一座实用型人工湿地处理系统——深圳白泥坑湿地建成为标志，人工湿地建设进入实际应用阶段。

（2）快速发展阶段（2004 年至今）：复合垂直流人工湿地系统在武汉市汉阳—蔡甸区三角湖的成功应用，标志了我国人工湿地技术发展进入新阶段。该阶段下人工湿地得到了快速的发展，2009 年与 2010 年住房和城乡建设部与环境保护部分别颁布了《人工湿地污水处理技术导则》（RISN‐TG 006—2009）、《人工湿地污水处理工程技术规范》（HJ 2005—2010）等。

经过近 40 年的发展，人工湿地系统已经在我国得到广泛应用，应用领域包括处理生活污水、工业废水、农业面源污染以及改善饮用水水源水质等方面。

据作者不完全统计，1990—2015 年间在我国建成的 791 个人工湿地工程中，已明确建设年限的 541 个人工湿地的年际变化如图 2.4‐1 所示。2004 年之前，我国人工湿地的数量较少，总数量不足 100 个，但之后我国人工湿地数量出现快速增长的趋势。

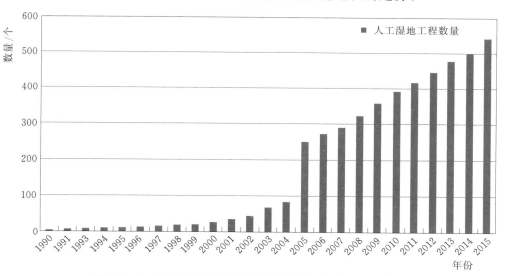

图 2.4‐1 我国人工湿地工程数量年变化（1990—2015 年）

（注：1992 年无新建湿地）

对 1990—2015 年间建设的 791 个人工湿地工程进行数量、类型、功能、地域分布等关键参数分析，可以发现如下特点。

从人工湿地类型来看，我国潜流人工湿地的数量远远高于表流人工湿地（图 2.4‐2），其中水平潜流湿地占比最大，达到 39%；复合流和表流湿地次之，分别为 12% 和 11%；垂直潜流湿地的占比不足 10%，仍有部分人工湿地工程（约 31%）在报道中未说明类型。

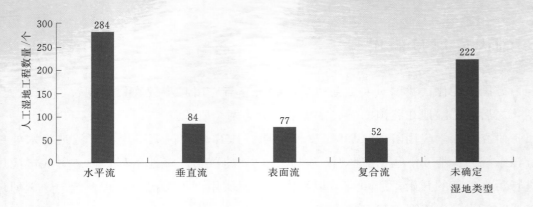

图 2.4-2 我国人工湿地的类型

我国人工湿地的区域分布情况如图 2.4-3 所示，其中华东地区人工湿地数量最多，为 377 个，占全国人工湿地总量的 48%；其次为华南、西南地区，数量分别为 140 个和 86 个；东北、华北、华中地区较少，数量占比不足 10%；西北地区人工湿地的数量最少，仅为 22 个。人工湿地分布在华东地区较为集中，其主要是受当地污水处理政策的影响较大，人工湿地主要用于处理农村污水、污染地表水（河水、湖水等），类型以水平潜流为主。华南地区气候适宜，人工湿地污水处理技术应用较早，分布较为广泛，以处理城镇生活污水和农村生活污水为主（占比达到 64%），处理污染的河水和湖水也具有一定的应用。从省域分布情况来看，浙江省和广东省应用人工湿地污水技术最为广泛，分别为 184 个和 114 个；山东省人工湿地数量将近 100 个。浙江省以水平潜流湿地为主，主要应用于处理农村生活污水。广东省应用人工湿地处理技术最早，主要应用于城镇和农村生活污水处理，其次用于污染河湖水体净化，湿地类型以水平潜流湿地和垂直潜流湿地为主。山东省的人工湿地主要处理污染河水和尾水，其中处理河水的数量占比达到 50% 以上，人工湿地类型以表流人工湿地为主。

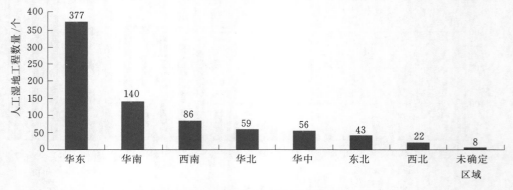

图 2.4-3 我国人工湿地的区域分布

2.5 新型人工湿地

2.5.1 曝气增强型人工湿地

传统人工湿地中氧的主要来源为大气氧向湿地的自由扩散、进水中溶解氧在湿地中的自由扩散和湿地植物根部输氧作用，然而上述三种输氧方式往往无法满足污染物的好氧需求，进而常常影响污水处理效率，较低的传氧速率（OTR）是限制传统人工湿地去除污染物能力的重要因素。研究发现，表流人工湿地的传氧速率为 $1.47g/(m^2 \cdot d)$，水平潜流人工湿地的传氧速率为 $6.3g/(m^2 \cdot d)$。潜流人工湿地脱氮过程主要是通过生长在植物根系表面和基质内部的微生物的硝化/反硝化作用完成的，但传氧速率过低，导致基质内部溶解氧含量较低，抑制了微生物活性和各种生化反应的进行，严重制约了人工湿地的脱氮效率。由于富氧能力有限，部分传统人工湿地（特别是连续进出水的潜流湿地）无法满足有机污染物降解和硝化过程对氧的需求，因此提高湿地系统填料层的富氧能力、改善床体中的氧环境对提高污水的净化效率至关重要。

人工湿地的曝气增氧已经成为了当前的研究热点之一。目前人工湿地增氧方式主要是通过间歇进水或利用机械的方式对水体进行增氧。机械方式主要是指通过在湿地系统前端或湿地床中以曝气机或微孔曝气管（盘）等形式布设曝气系统，改善人工湿地基质内部的溶解氧环境，提高其硝化反应能力，促进有机物分解、氨氮转化等，提高单位湿地床的处理效果和处理能力。曝气增氧的应用能够显著改善潜流湿地的含氧环境，潜流湿地的复氧能力能够从传统的 $1 \sim 8g/(m^2 \cdot d)$ 提升至 $50 \sim 100g/(m^2 \cdot d)$，同时增加曝气对处理效果的改善也较为明显，COD、NH_3-N 等污染物去除率的增幅也在 20% 以上。在曝气装置的应用上有多种设计选择，如在水平潜流湿地中，曝气管位于湿地前端的底部或湿地中、后部填料层不同高度层面上；在表流湿地中，曝气管位于湿地水层的底部；在垂直潜流湿地中，曝气管位于填料的中层或底层。

曝气增强型人工湿地在处理富营养化水体、生活污水、污染河水、污水处理厂出水等方面已经开展了相关研究和中试应用。但是曝气增强型人工湿地的曝气增氧过程需要消耗大量电能，运行过程中需要定期对曝气装置进行维护清洗。曝气方式多为点式连续曝气，这种曝气方式易造成曝气不均匀、曝气时间过长、能耗较大等劣势。此外，动力系统所增加的机械设备有悖于人工湿地工艺所追求的自然做功与生态过程属性。

某曝气增强性人工湿地施工现场如图 2.5-1 所示。

图 2.5-1 某曝气增强型人工湿地施工现场

2.5.2 潮汐流人工湿地

潮汐流人工湿地作为一种新型强化增氧的湿地系统应用而生，是由英国伯明翰大学提出并试验的。所谓的"潮汐"是指污水在泵的驱动下周期性浸润湿地填料的运行方式。从运行方式上来看，潮汐流人工湿地按照时间变化交替运行充满水和排干。随着湿地床被充满水，填料逐渐被淹没，空气被挤出，形成缺氧条件。当湿地床中水被强力抽吸而排出，床体饱和浸润面瞬间产生的基质孔隙吸力将大气氧吸入床体，所产生的好氧条件有利于分解截留在填料上的污染物。

潮汐流人工湿地的运行主要分为四个阶段：①快速进水阶段，污水在强力泵的抽吸下快速充满湿地填料，该阶段历时较短；②接触/反应阶段，污水与填料相接触并发生反应；③快速排水阶段，处理后的出水在强力泵的抽吸下快速排空，该阶段历时一般与进水时间一致；④"空闲"阶段，填料处于排空状态，直至下一个周期开始。经过上述四个阶段，潮汐流人工湿地形成"进水—接触/反应—出水—空闲"的运行周期，运行周期的总运行时间根据污染物负荷决定，一般设定为 6h、8h、12h。从工艺构型上来看，潮汐流人工湿地一般采用多级串联的形式，进水进入第一级单元后，在短时间内快速充满填料，进水完成接触/反应阶段后进入第二级单元，后续单元依次完成"进水—接触/反应—出水—空闲"的完整运行周期。

潮汐流人工湿地在运行过程中依靠床体饱和浸润面周期性变化产生的基质孔隙吸力将大气氧强迫吸入床体，使得湿地内部不断形成好氧-厌氧环境，这种间歇性的进水和排干方式大幅度提高了氧的传输速率，并增加了氧的消耗量，从而提升了湿地的水力负荷。相关研究发现，潮汐流人工湿地的复氧能力可达 450g/(m²·d)，远高于传统潜流人工湿地和曝气增强型人工湿地的复氧能力。在接触反应阶段进水中的污染物吸附于填料，由于填料处于"饱和"状态，为厌氧/缺氧环境，上周期残留的硝态氮发生反硝化反应而去除；空闲阶段大量氧气进入填料，吸附于填料的污染物在好氧状态下被降解。因此潮汐流人工湿地适合处理较高浓度的污水，并可以应用于北方寒冷地区污水中污染物的去除，且去除效果明显优于潜流等传统的人工湿地，具有较好的应用及发展前景。目前针对潮汐流人工湿地已逐渐应用在工程项目中，潮汐流人工湿地的示意图及小试装置如图 2.5-2 所示。

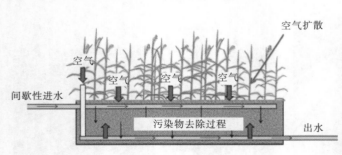

（a）示意图

（b）小试装置

图 2.5-2　潮汐流人工湿地的示意图及小试装置

短时间内抽吸大规模的水量对强力泵的要求较高，成为限制潮汐流人工湿地工程应用的主要问题。为解决泵排所造成的经济性和稳定性等问题，研究人员利用虹吸原理来实现湿地单元的潮汐运行，对于单个湿地单元，其出水方式可通过潮汐流造流器控制自动排水，当湿地水位达到设计水位时，潮汐流造流器自动开启，湿地内的水通过虹吸方式迅速排入出水井，使得湿地水位迅速下降，实现间歇性排水，在滤床排空过程中大量氧气被吸入，增大了系统的复氧能力。该种虹吸造流装置结构简单、能耗较小，已在部分实际工程中得到应用，获得了良好的效果，实际运行如图2.5-3所示。

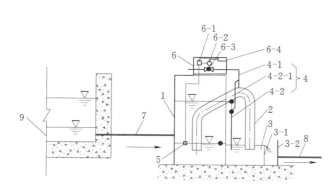

图 2.5-3　虹吸式潮汐流造流器运行原理与现场图

1—虹吸水箱；2—主虹吸管；3—出水井；3-1—出水井内墙；3-2—出水井外墙；4—虹吸发生装置；
4-1—虹吸破坏管；4-2—辅助虹吸管；4-2-1—分支管；5—液位传感器；6—防水箱；
6-1—可调式时间开关；6-2—电磁阀控制开关；6-3—电磁阀；6-4—微型
太阳能蓄电池/微型风能蓄电池；7—进水管；8—出水管；9—人工湿地

2.5.3　饱和流人工湿地

潜流人工湿地技术由于污水流入后床体常处于不饱和状态，促使滤床与氧气接触充分，硝化能力较强，但反硝化能力较弱，导致含氮化合物去除能力低。饱和流人工湿地集合水平潜流及垂直潜流的布水形式和单元设置将湿地滤床长期浸没在水体中，使水流处于饱和状态，形成厌氧环境，具有较强的反硝化反应能力，可有效去除含氮化合物。

饱和流人工湿地系统呈长方形结构，根据污水的处理量和当地的处理面积，滤床内部由若干个处理单元组成，所有处理单元在整个系统内呈"丰"字形结构或者"井"字形分布；由若干个处理单元构成的饱和流人工湿地，前后两个处理单元之间相互间隔与左右墙体相连，形成一条长而宽的蜿蜒的布水水道，向各个处理单元布水，延长水力停留时间。处理单元的正下方设有集水管道，集水管道均匀开孔，饱和流人工湿地示意图如图2.5-4所示。

饱和流人工湿地适用于处理受污染水体、城市景观用水和农村生活污水，特别对于高总氮污水具有较好的去除效果，具有处理效率高、景观效果好、资源节约等特点，可与垂直潜流串联使用，以强化污染物的去除。同时，饱和流人工湿地可以结合景观打造，形成特色湿地景观。常熟新材料园采用饱和流湿地工艺取得良好净水和景观效益（图2.5-5）。

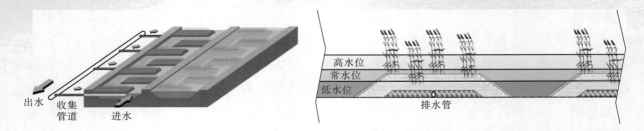

高水位
常水位
低水位

出水　收集管道　进水

排水管

图 2.5-4　饱和流人工湿地示意图

图 2.5-5　常熟新材料园采用饱和流湿地工艺取得良好净水和景观效益

3 污水处理厂进出水特征分析

3.1 我国的水环境现状

20 世纪 70 年代，尤其是改革开放之后，随着经济与工业的高速发展以及城市化水平的不断提高，我国的水环境污染问题日益严峻。为此，我国相继制定与出台了一系列水环境保护法规、政策（图 3.1-1）。

随着水环境保护工作的逐步开展，我国的地表水环境日益改善。自 2011 年以来，我国长

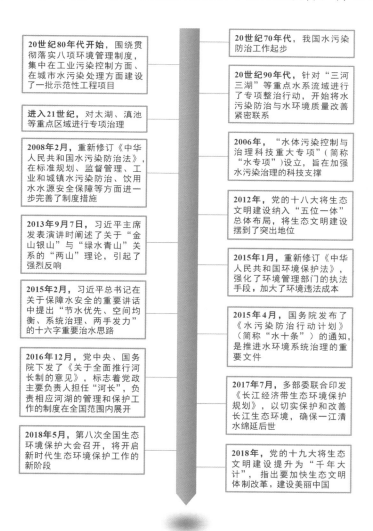

20世纪80年代开始，围绕贯彻落实八项环境管理制度、集中在工业污染控制方面、在城市水污染处理方面建设了一批示范性工程项目

进入21世纪，对太湖、滇池等重点区域进行专项治理

2008年2月，重新修订《中华人民共和国水污染防治法》，在标准规划、监督管理、工业和城镇水污染防治、饮用水水源安全保障等方面进一步完善了制度措施

2013年9月7日，习近平主席发表演讲时阐述了关于"金山银山"与"绿水青山"关系的"两山"理论，引起了强烈反响

2015年2月，习近平总书记在关于保障水安全的重要讲话中提出"节水优先、空间均衡、系统治理、两手发力"的十六字重要治水思路

2016年12月，党中央、国务院下发了《关于全面推行河长制的意见》，标志着党政主要负责人担任"河长"，负责相应河湖的管理和保护工作的制度在全国范围内展开

2018年5月，第八次全国生态环境保护大会召开，将开启新时代生态环境保护工作的新阶段

20世纪70年代，我国水污染防治工作起步

20世纪90年代，针对"三河三湖"等重点水系流域进行了专项整治行动，开始将水污染防治与水环境质量改善紧密联系

2006年，"水体污染控制与治理科技重大专项"（简称"水专项"）设立，旨在加强水污染治理的科技支撑

2012年，党的十八大将生态文明建设纳入"五位一体"总体布局，将生态文明建设摆到了突出地位

2015年1月，重新修订《中华人民共和国环境保护法》，强化了环境管理部门的执法手段，加大了环境违法成本

2015年4月，国务院发布了《水污染防治行动计划》（简称"水十条"）的通知，是推进水环境系统治理的重要文件

2017年7月，多部委联合印发《长江经济带生态环境保护规划》，以切实保护和改善长江生态环境，确保一江清水绵延后世

2018年，党的十九大将生态文明建设提升为"千年大计"，指出要加快生态文明体制改革，建设美丽中国

图 3.1-1　我国水环境保护历程

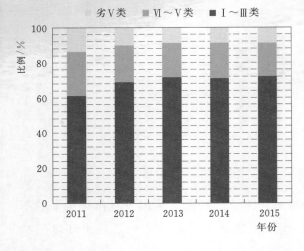

图 3.1-2　全国十大水系地表水环境监测断面水质情况
（数据来自于《中国环境状况公报》）

江、黄河、珠江、松花江、淮河、海河、辽河、浙闽片河流、西南诸河和内陆诸河十大水系监测断面的水质趋于转好，达到或者优于地表水环境质量Ⅲ类标准的比例从 2011 年的 61.0% 上升至 2015 年的 72.1%；相比而言，劣Ⅴ类水体断面的比例则从 13.7% 下降至 8.9%（图 3.1-2）。

在地方层面，各省（直辖市）也日益重视水环境保护工作。以浙江省为例，作为我国经济最为发达的省份之一，浙江省较早地开展了水环境保护工作。特别是改革开放以来，浙江省的水环境保护事业取得了长足的进步，走出了一条具有中国特色、符合浙江省实际的水环境治理和保护之路（图 3.1-3）。

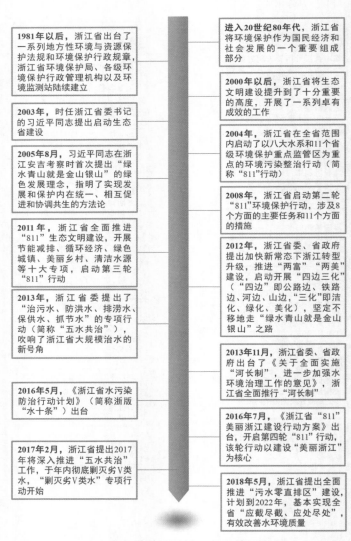

1981年以后，浙江省出台了一系列地方性环境与资源保护法规和环境保护行政规章，浙江省环境保护局、各级环境保护行政管理机构以及环境监测站陆续建立

2003年，时任浙江省委书记的习近平同志提出启动生态省建设

2005年8月，习近平同志在浙江安吉考察时首次提出"绿水青山就是金山银山"的绿色发展理念，指明了实现发展和保护内在统一、相互促进和协调共生的方法论

2011年，浙江省全面推进"811"生态文明建设，开展节能减排、循环经济、绿色城镇、美丽乡村、清洁水源等十大专项，启动第三轮"811"行动

2013年，浙江省委提出了"治污水、防洪水、排涝水、保供水、抓节水"的专项行动（简称"五水共治"），吹响了浙江省大规模治水的新号角

2016年5月，《浙江省水污染防治行动计划》（简称浙版"水十条"）出台

2017年2月，浙江省提出2017年将深入推进"五水共治"工作，于年内彻底剿灭劣Ⅴ类水，"剿灭劣Ⅴ类水"专项行动开始

进入20世纪80年代，浙江省将环境保护作为国民经济和社会发展的一个重要组成部分

2000年以后，浙江省将生态文明建设提升到了十分重要的高度，开展了一系列卓有成效的工作

2004年，浙江省在全省范围内启动了以八大水系和11个省级环境保护重点监管区为重点的环境污染整治行动（简称"811"行动）

2008年，浙江省启动第二轮"811"环境保护行动，涉及8个方面的主要任务和11个方面的措施

2012年，浙江省委、省政府提出加快新常态下浙江转型升级，推进"两富""两美"建设，启动开展"四边三化"（"四边"即公路边、铁路边、河边、山边，"三化"即洁化、绿化、美化），坚定不移地走"绿水青山就是金山银山"之路

2013年11月，浙江省委、省政府出台了《关于全面实施"河长制"，进一步加强水环境治理工作的意见》，浙江省全面推行"河长制"

2016年7月，《浙江省"811"美丽浙江建设行动方案》出台，开启第四轮"811"行动，该轮行动以建设"美丽浙江"为核心

2018年5月，浙江省提出全面推进"污水零直排区"建设，计划到2022年，基本实现全省"应截尽截、应处尽处"，有效改善水环境质量

图 3.1-3　浙江省水环境保护历程

近年来，随着"五水共治"等工作的不断深入开展、"河长制"等治水举措的有效实施，浙江省地表水环境质量总体上得到改善。2011年以来，全省221个省控地表水监测断面总体水质稳中趋好，达到或者优于地表水环境质量Ⅲ类标准的比例从2011年的62.9%上升至2015年的72.9%；相比而言，劣Ⅴ类水体断面的比例则从18.9%下降至6.8%（图3.1-4）。

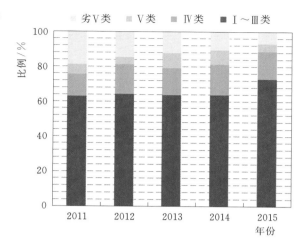

图3.1-4　浙江省地表水环境监测断面水质情况
（数据来自于《浙江省环境状况公报》）

3.2　污水处理厂进水水质特征

近年来，我国污水处理事业高速发展，根据《2015年城乡建设统计公报》的数据，截至2015年年底，全国城镇污水处理厂有3542座（其中城市有1943座，县城有1599座），排水管道长度超过70万km，污水处理能力达到1.7亿m³/d。城市和县城的污水处理率分别为91.9%和85.2%，城镇污水基本上得到有效收集和处理。但是污水处理厂进水依然存在着诸多问题，限制了污水处理的效果。

3.2.1　进水水质一般特征分析

3.2.1.1　有机负荷较低

污水处理率用来表示污水的集中处理比例，其中实际污水处理率是指经过处理的生活污水、工业废水量占污水排放总量的比重；名义污水处理率是指污水处理厂进水量占污水排放总量的比重。由于雨污管网分流不彻底、管道病害等问题，排放产生的部分污水直接排入河道或者在地下水位较低的地区渗入地下流失，导致产生的污水不能全部进入污水处理厂进行集中处理。此外，在地下水位较高的地区，地下水会进入污水管道并输送至污水处理厂进行处理，导致污水处理厂处理的不全是污水。运行负荷率是指污水处理厂实际处理水量与设计处理水量的比值，一般要求运行负荷率不低于60%。2015年全国各省（直辖市）（名义）污水处理率及运行负荷率地区分布情况如图3.2-1所示。

分析2015年全国1362座城镇污水处理厂后发现，进水COD浓度均值为249mg/L。浓度频率分布情况如图3.2-2所示，进水COD浓度小于260mg/L的污水处理厂数量占总量的62%。相比而言，德国污水处理厂进水COD浓度均值为558mg/L（2008年数据），是上海市的1.77倍以及全国均值的2.2倍。COD浓度较低，导致进水中碳源不足，限制生化反应进行特别是反硝化过程，从而影响出水水质。

3.2.1.2　高SS/BOD₅值

悬浮固体（SS）中的惰性有机物和无机物会影响污水处理厂的活性污泥产率及生物反硝

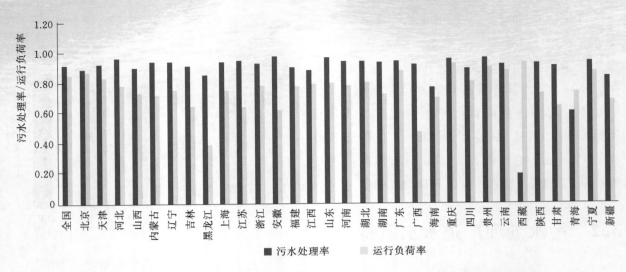

图 3.2-1　2015 年全国各省（直辖市）（名义）污水处理率及运行负荷率地区分布情况

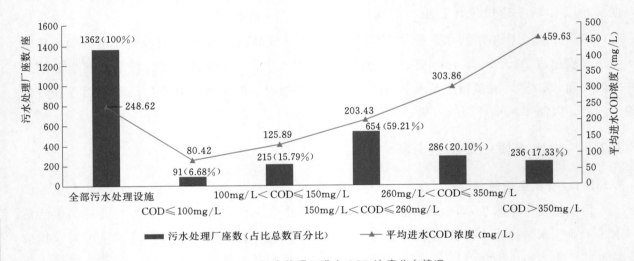

图 3.2-2　污水处理厂进水 COD 浓度分布情况

化速率。城镇污水处理厂进水 SS 中的无机组分主要源自泥沙、土壤、固体废弃物和大气沉降物，通过城镇地表径流、厨房清洗水、工业废水、建筑排水和干湿沉降等途径进入污水管网系统，造成污水处理厂进水 SS/BOD_5 值普遍偏高，尤其在南方地区。统计发现，全国 36 座重点城市中有 28 座污水处理厂进水 SS/BOD_5 值大于 1.5，部分城市大于 2.0。污水处理厂进水 SS/BOD_5 值分布情况如图 3.2-3 所示。

3.2.1.3　低 BOD_5/TN 值

碳氮比（BOD_5/TN）是生物脱氮效果的决定性因素。理论上去除单位质量的硝态氮需要消耗 BOD_5 的量为 $5.0\sim5.5mg(BOD_5)/mg(N)$。因此进水中 TN 浓度越高，则达标排放所需要的 BOD_5/TN 值也越高。研究发现，在碳源充足以及工艺设施具备相应能力的情况下，出水 TN 浓度能够稳定达到一级 A 标准，甚至在 5mg/L 以下。若进水中 TN 浓度较高，BOD_5/TN 值又较低，就需要外加碳源才能达到期望的生物脱氮效果。然而，我国城镇污水

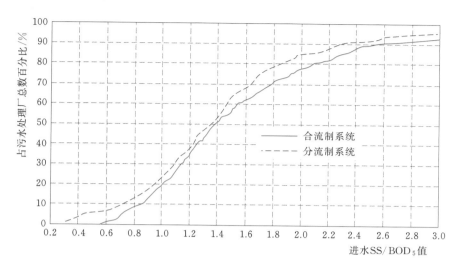

图 3.2 - 3　污水处理厂进水 SS/BOD$_5$ 值分布情况

处理厂进水 BOD$_5$/TN 值普遍偏低，整体而言，60％左右的城镇污水处理厂存在 BOD$_5$/TN 值较低的问题（BOD$_5$/TN＜4）。污水处理厂进水 BOD$_5$/TN 值分布情况如图 3.2 - 4 所示。

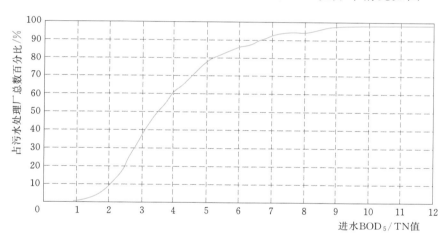

图 3.2 - 4　污水处理厂进水 BOD$_5$/TN 值分布情况

3.2.2　进水水质的其他特征分析（以浙江省为例）

3.2.2.1　工业废水比例高

浙江省作为经济强省，工业发达，因此该省污水处理厂进水来源较多、水质复杂，进水组成如图 3.2 - 5 所示，其中工业废水的比例较高，占比在 30％以上，由此增大了污水处理的难度。从地区分布来看，嘉兴城镇污水处理厂中的工业废水比例最高，占比达到 45.4％；舟山城镇污水处理厂进水中工业废水占比仅为 0.91％，为全省最低，这主要与舟山工业较少有关，具体如图 3.2 - 6 所示。

3.2.2.2　低 BOD$_5$/COD 值

污水处理厂进水中 BOD$_5$/COD 值可以反映出污水的可生化性，BOD$_5$/COD 值越高，表示污水的可生化性越好。从污水 BOD_5/COD 值来看，BOD_5/COD 值小于 0.3（可生化性差）的污水处理厂数量占总数的 30%。其中嘉兴、湖州、金华、杭州、宁波五市进水 BOD_5/COD 值小于 0.3 的污水处理厂分列 1～5 位，具体情况如图 3.2－7 所示。

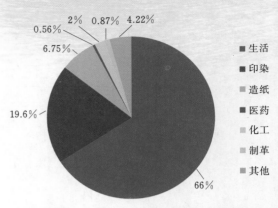

图 3.2－5　浙江省污水处理厂进水构成情况

3.2.2.3　难降解污染物多

1. 油类

有机油类污染物质包括"石油类"和"动植物油"两种。油类物质进入污水后会与活性污泥形成油膜，隔绝活性污泥与 O_2 的接触，严重的甚至会在生化池表面形成浮渣层，进而影响生化处理效果和感观效果。

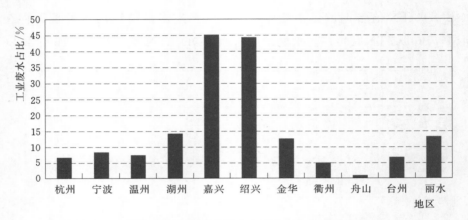

图 3.2－6　浙江省污水处理厂进水中工业废水占比地区分布情况

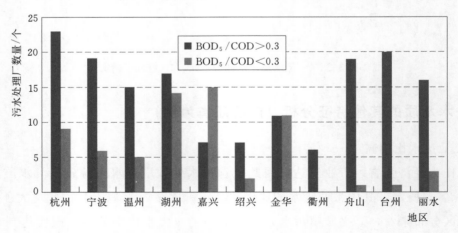

图 3.2－7　浙江省污水处理厂进水 BOD_5/COD 值地区分布情况

2. 重金属等穿透性污染物

浙江省电镀等涉重金属企业众多，很多电镀废水经预处理后纳入污水处理厂一并处理；城镇污水处理厂一般对电镀废水中的重金属如 Cr、Ni、Cu 等无去除能力，重金属会直接穿

尾水人工湿地设计与实践

透整个处理流程；若短时间内重金属浓度过高，会对活性污泥产生毒害作用，这样不仅会导致出水重金属超标，还会严重影响其他出水指标。

3. 难生物降解且生物有毒性物质

工业化发展使城镇污水处理厂的进水中增添了一定量的难生物降解和不可生物降解的污染物，这些物质大部分是由工业废水带入的，给污水处理厂的运行管理增加了诸多难度，特别是COD无法达到出水水质标准的情况较为普遍。该问题在工业园区污水处理厂更为突出。

3.3 污水处理厂排放标准

自20世纪90年代初，我国污水处理厂排放标准的发展经历了四个阶段。

（1）建设行业标准阶段。出台的《城市污水处理厂污水污泥排放标准》（CJ 3025—1993）中对BOD₅、COD和SS提出要求，而对氮、磷等指标并没有要求。该标准基本没有考虑受纳环境的需要，在更大程度上是处理标准，而不是排放标准，但是该标准的实施对当时的污水处理设施建设起到了积极作用。

（2）污水综合排放标准阶段。出台的《污水综合排放标准》（GB 8978—1996）中对氨氮和磷酸盐的要求，对于我国开展脱氮除磷工作的意义很大，并促使相当多的污水处理厂必须进行脱氮除磷。该标准的实施对于污水处理厂的设计提出了更高的要求。

（3）城镇污水处理厂污染物排放标准阶段。出台的《城镇污水处理厂污染物排放标准》（GB 18918—2002）较《污水综合排放标准》（GB 8978—1996）的系统性、完整性、可操作性均有较大程度的提高。该标准提出了总氮的要求，对氨氮和磷的要求作了调整，明确地提出了卫生学的指标。

（4）新时期污水处理厂排放标准阶段。随着城镇污水处理厂的排放标准日益严格，新版的《城镇污水处理厂污染物排放标准》（GB 18918—2002）已于2015年11月开始征求意见，其中对于环境敏感区域设置了特殊排放限值，该限值严于现一级A标准。另外，各类地方性标准如北京市《城镇污水处理厂水污染排放标准》（DB 11/890—2012）、天津市《城镇污水处理厂污染物排放标准》（DB 12/599—2015）、浙江省《城镇污水处理厂主要水污染物排放标准》（DB 33/2169—2018）以及其他各省（直辖市）的水污染防治政策都对城镇污水处理厂的排放提出了更加严格的要求。

各排放标准主要指标对比见表3.3-1。

表3.3-1　　　　　　　　我国污水处理厂排放标准主要指标对比

标　　准		COD	BOD₅	SS	NH₃-N	TN	TP
《城镇污水处理厂污染物排放标准》（GB 18918—2002）	一级A标准	50	10	10	5（8）	15	1（2006年前）、0.5（2006年后）
	一级B标准	60	20	20	8（15）	20	1.5（2006年前）、1（2006年后）

标　准		COD	BOD₅	SS	NH₃-N	TN	TP
新版《城镇污水处理厂污染物排放标准》（2015年征求意见稿）	特别排放限值	30	6	5	1.5（3）/3（5）	10/15	0.3
北京市《城镇污水处理厂水污染物排放标准》（DB 11/890—2012）	A标准	20	4	5	1.0（1.5）	10	0.2
	B标准	30	6	5	1.5（2.5）	15	0.3
天津市《城镇污水处理厂污染物排放标准》（DB 12/599—2015）	A标准	30	6	5	1.5（3.0）	10	0.3
	B标准	40	10	5	2.0（3.5）	15	0.4
浙江省《城镇污水处理厂主要水污染物排放标准》（DB 33/2169—2018）	新建	30	—		1.5（3）	10（12）	0.3
《地表水环境质量标准》（GB 3838—2002）	Ⅳ标准	30	6	—	1.5	1.5（湖库）	0.3、0.1（湖库）
	Ⅴ标准	40	10	—	2	2（湖库）	0.4、0.2（湖库）

注 1. 氨氮指标括号内数值为冬季水温较低时的控制指标；

2. 新版《城镇污水处理厂污染物排放标准》中"/"左侧限值适用于水体富营养化问题突出的地区。

3.4　污水处理厂出水（尾水）水质特征

尾水尚无明确定义，可指农田退水、水坝或者水力发电厂出水、采矿等工业企业产生的水等。本书中的尾水指污水处理厂尾水，是原生污水经污水处理厂生化处理后达标排放的水。由于污水处理厂尾水水量大、执行的标准低于地表水环境质量标准，因此，在河湖水质敏感区域尾水会成为新的点源污染，对尾水进行控制和进一步治理成为新的课题。

3.4.1　出水无法稳定达标排放

由于我国一直以来重厂轻网，导致出现雨污管网分流不彻底、管道病害等问题，加上城市管理水平低等原因，使得我国城镇污水处理厂进水往往存在有机负荷较低、SS/BOD₅值高、BOD₅/TN值低等特点，很大程度上限制了生化反应特别是反硝化过程的进行，从而对出水水质造成不利的影响。此外，在经济发达省份，城镇污水处理厂进水中工业废水的比例较高，以浙江省为例，工业废水水量的占比平均达30%以上，使得污水处理厂进水BOD₅/COD值低，可生化性差，工业废水中的油脂等物质会影响生化处理效果和感观效果，难生物降解且具有生物毒性的物质（如重金属）容易穿透整个污水处理流程，导致尾水水质不能稳定达标。

以浙江省为例，下文系统统计了浙江省废水重点源和集中式污水处理厂出水的达标情况，并分析相应的超标原因。

尾水人工湿地设计与实践

1. 废水重点源

浙江省1064家废水重点源监测总体达标率为55.8%，各地区达标率范围为16.8%～94.4%，具体情况见表3.4-1；涉及26个行业大类，达标率范围为27.5%～100%，具体情况如图3.4-1所示。

表 3.4-1　　　　　　　　　　浙江省工业废水排放口达标率地区分布情况

	区　域	全省	杭州	宁波	温州	嘉兴	湖州	绍兴	金华	衢州	舟山	台州	丽水
总体	重点源数/家	1064	187	97	51	222	58	280	44	57	19	31	18
	达标率/%	55.8	80.2	78.4	74.5	47.3	62.1	16.8	90.9	72.8	78.9	87.1	94.4

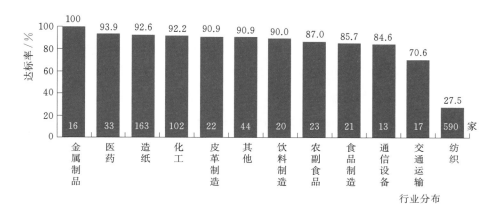

图 3.4-1　浙江省工业废水排放口达标率行业分布情况

从行业分布来看，超标行业以纺织业占比最高；从超标因子来看，以纺织企业苯胺类为主，占87.7%，具体情况如图3.4-2所示。

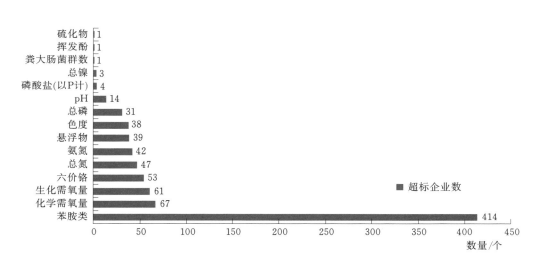

图 3.4-2　浙江省工业废水超标因子分布情况

尾水人工湿地设计与实践

2. 集中式污水处理厂

全省共监测污水处理厂 241 家，日均处理水量合计 863.7 万 t，总体运行负荷率为 79.8%。各地区的日均处理水量范围为 8.8 万～212.5 万 t，运行负荷率范围为 68.2%～103.4%，具体运行情况见表 3.4-2。

表 3.4-2　　　　　　　　　　浙江省污水处理厂运行状况地区分布情况

区　域	全省	杭州	宁波	温州	嘉兴	湖州	绍兴	金华	衢州	舟山	台州	丽水
污水处理厂数量/家	241	41	29	29	26	28	6	21	9	15	21	16
设计能力/（万 t/d）	1082.0	289.5	165.5	87.0	122.2	66.9	143.3	85.5	20.6	12.9	68.9	19.8
实际水量/（万 t/d）	863.7	212.5	135.4	84.0	96.5	46.1	119.7	69.5	21.3	8.8	55.9	14.1
运行负荷率/%	79.8	73.4	81.8	96.6	79.0	68.9	83.5	81.3	103.4	68.2	81.1	71.2

以水量达标率（水量达标率＝达标水量/实际处理水量）进行评价，241 家污水处理厂总体水量达标率为 81.4%，各地区的达标情况见表 3.4-3。

表 3.4-3　　　　　　　　　　浙江省污水处理厂达标率地区分布情况

区　域	全省	杭州	宁波	温州	嘉兴	湖州	绍兴	金华	衢州	舟山	台州	丽水
总体水量达标率/%	81.4	36.5	97.2	95.3	99.9	91.1	100.0	98.6	85.0	78.3	90.1	85.3

超标排放的 38 家污水处理厂超标水量共计 160.46 万 t/d，从地区分布来看，除绍兴外，其余地区均存在污水处理厂排放超标情况，其中杭州超标水量占比较大，占到全省超标总水量的 84.1%（主要是由于总氮和粪大肠菌群数超标引起的），具体情况见表 3.4-4。

表 3.4-4　　　　　　　　　　浙江省污水处理厂超标水量地区分布情况

区　域	全省	杭州	宁波	温州	嘉兴	湖州	绍兴	金华	衢州	舟山	台州	丽水
超标污水处理厂数量/家	38	12	3	3	2	3	—	1	3	6	4	1
超标水量/（万 t/d）	160.46	134.88	3.82	3.91	0.08	4.10	—	0.97	3.20	1.92	5.51	2.07
超标水量占比/%	—	84.1	2.38	2.44	0.05	2.6	—	0.6	2.0	1.2	3.4	1.3

以水质指标的超标情况进行分析，11 项因子存在超标，其中总氮为首要超标因子，涉超标水量 63.61 万 t/d，涉超标污水处理厂 5 家；其余超标因子按超标水量排序依次为悬浮物、苯胺类、六价铬、粪大肠菌群数、化学需氧量（COD）、色度、氨氮、总磷、生化需氧量（BOD）和总铬。超标原因主要有除菌效率不够、污染物去除效率不高、污染物进水浓度过高

影响去除效率等几方面，具体情况如图 3.4 - 3 所示。

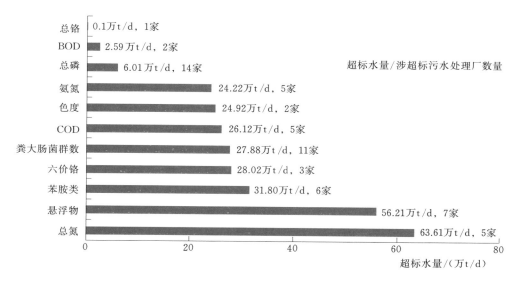

图 3.4 - 3 浙江省污水处理厂超标因子分布情况

3.4.2 出水执行排放标准偏低

根据原环境保护部颁布的《关于 2014 年全国城镇污水处理设施名单的公告》可知，我国现有城镇污水处理厂执行排放标准的比例如图 3.4 - 4 所示，由此可见，多数城镇污水处理厂仍执行《城镇污水处理厂污染物排放标准》（GB 18918—2002）一级 B 标准甚至更为宽松的标准。执行《城镇污水处理厂污染物排放标准》（GB 18918—2002）一级 A 标准的城镇污水处理设施数量仅占到总量的 40%，设计处理能力占比不足 35%。

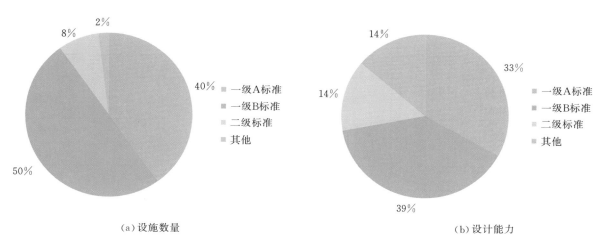

（a）设施数量　　　　　　　　　　　　　　　（b）设计能力

图 3.4 - 4 我国城镇污水处理厂执行标准占比

污水处理厂出水具有排放量大且集中的特点，多数出水执行《城镇污水处理厂污染物排放标准》（GB 18918—2002），达标后往往排入地表水体，而地表水执行《地表水环境质量标准》（GB 3838—2002）。如果将两套标准的指标进行比较，《城镇污水处理厂污染物排放标准》

尾水人工湿地设计与实践

中最严格的一级 A 排放标准劣于《地表水环境质量标准》中地表 V 类水质标准，用通俗的话来讲就是，达标排放的尾水仍是劣 V 类水。在此情况下，出水水质无法满足新时期下水环境质量改善的需求，因此城镇污水处理厂的提标改造任务十分严峻。

3.5　污水处理厂提标改造技术路线

污水处理厂提标改造工作从路径上主要分为：①从《城镇污水处理厂污染物排放标准》（GB 18918—2002）一级 A 标准提高至《地表水环境质量标准》（GB 3838—2002）Ⅳ 类标准及回用标准；②从《城镇污水处理厂污染物排放标准》（GB 18918—2002）一级 B 标准提高至一级 A 标准；③部分污水处理厂直接从《城镇污水处理厂污染物排放标准》（GB 18918—2002）二级标准提高至一级 A 标准甚至更高要求标准。

为了解决城镇污水处理厂运行过程中实际存在的困难，使出水水质达到更高的排放标准，在提标改造的工程实践中，一般以"先源头控制，后强化处理；先功能定位，后单元比选；先优化运行，后工程措施；先内部碳源，后外加碳源；先生物除磷，后化学除磷"为总体技术原则，主要采取如下技术路线来具体实施：①稳定进水，使得进水符合原设计，强化预处理，增强污水的可生化性；②对原主体工艺进行运营改良、优化参数、添加外物质、强化生化处理；③对原主体工艺进行改造、革新；④增加尾水处理设施，进行深度处理，考虑中水回用；⑤对附属工艺的改造，如污泥处置、隔音、除臭等；⑥机械、电气、自控设备的升级；⑦同时考虑前述措施的组合。

污水处理厂的提标改造可分为原位提升和异位新增两大类，其中原位提升是指对原主体工艺进行改造、革新，异位新增是指在原主体工艺后串联新增处理设施，具体措施分别见表3.5-1 和表 3.5-2。

表 3.5-1　　　　　　　　　　原地改、扩建典型工艺措施

主要问题	主要工艺措施	
进水难降解有机物多、BOD$_5$/COD 值偏低、出水 COD 偏高	添加生物填料等	生化段
进水碳氮比偏低	添加外碳源、取消初沉池等	前端
	改进工艺利用内碳源，如多点进水等	生化段
出水 SS 偏高	二沉池中投加化学混凝剂、提高污泥沉降性能等	生化段
出水 TN 偏高	强化生物脱氮	生化段
出水 TP 偏高	强化生物除磷等	生化段
	增加化学辅助除磷等	后段
原主体工艺改进	运行参数改进、多点进水、添加碳源、精细曝气、多模式、强化污泥回流等	生化段
污泥处置	污泥减量、生物能利用等	污泥段
臭气、噪声	加盖封闭、生物除臭、离子除臭，降噪措施等	全程

表 3.5－2   新增处理单元典型工艺措施

主要问题	主 要 工 艺 措 施	
进水不稳定	设置调节池、储水池等	前段
进水难降解有机物多、BOD$_5$/COD 值偏低、出水 COD 偏高	设置水解池、稳定池等	前段
	增设强化物化处理工艺，如混凝沉淀—过滤、臭氧氧化、Fenton 氧化、活性炭吸附、超滤—反渗透等	后段
出水 SS 偏高	设置深度过滤，如生物过滤、物理过滤设施；辅助化学混凝沉淀、微絮凝等	后段
出水 TN 偏高	设置反硝化滤池、生物滤池、膜过滤等	后段
景观生态要求	增加人工湿地、氧化塘等生态处理等	后段
扩展空间受限	半地下式、地下式等	全程
大量雨水流入	设置调节池、加强工艺抗冲击负荷能力等	前段

对于新增处理单元的方式而言，城镇污水处理厂提标改造措施主要包括以物理化学法为核心、以生物法为核心、以膜分离技术为核心和以人工湿地系统为核心的四种主流处理工艺。以物理化学法为核心的工艺主要采用混凝沉淀、高级氧化、过滤等工艺单元对尾水进行深度处理；以生物法为核心的工艺是以生物处理技术为主体，包括生物接触氧化法、曝气生物滤池等工艺单元；以膜分离技术为核心的工艺主要包括微滤、超滤、电渗析、纳滤、反渗透等膜工艺单元。以人工湿地系统为核心的工艺是以人工湿地为主体，由湿地及预处理等工艺单元组合而成。四种工艺的优缺点和适用性见表 3.5－3。

表 3.5－3   尾水深度处理工艺分析表

类 型	优 点	缺 点	出水适用性
以物理化学法为核心	技术成熟、处理效果稳定、出水水质好	工艺流程较长、占地面积较大、基建费用较高、运行管理麻烦	适合城市污水集中再生处理工程，可以在城市污水处理厂进行改造
以生物法为核心	基建和运行成本低廉、技术成熟、流程短等	处理效果一般，微生物会受到气候等外界条件的影响	处理出水能满足农业灌溉、简单工业用水以及城市杂用水的水质要求
以膜分离技术为核心	出水水质好、效率高、占地小、剩余污泥量少、结构紧凑、易于自动控制和运行管理等	投资和运行成本较高，需定期维护膜组件，膜过滤后浓水难处理	处理出水可回用于高压锅炉或者回注于地下作为间接生活饮用水
以人工湿地系统为核心	结构简单、操作管理便利、运行费用低、景观性强等	占地面积较大、易受气温等外界条件影响等	处理出水可以补充地表水体、作为景观用水等

其中，以人工湿地系统为核心的工艺作为一项新型的生态污水处理技术，具有处理效果好、基建投资及运行费用低、运行维护简单、景观性强等优点，建成后的人工湿地系统能够作为景观公园，有利于营造优美的环境，在污水处理尤其是提标改造过程中日益得到广泛的应用。

4 尾水人工湿地的现状与发展

4.1 应用情况

我国人工湿地用于处理生活污水的数量最多（图4.1-1），达到389个，占比为49％。其中用于处理农村污水和城镇污水的数量分别为248个和141个。这主要是由于我国农村生活污水具有面广、分散、难以收集和集中排放、增长快、有机污染物浓度高、排放不均匀等特点，因此"预处理＋人工湿地"处理工艺得到广泛应用。此外，人工湿地处理污水处理厂尾水的案例数量也较多，达到94个，占比为12％。人工湿地在处理污染地表水、工业废水等方面都有一定的应用，处理污染地表水的人工湿地数量为185个（包括处理污染河水143个，处理污染湖水42个），处理工业废水的人工湿地数量为36个，处理其他类型污水的人工湿地数量较少，占比均小于3％。尾水深度处理是人工湿地的重要应用领域之一。

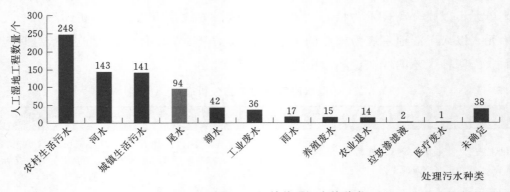

图4.1-1 我国人工湿地处理污水的种类

4.2 工艺流派

尾水人工湿地处理工艺是由多种类型人工湿地及污水预处理单元组合而成的污水处理系统。污水预处理单元包含污水一级处理工艺、二级处理以及氧化塘等，人工湿地单元包括表流人工湿地、水平潜流人工湿地、垂直潜流人工湿地等。在具体工程实践中，复合人工湿地的工艺主要是以塘（氧化塘）、床（潜流人工湿地）、表（表流人工湿地）等组成。

按照工艺类型分类，尾水人工湿地可以分为塘—表组合工艺、塘—床组合工艺、（塘）—床—表组合工艺以及强化预处理组合工艺四种常用的工艺流程。

1. 塘—表组合工艺

该工艺主要以塘系统和表流人工湿地作为工艺单元，稳定塘常采用植物氧化塘，塘深形成兼氧环境，通过种植浮水、浮叶植物或设置浮床种植挺水植物等形式，同时起到助凝沉淀、吸收 N、P 等作用。由于氧化塘、表流湿地总体属于低效率、低负荷的处理单元，故一般占地面积较大。同时，由于没有强化预处理单元和潜流湿地单元，易于根据场地基底、水深、水生植物的变化，划分不同功能区，创造不同的生境，形成良好的自然生态景观环境。作为塘—表组合工艺的特殊类型，也有将各单元池体修建成钢筋混凝土形式，以强化其污染物去除效果，可将其归类为强化型塘—表工艺。

具体组合形式上又可细分为图 4.2-1 中的两种形式。

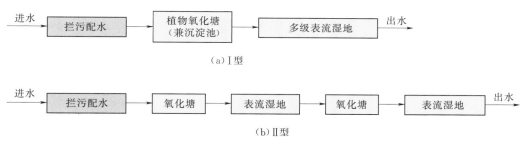

图 4.2-1 塘—表组合工艺流程图

2. 塘—床组合工艺

该工艺主要以塘系统和潜流湿地作为工艺单元，其核心是潜流湿地，在实际工程应用中，按照水体流态和进出水方式，常采用的有单级垂直潜流、多级垂直潜流、垂直潜流—水平潜流串联组合、水平潜流—垂直潜流串联组合、下向流—上向流串联组合的垂直潜流、垂直潜流与水平潜流耦合的复合流、潮汐流等。相比塘—表系统，塘—床工艺处理负荷高、占地面积小、处理效果好，但也存在工程造价高、景观效果较弱、床体易堵塞等问题。

具体组合形式又可细分为图 4.2-2 中的四种形式。

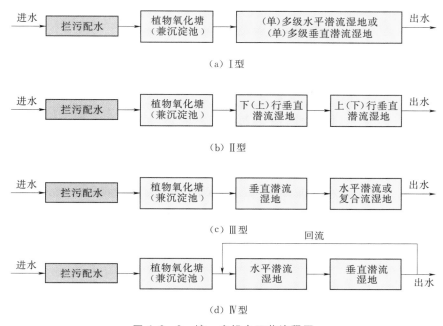

图 4.2-2 塘—床组合工艺流程图

3.（塘）—床—表组合工艺

该工艺主要以塘系统、潜流湿地和表流湿地作为工艺单元，其中，稳定塘单元根据项目具体情况可以选择设置或不设置，不设置时尾水直接进入潜流湿地单元，相比塘—床工艺，其主要特点保持一致，只是在后端增加了表流湿地单元，更有利于形成局部景观水体或场地水轴，增加工程的景观效果。

4. 强化预处理组合工艺

该工艺主要是在塘、床、表等生态工艺前端，采用人工强化单元，对尾水水质水量带来的冲击负荷进行削减，以减小后续生态单元的处理负荷，如采用接触氧化法、混凝沉淀法等。该工艺由于主要通过预处理单元去除污染负荷，因此，适用于对湿地景观要求高的项目；或有多种进水水源混合的项目，如进水中不仅有尾水，还有河道水等，以应对进水水质水量波动。

4.3 案例分析

4.3.1 塘—表组合工艺案例

1. 项目概况

洪泽污水处理厂尾水人工湿地位于江苏省淮安市洪泽县，分为南线和北线两个工程，其中南线工程起始于宁连高速公路入口以北 1200m 处，处理洪泽天楹污水处理厂尾水，处理规模为 4 万 m^3/d，工程区长为 2700m，占地面积为 108hm²；北线工程起始于双喜河以南 850m 处，处理清涧污水处理厂尾水，处理规模为 6 万 m^3/d，工程区长为 3800m，占地面积为 152hm²。

2. 设计进出水水质

南线和北线两个处理系统分别处理洪泽天楹污水处理厂和清涧污水处理厂的污水。其中洪泽天楹污水处理厂出水执行《城镇污水处理厂污染物排放标准》（GB 18918—2002）中的一级 B 标准，实际运行结果发现出水水质要优于一级 B 标准水质，其中 COD 达到《地表水环境质量标准》中Ⅳ类水标准，TP 达到Ⅴ类水标准，NH_3-N 和 TN 达到一级 A 标准。清涧污水处理厂出水按照要求执行《城镇污水处理厂污染物排放标准》（GB 18918—2002）中的一级 B 标准。该湿地工艺出水水质中 COD 达到《地表水环境质量标准》（GB 3838—2002）中Ⅲ类水标准、BOD_5 和 TP 达到Ⅴ类水标准，而 NH_3-N 和 TN 的浓度相对较高，见表 4.3-1。

表 4.3-1 　　　　　　洪泽污水处理厂尾水人工湿地设计进出水水质情况　　　　　单位：mg/L

项　目	设计进水水质	设计出水水质	项　目	设计进水水质	设计出水水质
BOD_5	20	10～15	TN	20	9～12
COD	60	25～40	TP	1	0.2～0.5
SS	20	8～12	NH_3-N	10	2～6

3. 工艺流程

由于污水处理厂尾水中的污染物为 TN 和 NH_3-N，因此该湿地的功能定位为脱氮处理，相关工艺流程如图 4.3-1 所示。主要遵循氮转化需要连续的好氧—厌氧环境这一规律，工艺由曝气蓄水塘、兼性塘和表流湿地等单元组成，形成串联式的好氧与厌氧反应器（AO），促进脱氮反应的进行，同时利用曝气富氧、厌氧分解、植物吸收、土壤吸附等途径去除尾水中的有机质、含磷污染物等。

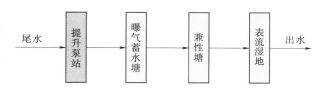

图 4.3-1 洪泽污水处理厂尾水人工湿地工艺流程图

4. 工程设计

（1）曝气蓄水塘。污水首先进入曝气蓄水塘单元。该单元主要用于对尾水进行调蓄、曝气和初步净化。为了增加污水中溶解氧的含量，在塘中增设太阳能曝气系统对水体进行曝气富氧。蓄水塘由现有鱼塘改造而成，面积共计 22.4hm²。其中南线工程蓄水塘的面积为 10.4 万 m²，设计水深 4m，可蓄水 41.6 万 m³，水力停留时间为 10d，设置 4 台太阳能曝气系统；北线工程蓄水塘的面积为 12hm²，设计水深 4m，可蓄水 48 万 m³，水力停留时间为 8d，设置 4 台太阳能曝气系统。

（2）兼性塘。经过蓄水塘处理后，污水进入兼性塘单元。兼性塘具有厌氧塘和好氧塘的特点，对有机物和氮、磷等均有良好的去除效果。兼性塘占地面积共计 17.5 万 m²，设计水深 4.5m，水力停留时间为 8d，其中南线工程兼性塘面积为 7hm²，蓄水容积为 31.5 万 m³，北线工程兼性塘面积为 10.5hm²，蓄水容积为 47.25 万 m³。为防止尾水在兼性塘储存期间渗漏污染地下水，在兼性塘底部和四周铺设防渗的土工布。

（3）表流湿地。表流湿地是以农田湿地为原型，不额外布置填料，主要依靠土壤吸附和植物吸收对污染水体进行净化。在湿地四周建造围堤，湿地内部开挖弯弯曲曲的小沟渠，使污水在蜿蜒流淌的过程中，充分与土壤和植物接触，增加土壤吸附和植物吸收的机会，延长水力停留时间，增强湿地的净化能力。该湿地设计面积为 83.6hm²，其中南线工程由生态廊道进入湿地，南线湿地分为两部分，占地面积分别为 14.8hm² 和 29.5hm²，水力负荷分别为 0.27m/d 和 0.14m/d。北线工程由兼性塘出水直接进入湿地，北线湿地分为 5 个部分，占地面积分别为 10hm²、13hm²、8hm²、4.1hm² 和 4.2hm²，设计表面坡度为 1‰，设计表流人工湿地水深不超过 0.4m。湿地中种植芦苇、茭白、香蒲、美人蕉、鸢尾、再力花等生物量大、根系发达的挺水植物，利用植物的根区效应和吸收能力净化污水，去除污染物。

该湿地工艺可以归为"塘—表"工艺，各工艺单元结合景观效果打造成仿自然流的景象，因此属于"仿自然型"，处理后的尾水回用于周边农业灌溉、河道生态环境补水、城市杂用水、林地浇灌用水等，多余部分排入淮河入海水道。

该工程总投资金额为 3932 万元，单位水量工程投资为 393 元/（m³·d），单位面积工程投资为 15 元/m²，工程运行费用为 0.05 元/m³（以 2010 年社会发展水平计）。

4.3.2 强化处理型塘—表工艺案例

1. 项目概况

临安污水处理厂尾水人工湿地选址于浙江省杭州市临安污水处理厂下游青山湖淹没区。场地为青山湖规划淹没区河滩地，占地 13.67hm²；周边高地上建立植物资源化加工厂及换季育苗基地，占地约 2.67hm²，设计进水流量为 6 万 m³/d。该湿地需要在二级生物处理尾水基础上，进一步去除 95% 以上的 NH_3-N 以及 80% 的 TN 和 TP。因此，其功能定位于脱氮除磷。

2. 设计进出水水质

进水为临安污水处理厂二级生化处理尾水，出水排入青山湖，设计进出水的水质见表 4.3-2。

表 4.3-2 　　　　　　 临安污水处理厂尾水人工湿地设计进出水水质情况 　　　　　　单位：mg/L

项　目	设计进水水质	设计出水水质	项　目	设计进水水质	设计出水水质
COD	≤60	≤30	NH_3-N	≤15	≤0.75
BOD₅	≤20	≤6	TP	≤0.5	≤0.1
SS	≤20	≤4	TN	≤20	≤4

3. 工艺流程

该湿地系统为复合型人工湿地系统，采用多功能组合和多技术集成，运用了附着生长接触氧化稳定塘工艺，潜流湿地工艺，吸附性基质滤除工艺，超积累植物脱毒工艺，大型浮床陆生、湿生植物高效脱除磷工艺，生态沟深度净化工艺和植物滤床工艺等，使尾水的污染物质多途径脱除，达到深度处理的目的，相关工艺流程如图 4.3-2 所示。此外，该湿地工艺中采用强化自然净化原理，以重力流和太阳能为驱动力，不使用化学制剂，很少消耗电力能源，具有环境友好的特点。

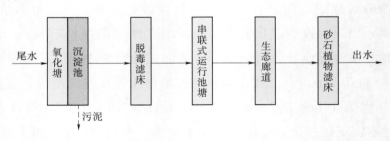

图 4.3-2　临安污水处理厂尾水人工湿地工艺流程图

4. 工程设计

（1）稳定塘兼沉淀池。该单元分两组并联，双池串联运行，总占地面积 6000m²，水力停留时间为 2h，进水自污水处理厂尾水口下游经管道连接自流进入。1 号池为氧化塘，塘中固定生物膜填料，上覆漂浮植物，强化接种氮循环微生物，微曝气；2 号池为漂浮植物兼沉淀池。

（2）脱毒滤床。该单元为两组并联双池串联的形式，总占地面积为1500m²，水力停留时间为1h，通过不同类型的特征性植物（如东南景天对镉的吸收比普通植物多万倍，海州香薷吸收铜的能力是普通植物的几千倍等）来吸收污水中的重金属、氮磷营养盐以及有机污染物，以达到净化水质的目的。

（3）串联式多级运行池塘。该单元为多级串联式运行池塘，占地面积约3万m²，水力停留时间为12h，通过布置生态浮床来强化污染物的去除。

（4）迴转式多级串联生态廊道。该单元为迴转式多级串联生态廊道，占地面积约9万m²，水力停留时间为18h，塘中种植大量大型挺水植物，通过植物茎干、根区形成的微生物膜以及植物的吸收作用深度净化水中的污染物，该系统的结构与表流人工湿地类似。

（5）砂石植物滤床。该单元占地面积约6000m²，分四组并联运行，每组双池串联，水力停留时间为2h。1号池为碎石床水平潜流湿地，占地面积为4000m²，接纳系统4生态廊道出水，滤除进水可能带入的植物碎屑，并通过微生物作用将其分解。2号池为粗砂床植物滤地，占地面积为2000m²，所使用的填料粒径较大，可以防止污泥堵塞的情况。

该湿地系统的核心工艺可以归为"塘—表"的形式，各工艺单元主要使用钢筋混凝土结构，因此属于"增强型塘—表工艺"，并通过工艺单元的组合强化水质净化特别是脱氮除磷的效果。临安污水处理厂尾水人工湿地如图4.3-3所示。

（a）脱毒滤床　　　　　　　　　　　　　（b）迴转式多级串联生态廊道

图4.3-3　临安污水处理厂尾水人工湿地

该工程总投资为1.3亿元，单位水量工程投资为2167元/（m³·d），单位面积工程投资为949元/m²，工程运行费用低于0.1元/m³（以2008年社会发展水平计）。

4.3.3　塘—床组合工艺案例

1. 项目概况

深圳市龙华污水处理厂尾水人工湿地位于深圳市观澜镇环观南路至清湖观澜河段，周边现状基本为杂草地、菜地和少量果林地，基本没有房屋，占地面积约4.34hm²，其南北最长约650m，东西最宽约140m，场地原始地面高程为35.68～59.12m，设计处理水量为

2 万 m³/d。

2. 设计进出水水质

龙华污水处理厂出水水质能够达到《城镇污水处理厂污染物排放标准》（GB 18918—
2002）中一级 A 标准。龙华污水处理厂所在地为观澜河二级水源保护区，属于地表水Ⅲ类功
能区，相关标准明确规定一级 A 标准的出水不能直接排入自然水体，因此需要对尾水进行深
度处理。湿地进水水质执行一级 A 标准，设计出水执行《地表水环境质量标准》（GB 3838—
2002）中Ⅲ类水质标准，具体的水质指标见表 4.3-3。

表 4.3-3　　　　　　　龙华污水处理厂尾水人工湿地设计进出水水质情况　　　　　　单位：mg/L

项　　目	设计进水水质	设计出水水质	项　　目	设计进水水质	设计出水水质
COD	≤50	≤15	NH₃-N	≤5	≤1
BOD₅	≤10	≤4	磷酸盐	≤0.5	≤0.2

3. 工艺流程

该湿地工艺流程如图 4.3-4 所示，主要包括生态氧化池、生态砾石床、垂直潜流人工湿
地等工艺单元。

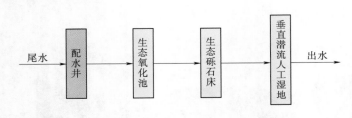

图 4.3-4　龙华污水处理厂尾水人工湿地工艺流程图

4. 工程设计

（1）生态氧化池。污水处理厂出水
进入生态氧化池，生态氧化池通过添加
填料及充氧曝气以形成生物膜，通过微
生物作用降解污染物。该池水力停留时
间为 2.88h，总容积为 2820m³，有效
容积为 1680m³，曝气产生的气和水之
比为 3:1，并配套风机 6 台，4 用 2 备。

（2）生态砾石床。经过生态氧化池处理后，污水进入生态砾石床系统，生态砾石床填料
为活性钙填料和特殊填料。通过填料上微生物分解有机物，去除氨氮等并通过特殊填料的吸
附、置换等去除污水中磷，同时沉淀去除悬浮物，达到水质净化的目的。生态砾石床水力停
留时间为 1.8h，有效容积为 15000m³，有效深度为 2.5m。生态砾石床上层覆盖通气性土壤，
种植草皮，正式投产运行后，该地块可改造为球场等休闲娱乐场所。

（3）垂直潜流人工湿地。垂直潜流人工湿地是该工艺的核心单元。湿地系统占地面积为
3.1hm²，设计布水负荷为 0.64m³/(m²·d)，填料层厚度为 1.8m。为了保证湿地系统布水均
匀，将湿地系统分成 10 个独立进水单元，各工艺单元可以单独运行也可并联运行，系统运行
采用 PLC 自动控制及手动控制结合。污水经过植物池的过滤、吸附、生物降解后经过收集管
排出，在植物池内种植适合深圳气候的各种水生湿生植物，如风车草、花叶芦荻、再力花、
纸莎草等。

该湿地工艺可以归为"塘—床"工艺，通过生态氧化池、垂直人工湿地的强化处理，使

出水达到Ⅲ类水质标准排放。深圳龙华污水处理厂尾水人工湿地如图 4.3-5 所示。

(a) 垂直潜流人工湿地   (b) 人工湿地出水区

图 4.3-5 深圳龙华污水处理厂尾水人工湿地

该工程总投资为 3935 万元，单位水量工程投资为 1968 元/（m³·d），单位面积工程投资为 915 元/m²，工程运行费用为 0.2 元/m³（以 2007 年社会发展水平计）。该项目通过委托第三方运营，已稳定运行超 10 年，处理效果良好。

4.3.4 （塘）—床—表组合工艺案例

1. 项目概况

慈溪市域污水处理一期工程尾水人工湿地主要包括东部人工湿地和北部人工湿地两部分，均为深度处理污水处理厂出水的尾水湿地。其中北部人工湿地地处慈溪市杭州湾新区兴慈四路东、九塘横江北、滨海二路南、四号直江西，北部湿地距二级处理厂约 150m，占地面积约为 18.47hm²，设计进水流量为 10 万 m³/d；东部人工湿地地处慈溪淡水泓、十塘横江交汇处，紧靠二级处理厂的北边，占地约 10.2hm²，设计流量为 5 万 m³/d。

2. 设计进出水水质

北部人工湿地和东部人工湿地进水分别为北部和东部污水处理厂的二级生化出水，出水执行《城镇污水处理厂污染物排放标准》（GB 18918—2002）中一级 A 标准，相应的水质指标见表 4.3-4。

表 4.3-4   慈溪污水处理厂尾水人工湿地设计进出水水质情况

项 目	设计进水水质	设计出水水质	项 目	设计进水水质	设计出水水质
BOD_5/(mg/L)	≤20	≤10	NH_3-N/(mg/L)	≤8（15）	≤5
SS/(mg/L)	≤20	≤10	TP/(mg/L)	≤1.2	≤0.5
TN/(mg/L)	≤20	≤15	大肠菌/个	$10^8 \sim 10^9$	10^3

注 括号外数值为水温大于 12℃时的控制指标，括号内数值为水温小于等于 12℃时的控制指标。

3. 工艺流程

该人工湿地污水处理流程如图 4.3-6 所示，主要包括配水系统、多级植物碎石床（潜流人工湿地）、表流人工湿地、生态塘等工艺单元。

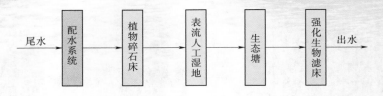

图 4.3-6　慈溪市域污水处理一期工程尾水人工湿地工艺流程图

4. 工程设计

（1）多级植物碎石床。二级生化处理后的尾水，北部由管道穿越九塘横江送至北部人工湿地，东部经管道直接送至东部人工湿地。湿地系统进水经各级配水井配水后通过均匀布水的方式进入植物碎石床，植物碎石床采用潜流人工湿地工艺。进入碎石床的污水通过碎石上的生物膜、微生物和上部的植物系统的吸收、降解的共同作用，以达到净化污水的目的。碎石床上主要栽种芦苇、香蒲、茳芏、大米草等大型水生植物。

（2）表流人工湿地。经过碎石床处理后的污水进入表流湿地，表流湿地水深 0.5m，从而有利于太阳光直射入水，提高水中溶解氧浓度，有利于发生好氧反应。表流湿地中靠近表水层是好氧环境，深水层和水下是厌氧的环境。在此情况下，氮能通过硝化和反硝化作用有效去除。在好氧区，氨被硝化细菌氧化，硝酸盐被转化成游离态的氮，在厌氧条件下含氮氧化物被反硝化细菌转化。表流湿地中磷的去除主要通过吸收、吸附、络合、沉淀等过程。构建表流湿地的挺水植物包括芦苇、香蒲、莎草等。

（3）生态塘。经过表流湿地处理，污水进入生态塘处理系统，进一步去除污染物。生态塘处理系统由多个浅水塘组成，塘里生长多种耐水淹的维管束植物。

（4）强化生物滤床。经过生态塘处理系统，水体最后进入强化生物滤床。该系统与潜流湿地系统基本相同，但该系统采用对磷有高去除效果的填料，更加有利于磷的去除，保证出水达标排放。

该湿地的核心工艺可以归为"床—表"的形式，其中北部湿地系统分为东、西两部分各 6个并联单元，共 12 个单元并联；东部湿地系统设 6 套工艺单元并联。每个单元的处理规模为8333m³/d，由植物碎石床、表流人工湿地、生态塘、强化生物滤床串联组成。慈溪市域污水处理一期工程尾水人工湿地如图 4.3-7 所示。

该工程总投资为 4463 万元，单位水量工程投资为 298 元/（m³·d），单位面积工程投资为156 元/m²，工程运行费用为 0.01 元/m³（以 2004 年社会发展水平计）。

4.3.5　强化预处理组合工艺案例

1. 项目概况

阜阳市颍南污水处理厂尾水人工湿地（凤凰湿地）位于阜阳市城市规划区内的颍河下游，毗邻颍西经济开发区的居住和工业用地，设计面积 642hm²，其中水面面积 277hm²，设计常水位为 27.0～30.0m，布置挺水植物面积 20hm²，布置沉水植物面积 80hm²。作为净化颍南

(a) 表流人工湿地

(b) 植物碎石床

图 4.3-7　慈溪市域污水处理一期工程尾水人工湿地

污水处理厂尾水的深度处理工程，湿地进水主要来自颍南污水处理厂尾水，依据《阜阳市城市排水（污水）工程规划（2015—2030）》的要求，颍南污水处理厂近期处理规模为 10 万 m³/d，远期处理规模为 15 万 m³/d，根据中水回用规划，其中 5 万 m³/d 作为电厂回用水，因此湿地近期进水规模为 5 万 m³/d，远期规模为 10 万 m³/d。

2. 设计进出水水质

颍南污水处理厂尾水执行标准为《城镇污水处理厂污染物排放标准》（GB 18918—2002）中一级 A 标准，湿地出水作为城区河道补水水源，设计出水主要指标达到《地表水环境质量标准》（GB 3838—2002）中 Ⅳ 类水质标准，具体水质指标及各污染物去除率见表 4.3-5。该湿地的主要功能为净化水体水质、补充城市河道水源和提升城市区域景观效果，湿地工程实施后预计可削减入颍河污染负荷 COD 730t/a、氨氮 127t/a、TP 7.3t/a。

表 4.3-5　　　　　颍南污水处理厂尾水人工湿地设计进出水水质情况　　　　　单位：mg/L

项　目	设计进水水质	设计出水水质	项　目	设计进水水质	设计出水水质
COD	≤50	≤30	TN	≤15	≤8
BOD$_5$	≤10	≤6	NH$_3$-N	≤5	≤1.5
SS	≤10	—	TP	≤0.5	≤0.3

3. 工艺流程

该湿地设计为多级台地式，其间以跌水堰相连，各级跌水堰跌差多为 0.5m，跌堰宽在 1m 以上。跌水堰以自然地形堆筑为主，仅在局部高程较大或相邻跌级部位采用自然景石砌筑挡墙，从而展现出不同的湿地形态。相关污水处理流程如图 4.3-8 所示，主要包括预处理区、表流人工湿地、沉水植物塘等工艺单元。

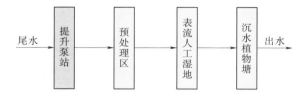

尾水 → 提升泵站 → 预处理区 → 表流人工湿地 → 沉水植物塘 → 出水

图 4.3-8　颍南污水处理厂尾水人工湿地工艺流程图

4. 工程设计

（1）预处理区。污水处理厂尾水经厂区内提升泵站提至凤凰湿地，采用的引水压力管线管径为 DN1200，管道流速为 1.02m/s，管道的平均埋深为 4.0m。进入湿地系统的污水首先经过预处理区，预处理区主要为砾间接触氧化单元工艺。该工艺的实质是对天然河床中生长在砾石表面生物膜的一种人为模仿与工程强化技术，能够有效去除污水中的 SS 以及部分 NH_3-N 和 COD，以避免后续造成湿地系统的堵塞及降低进入湿地污染负荷，设计生态砾石床 3 座，每座 2 格生态砾石床净化槽，单座生态砾石床面积约为 150m^2。

（2）表流人工湿地及沉水植物塘。表流人工湿地主要通过挺水植物密植区中挺水植物的拦截、过滤及吸收作用以净化水质，沉水植物塘主要通过大面积沉水植物的深度净化作用以确保出水水质达标。该湿地在表流人工湿地和沉水植物塘水深为 0～0.5m、离岸 2.5m 的范围内种植挺水植物，所选用的种类主要有芦苇、香蒲、野菱白、水生美人蕉、再力花、梭鱼草等，并种植睡莲、萍蓬草、荇菜等植物增加美化环境效果。沉水植物适宜生长的水深为 0.5～1.5m，根据现有地形，沉水植物氧化塘最大水深为 1.5m，因此选择净水能力较强的轮叶黑藻、亚洲苦草、大茨藻、伊乐藻、金鱼藻、马来眼子菜、矮生耐寒苦草等。

该湿地工艺可以归纳为"强化预处理—表流人工湿地"的形式，湿地系统净化处理后的出水作为生态补水补充至东西城河。

该工程单位水量工程投资为 9793 元/（m^3·d）（以远期处理规模计），单位面积工程投资为 207 元/m^2（以 2017 年社会发展水平计）。

5　工艺设计

尾水人工湿地主要包括污水预处理单元、人工湿地单元等，在具体的工程实践中常以复合人工湿地的形式存在，涉及的处理单元有氧化塘、接触氧化池、生态砾石床、潜流人工湿地、表流人工湿地，本章节将对各处理单元的设计参数进行详细介绍。

5.1　氧化塘

5.1.1　工艺描述

氧化塘是一种构造简单、易于维护管理、水体净化接近自然过程的污水处理方法。污水在塘内经较长时间的缓慢流动、储存，通过微生物（细菌、真菌、藻类、小型原生生物）的代谢活动，使污水中的有机污染物降解，污水得到净化；作为湿地预处理的氧化塘往往种植浮水或浮叶植物，故又称为植物氧化塘。除了具有一般氧化塘的功能外，由于水生植物的作用，植物氧化塘具有更高的污染物去除效率。

氧化塘有多种分类方式，一般根据氧化塘内生长繁殖的微生物的类型、供氧方式不同而划分。氧化塘一般分为好氧塘、兼性塘、厌氧塘、植物氧化塘、曝气氧化塘等。目前，氧化塘处理工艺在国际上广泛应用，其中美国有 11000 多座塘处理系统，德国有 3000 多座塘生态处理系统，法国也有 3000 多座塘生态处理系统；在俄罗斯，塘生态处理系统已成为小城镇污水处理的主要方法。

不同类型氧化塘的示意图分别如图 5.1-1～图 5.1-5 所示。

我国塘生态处理系统污水处理技术的研究始于 20 世纪 50 年代。自 60 年代起，陆续建成了一批塘生态处理系统。20 世纪 80—90 年代是我国污水处理塘系统迅速发展的时期。目前，

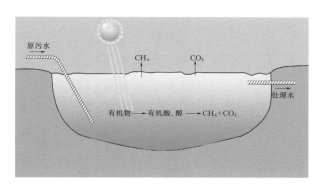

图 5.1-1　好氧塘

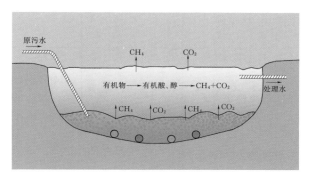

图 5.1-2　厌氧塘

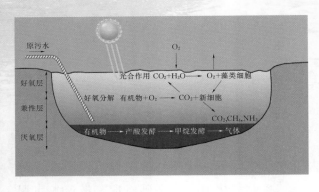

图 5.1-3 兼性塘

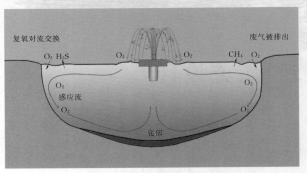

图 5.1-4 曝气氧化塘

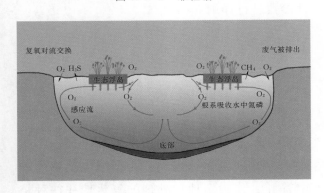

图 5.1-5 植物氧化塘

国内存在着大量高效复合塘生态处理系统，它们被广泛应用于城市生活污水处理，以及石油、化工、纺织、皮革、食品、制糖、造纸等工业废水处理，对各类废水都表现出较好的处理效果。

在工程实践中，氧化塘往往需要较长的水力停留时间，占用大量的土地，故在实际应用中常常缩小而成为沉淀池。组合人工湿地的预处理工艺往往采用氧化塘（兼沉淀池）的方式。

5.1.2　工艺参数

工艺参数见表 5.1-1，仅供参考。

表 5.1-1　　　　　　　　　　　氧化塘（兼沉淀池）设计参数

项　　目	好氧塘	兼性塘	厌氧塘	植物氧化塘	沉淀池
深度/m	0.15~0.6	1~2.5	2.5~4.5 或以上	1~2.5	2~4
长宽比	2~3	2~3	无要求	2~3	3~5
水力停留时间	2~6d	7~50d	12d 以上	2d 以上	2~16h
表面负荷 /[$m^3/(m^2 \cdot d)$]	0.1~0.3	0.1 以下	0.1 以下	0.1~0.3	20~30
BOD_5 负荷 /[$g/(m^2 \cdot d)$]	18~40	2~6	20~60	7~30	
BOD_5 去除率/%	80~95	70~90	50~70	50~80	
系统生物相特征	藻、菌、原生动物、后生动物	好氧及兼性菌，包括硝化菌及反硝化菌等	以细菌为主	好氧及兼性菌，原、后生动物等	
污染物去除特征	以好氧去除有机物为主	有一定的反硝化能力	水解、酸化及甲烷化	微生物及漂浮植物的共同作用	去除泥沙等悬浮态污染物

注　表中参数摘自《污水稳定塘设计规范》（CJJT 54—1993）和《云南省高原湖泊人工湿地技术规范研究》。

5.2 强化预处理单元

5.2.1 工艺描述

强化预处理单元多采用接触氧化法，生物接触氧化法是在池内设置人工填料，已经充氧的污染原水浸没全部填料，并以一定的流速流经填料（图5.2-1和图5.2-2）。

图5.2-1 接触氧化池

图5.2-2 生物接触氧化池填料

生物接触氧化法可以去除有机物、氨氮，并有一定的生物除磷作用。生物接触氧化池内同时存在着两种主要的生物作用：①生物硝化作用；②有机物的生物氧化作用。进行生物硝化功能的主要是硝化细菌。硝化细菌是一种化能自养型细菌，它以二氧化碳作为碳源，以氨氮或亚硝酸氮作为氮源，在好氧条件下通过硝化作用，氨氮经过两个步骤被氧化为硝酸氮。

5.2.2 工艺参数

工艺参数见表5.2-1，仅供参考。

表5.2-1   接触氧化法设计参数

项　目		参　数
深度/m	稳水层	0.6～1.2
	填料层	2.5～3.5
	构造层	0.4～0.5
长宽比		1:2～1:1
生物氧化部分有效停留时间/h		4～6
填料类型		固定式、悬挂式、悬浮式
生物氧化水力负荷/[m³/(m²·h)]		2.5～4
气水比		0.7:1～1.1:1
污染物去除特征		以好氧去除有机物为主

注　表中参数参考《给排水设计手册：城镇给水》。

5.2.3 计算公式

（1）接触氧化池有效容积：

$$V = \frac{Q(S_0 - S_e)}{M_e \eta}$$

式中：V 为接触氧化池的容积，m^3；Q 为接触氧化池的流量，m^3/d；S_0 为接触氧化池进水 BOD_5 浓度，mg/L；S_e 为接触氧化池出水 BOD_5 浓度，mg/L；M_e 为接触氧化池填料去除有机污染物的 BOD_5 容积负荷，$g(BOD_5)/[m^3（填料）\cdot d]$；$\eta$ 为填料的填充比，$\%$。

（2）设计氧气需要量：

$$O_2 = 0.001aQ(S_0 - S_e) - c\Delta X_v + b[0.001Q(N_k - N_{ke}) - 0.12\Delta X_v] \\ - 0.62b[0.001Q(N_t - N_{ke} - N_{oe}) - 0.12\Delta X_v]$$

式中：O_2 为设计污水需氧量，kgO_2/d；S_0 为接触氧化池进水 BOD_5 浓度，mg/L；S_e 为接触氧化池进水 BOD_5 浓度，mg/L；ΔX_v 为接触氧化池排出系统的微生物量，kg/d；N_k 为接触氧化池进水总凯氏氮浓度，mg/L；N_{ke} 为接触氧化池出水总凯氏氮浓度，mg/L；N_t 为接触氧化池进水总氮浓度，mg/L；N_{oe} 为接触氧化池出水硝态氮浓度，mg/L；$0.12\Delta X_v$ 为排出接触氧化池系统的微生物量中含氮量，kg/d；a 为碳的氧当量，当含碳物质以 BOD_5 计时，取 1.47；b 为常数，即氧化每公斤氨氮所需氧量，$kg(O_2)/kg(N)$，取 4.57；c 为常数，即细菌细胞的氧当量，取 1.42。

（3）曝气供气量：

$$G = \frac{O_2}{0.28E_A}$$

式中：G 为设备供气量，m^3/d；0.28 为每立方米空气中含氧量，$kg(O_2)/m^3$；E_A 为曝气设备氧的利用率，$\%$。

5.2.4 排泥单元

接触氧化法的排泥单元主要有沉淀法和过滤法两种方式可供选择，其中过滤法的典型技术有生态砾石床，在 5.3 节进行详细阐述；沉淀法的典型技术有沉淀池。

沉淀池是应用沉淀作用去除水中悬浮物的一种方法。接触沉淀池是针对前端生物氧化工艺的排泥单元，接触氧化单元出水进入沉淀池中，污水中不溶于水的悬浮物经物理作用沉于池底并被排出，从而被人工清除，仅靠重力沉降去除，去除效果一般。同时沉淀池中存在的微生物能够进一步将污水中的有机污染物进行去除，达到净化水质的作用。此类沉淀池的表面负荷小于常规活性污泥工艺二沉池设计取值的 20%～30%，传统活性污泥法二沉池的表面负荷为 1.0～1.5$m^3/(m^2 \cdot h)$。

5.3 生态砾石床

5.3.1 工艺描述

生态砾石床处理技术是将低污染水体导入由砾石材料构成的生态滤床进行处理的方法。

生态砾石床水质净化技术是自然界河床底流水体自净原理的人工强化，具有生态工程学技术的特点。该工艺是在一定设计尺寸的池体内，按照一定的级配，放置一定厚度的砾石为填料，通过填料上微生物分解有机物，去除氨氮，同时过滤去除生态氧化池中带出的悬浮物，达到水质净化的目的。该技术方法具有处理水量大、设计寿命长、采用地下建设、造价低、运行费用低、水力负荷高等优点，对 SS、BOD$_5$ 去除效果明显，特别适合于低污染水体的处理。砾石床可进行鼓风曝气，形成砾石床接触氧化技术，即砾间接触氧化技术，其广泛应用于日本及中国台湾，主要用于污水处理厂出水深度处理、污染河流水质净化、低有机污染污水处理，具有运营维护成本低等特点。

5.3.2　工艺论证

由于国内没有有关砾石床设计的规范标准，著者查阅了大量相关资料，现将类似工艺分析如下，供砾石床设计时参考。

1. 给水慢滤工艺中的粗滤池

粗滤池是作为给水慢滤池的前处理工艺，一般粗滤池含有不同级配的滤料，第一级是最粗的滤料，最后一级是最细的滤料，如图 5.3-1 所示。粗滤池的基本设计参数见表 5.3-1。

表 5.3-1　　　　　　　　　　　　粗滤池的基本设计参数

参　　　数	粗　滤　类　型		
	上向流粗滤	水平流粗滤 （悬浮物＜150mg/L）	水平流粗滤 （悬浮物＞150mg/L）
滤速/（m/h）	0.5～1.0	0.5～0.75	0.75～1.5
滤料直径/mm	粗砾石：18～24； 中等砾石：12～18； 细砾石：6～12	粗砾石：15～25； 中等砾石：10～15； 细砾石：5～10	粗砾石：15～25； 中等砾石：10～15； 细砾石：5～10
每种直径滤料的装填 深度或长度/m	粗砾石：0.3～0.8； 中等砾石：0.3～0.8； 细砾石：0.3～0.8	粗砾石：3～5； 中等砾石：2～4； 细砾石：1～3	粗砾石：3～4； 中等砾石：2～4； 细砾石：1～3
反冲洗速度/（m/h）	4～6	最高：60～90 最低：10～20	最高：60～90 最低：10～20

注　表中参数摘自《生物慢滤技术的应用与发展》。

2. 沼气净化池工艺中的厌氧过滤池

沼气净化池用于处理原生污水，其前端为沼气池，后端为厌氧过滤池，过滤部分容积约占总容积的 1/4～1/3，总水力停留时间为 48～72h，过滤部分水力停留时间应该为 16～24h。一般后端过滤采用四级滤料：一、二级采用 5～40mm 滤料，也可采用弹性滤料，三级采用 5～20mm 滤料，四级采用 5～15mm 滤料。沼气净化池构造示意图如图 5.3-2 所示。

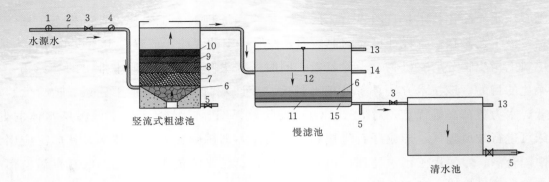

图 5.3-1 上向流粗滤与慢滤池组合工艺示意图

1—旁通阀；2—水龙头；3—闸阀；4—滤速表；5—排污管；6—承托层；7—第一层；

8—第二层；9—第三层；10—第四层；11—干铺平砖层；12—滤料层；

13—溢流管；14—洗砂排污管；15—集水槽

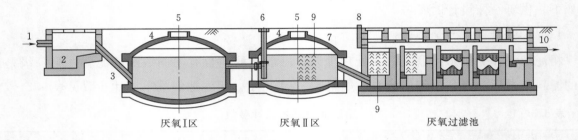

图 5.3-2 沼气净化池构造示意图

1—进水；2—调节池；3—进料口；4—气箱；5—天窗盖；6—排气口；

7—池拱；8—拔风管；9—滤料盘；10—出水

3. 接触氧化法中的沉淀过滤池

在中水处理中，接触氧化法沉淀池表面水力负荷宜采用 $5\sim7m^3/(m^2\cdot h)$，水力停留时间宜采用 $20\sim30min$，水面至导流墙下缘间的有效水深宜采用 $1.8\sim2.5m$。滤层滤料采用砾石、炉渣等粒状材料，其粒径为 $5\sim10mm$。滤层下方应设冲洗空气管，空气冲洗强度可采用 $24\sim40m^3/(m^2\cdot h)$，冲洗时间宜为 $10\sim15min$，采用斗式排泥。二段式接触氧化系统构造示意图如图 5.3-3 所示。

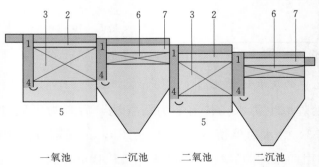

图 5.3-3 二段式接触氧化系统构造示意图

1—导流槽；2—稳水层；3—调料层；4—导流墙；5—构造层；6—滤层；7—清水层

4. 给水工艺中的渗滤池

给水滤池按滤速可分为慢速渗滤和快速渗滤。慢速渗滤主要应用在小型给水厂中，其利用沙子过滤及沙层表面形成的微生物层对水体进行净化。一般滤速为 5m/d，沙子粒径为 0.30～0.45mm。由于缓速过滤，沙层表面容易繁殖线状藻类，对水中污染物有一定的去除作用，一般不设反冲洗设施，只需定期刮除表层 2.5cm 的沙子。慢速渗滤池构造示意图如图 5.3-4 所示。

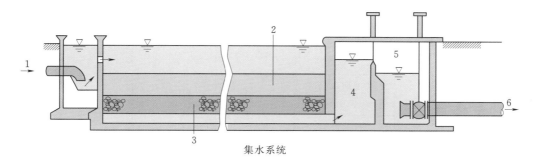

集水系统

图 5.3-4　慢速渗滤池构造示意图
1—进水；2—石英砂；3—砾石；4—可动堰；5—调节井；6—出水

快速渗滤由于滤速较高，沙子粒径为 0.60mm，需要反冲洗，细菌无法生存，其反冲洗的方式和程序如图 5.3-5、表 5.3-2 所示。

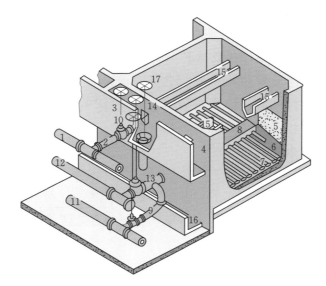

图 5.3-5　快速渗滤池构造示意图
1—进水总管；2—进水支管；3—进水阀；4—浑水渠；5—滤料层；6—承托层；7—配水系统支管；
8—配水干渠；9—清水支渠；10—出水阀；11—清水总管；12—冲洗水总管；13—冲洗支管；
14—冲洗水阀；15—排水槽；16—废水渠；17—排水阀

5. 氧化塘中滤墙设计

参照美国国家环境保护局（U. S. Environmental Protection Agency，EPA）颁布的氧化塘设计手册，在氧化塘设计中，出水端通过设置滤墙，对出水进行过滤。采用滤墙进行藻类

表 5.3 - 2　　　　　　　　　　　　滤池滤速及滤料组成

滤料种类	滤料组成			正常滤速 /(m/h)	强制滤速 /(m/h)
	粒径 /mm	不均匀系数 K_{80}	厚度 /mm		
单层细砂滤料	石英砂 $d_{10}=0.55$	<2.0	700	7～9	9～12
双层滤料	无烟煤 $d_{10}=0.85$	<2.0	300～400	9～12	12～16
	石英砂 $d_{10}=0.55$	<2.0	400		
三层滤料	无烟煤 $d_{10}=0.85$	<1.7	450	16～18	20～24
	石英砂 $d_{10}=0.55$	<1.5	250		
	重质矿石 $d_{10}=0.25$	<1.7	70		
均匀级配粗砂滤料	石英砂 $d_{10}=0.9～1.2$	<1.4	1200～1500	8～10	10～13

注　表中参数参考《污水过滤处理工程技术规范》（HJ 2008—2010）。

去除已经在堪萨斯州、加利福尼亚州、密苏里州、俄勒冈州等地方进行了广泛的研究。滤墙技术措施在美国乃至全世界都得到广泛的应用，但去除效果参差不齐，三种岩石滤墙对比如图 5.3 - 6 所示，各类滤墙系统设计参数见表 5.3 - 3。

滤墙的主要优点在于建设费用较低和操作简单，但它同时会产生臭气问题，滤料的设计年限和清洗程序仍未建立相关标准，部分滤墙工艺单元已经成功运行 20 余年。

5.3.3　工艺参数

参考上述五种类型的滤池/滤墙的设计参数，分析发现污水在生态砾石床中的流态满足渗流特点，即水流通道曲折、质点运动轨迹弯曲，水流流速较慢，属于层流状态。在此情况下，生态砾石床中水流速度与水力坡降呈线性关系，满足达西定律（Darcy's law），相关公式如下：

$$Q = K\omega \frac{h}{L} = K\omega I$$

$$V = KI$$

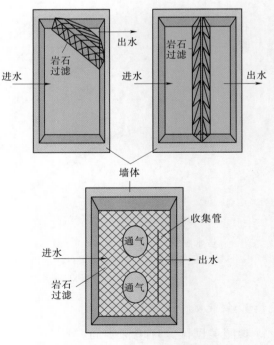

图 5.3 - 6　三种岩石滤墙对比

式中：Q 为渗透流量，m^3/d；V 为渗透流速，m/d；ω 为过水断面面积，m^2；h 为水头损失，即为起始断面与终止断面的水头差，m；L 为渗透途径长度，即为起始断面与终止断面的距离，m；I 为水力坡度；K 为渗透系数。

表 5.3－3   美国各类滤墙系统设计参数

参　数	Veneta 工艺	W. Monroe 工艺	Illinois 工艺	Eudora 工艺	California 工艺
水力负荷 /[m³/(m²·d)]	0.3	0.36	0.5	夏季：1.2 冬春季：0.4	0.4
滤墙厚度/in	7.5～20	5～13	8～15	2.5	6～13
曝气	无	无	有必要进行后曝气处理	无	无
深度/m	2	1.8	滤墙介质必须高于水面0.3m	1.5	1.68
消毒	有	有	最好在后曝气单元进行加氯消毒	无	有

注 表中参数摘自《Principles of Design and Operations of Wastewater Treatment Pond Systems for Plant Operators，Engineers，and Managers》。

5.4 砾间接触氧化法

5.4.1 工艺描述

与很多生态工程技术一样，用于河川水质直接净化的砾间接触氧化法仍然是一种模仿生态、强化生态自然净化水质过程的常规方法的有效组合工艺。河流具有自净功能，当河水过水断面增大时，水中的悬浮物、砂粒等杂质因流速减缓而产生沉淀；当河水过水断面缩小时，则因水流相对速度较快，产生自然曝气作用，增加河水中溶氧；河床上的天然砾石可以吸附、过滤污染物，而且砾石间的微生物可以降解污染物；当降雨造成河川流量增加时，湍急的洪水可产生冲刷及稀释的作用，将该河段河床砾石间污泥搬运走，使河川再度恢复原有的自净能力。砾间接触氧化法净化河流水质的机制包括物理化学净化和生物化学净化作用。

（1）接触沉淀：砾石间形成连续的水流通道，当污水通过时，水中的悬浮固体因沉淀、物理拦截、水动力等作用在砾石表面接触沉淀，且由于砾石间形成的管流的水力条件利于沉淀，因此接触沉淀的效果比自然河川的更加显著。

（2）砾石表面生物膜的吸附、吸收与分解：长时间与污水接触的砾石表面形成生物膜，生物膜吸附、吸收水中的有机物用于自身的代谢、转化和降解水中的污染物。

砾间接触氧化法一般用于河道水质的旁位处理，在日本和我国台湾省应用较多。砾间接触氧化法工艺流程如图 5.4－1 所示，此外，台湾省江翠砾间处理厂实景如图 5.4－2 和图 5.4－3 所示。

尾水人工湿地设计与实践

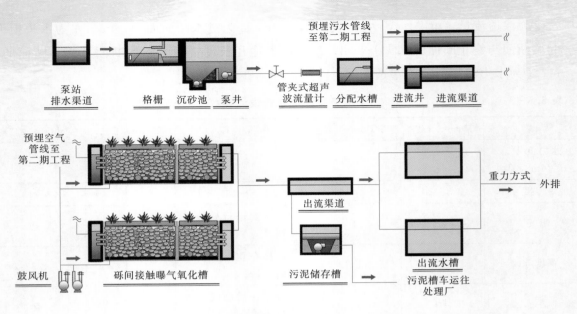

图 5.4-1 砾间接触氧化法工艺流程图

图 5.4-2 台湾省江翠砾间处理厂鸟瞰图

5.4.2 工艺参数

砾间接触氧化法设计参数一般为：净化 $1m^3/s$ 的水需要设施面积为 $6000\sim12000m^2$（无曝气）和 $9000\sim18000m^2$（有曝气），水深 $2\sim4m$。当来水 DO 小于 $5mg/L$ 或水中 BOD_5 大于 $20mg/L$，需要进行曝气，水力停留时间一般为 $1.3\sim1.5h$，若有曝气阶段，曝气段停留 $1.5h$，接触段 $0.5h$ 去除 SS。一般半年一次曝气排泥，5 年一次砾石更新。适合 BOD_5 为 $20\sim80mg/L$ 的河川水质净化。砾间接触氧化法的填料一般以天然河道内的砾石为主，所使用的砾石直径范围为 $20\sim150mm$，填充孔隙率为 $30\%\sim40\%$。

尾水人工湿地设计与实践

(a) 淹没前

(b) 淹没中

(c) 淹没后

图 5.4-3　2012 年"苏拉"台风期间江翠砾间处理厂淹没前、淹没中、淹没后实景

5.5　人工湿地

5.5.1　人工湿地类型

人工湿地按水体在湿地床中流动的方式不同，可以分为表流人工湿地（Surface Flow Wetland，SFW）、潜流人工湿地（Subsurface Flow Wetland，SSFW），潜流人工湿地又分为水平潜流人工湿地（Horizontal Flow Wetland，HFW）和垂直潜流人工湿地（Vertical Flow Wetland，VFW）。根据最新的研究进展，又发展了潮汐流人工湿地、曝气增强型人工湿地、饱和流人工湿地等类型，以下分别进行介绍。

潜流人工湿地的特点是污水在湿地填料床内流动，充分利用丰富的植物根系及填料的吸附、过滤、沉淀等物理、化学作用，以及填料和植物根系表面微生物的降解转化等生物作用提高其处理效果和处理能力，为了维持必需的潜流通过率。潜流人工湿地的基质一般不采用土壤材料，而是采用砾石、沸石、火山岩、石灰石、陶粒等。为了保证污水在床内的均匀流态，一般需要布置合理的床内布水与集水系统。潜流人工湿地植物具有发达的根系，深入至砾石填料层中，沿填料空隙生成交织成网状与砾石构成良好的透水系统，同时根系具有较强的输氧能力，可保持根系周围较高的溶解氧，为好氧微生物的生长、繁殖提供良好条件。潜流人工湿地的工程建造费用一般为表流人工湿地的5～8倍，但其充分利用了湿地空间，发挥了湿地系统中植物、微生物和基质的协同作用，单位面积下的处理能力大幅度提高。除此之外，潜流人工湿地水流在地表下流动，保温性好，处理效果受气候影响较小，且不易孳生蚊虫。因此，潜流人工湿地是目前研究和应用最多的湿地处理系统。

5.5.1.1 水平潜流人工湿地

水平潜流人工湿地因污水从一端水平流过填料床而得名。它由一个或多个填料床并联或串联组成，为防止污染地下水，床底设有防渗层，床体填充基质并设置集水系统。与表流人工湿地相比，水平潜流人工湿地的水力负荷和污染负荷较大，对 BOD_5、COD、SS、TN、TP 等污染指标的去除效果好，且很少有恶臭产生和蚊蝇孳生的现象。水平潜流人工湿地已被德国、英国、荷兰、瑞典、挪威、丹麦、美国、澳大利亚和日本等国广泛使用。

水平潜流人工湿地在平面上一般由长方形的单一池体横向并联或纵向串联组成，横向上一般不少于两组，纵向上一般也由多级池体串联组成。因此总体形状呈方块状，这有利于水流均匀分配及满足水量波动的需要。单个池体长宽比一般为1～4，总长度不宜超过50m，长度过长容易造成池体前后两端出现壅水。水平潜流人工湿地示意图如图5.5-1所示。

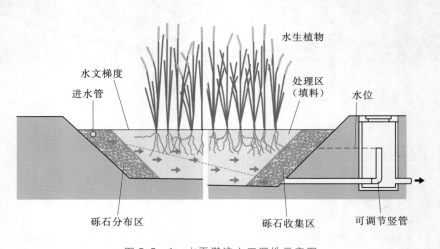

图 5.5-1 水平潜流人工湿地示意图

5.5.1.2 垂直潜流人工湿地

在垂直潜流人工湿地中，水流方向和根系层呈垂直状态，水流在填料床中基本呈现从上向下或从下而上的垂直流动。根据水流方向不同，分为垂直下行流湿地和垂直上行流湿地。垂直下行流湿地是污水从湿地的表面纵向流向填料床的底部，床体处于不饱和状态，氧可通过大气扩散和植物传输进入人工湿地系统。垂直上行流湿地是污水从湿地底部进水、顶部集水，床体处于饱和状态，处于厌氧环境。垂直潜流人工湿地的处理能力高于水平潜流人工湿地，且占地面积较小。垂直潜流人工湿地示意图如图 5.5-2 所示。

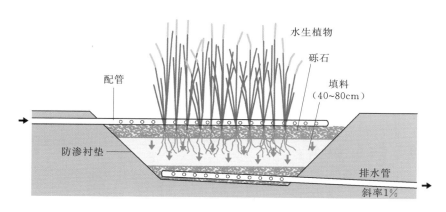

图 5.5-2　垂直潜流人工湿地示意图

5.5.1.3　表流人工湿地

表流人工湿地在内部构造、生态结构和外观上都十分类似于天然湿地，但经过科学的设计、运行管理和维护，去污效果优于天然湿地系统。在表流人工湿地系统中，污水在湿地地表流动，其水深一般为 0.3～0.5m。污水从进口以一定深度缓慢地流过湿地表面，部分污水蒸发或渗入湿地。湿地中大部分水体为好氧区，污水中的绝大部分有机物的去除依靠植物水下茎根上的生物膜降解作用完成。在此类湿地中，污水以较慢速度从湿地表面流过，具有生物多样性好、景观效果佳、投资少、操作简单、建设与运行费用低廉等优点，其缺点是占地面积较大，污染物负荷和水力负荷较小，去污能力有限。由于其水面直接暴露在大气中，除了易孳生蚊蝇、产生臭气和传播病菌外，其处理效果受温差变化影响也较大。该类人工湿地受上述缺点的限制，现在单独应用相对较少，但是在组合式人工湿地还经常使用。表流人工湿地示意图如图 5.5-3 所示。

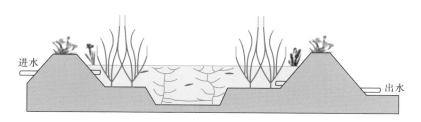

图 5.5-3　表流人工湿地示意图

5.5.2　计算公式

1. 人工湿地占地面积

（1）按照停留时间计算：

$$A = \frac{Q_d \cdot t}{h}$$

式中：A 为人工湿地的占地面积，m^2；Q_d 为日平均污水流量，m^3/d；t 为停留时间，d，一般情况下，表流湿地取值为 $4 \sim 8d$，潜流湿地取值为 $1 \sim 3d$；h 为湿地水深，m，一般情况下，表流湿地取值为 $0.3 \sim 0.5m$，潜流湿地取值为 $0.4 \sim 1.6m$。

（2）按照水力负荷计算：

$$A = \frac{Q_d}{q}$$

式中：A 为人工湿地的占地面积，m^2；Q_d 为日平均污水流量，m^3/d；q 为人工湿地水力负荷，$m^3/(m^2 \cdot d)$。

（3）按照 BOD_5 污染负荷计算：

$$A = \frac{Q_d(S_0 - S_e)}{q_{BOD_5}}$$

式中：A 为人工湿地的占地面积，m^2；S_0 为人工湿地进水 BOD_5 浓度，mg/L；S_e 为人工湿地出水 BOD_5 浓度，mg/L；Q_d 为日平均污水流量，m^3/d；q_{BOD_5} 为人工湿地 BOD_5 污染负荷，$g/(m^2 \cdot d)$。

（4）按照速率系数计算：

$$A = \frac{Q_d(\ln S_0 - \ln S_e)}{K_t h m}$$

式中：A 为人工湿地的占地面积，m^2；Q_d 为日平均污水流量，m^3/d；S_0 为人工湿地进水 BOD_5 浓度，mg/L；S_e 为人工湿地出水 BOD_5 浓度，mg/L；K_t 为反应速率常数，d^{-1}；h 为湿地水深，m；m 为孔隙率。

其中孔隙率 m 由填料球度系数、填料级配、种植植物密度等决定，对于潜流人工湿地而言，孔隙率主要受填料性质的影响，取值为 $0.40 \sim 0.43$，对于表流人工湿地而言，孔隙率主要受植物茎秆密度的影响，取值为 $0.65 \sim 0.75$。反应速率常数 K_t 由湿地类型、反应温度和目标污染物等因素决定。相较于上述其他三种计算方法，速率系数法是经实践检验的半经验设计计算方法，综合考虑了湿地类型、污染物种类、温度以及孔隙率等因素的影响，计算依据更加充分，受设计人员主观影响较小，计算结果更加合理可信。

2. 污水理论水力停留时间

$$t_{th} = \frac{\varphi V}{Q_d}$$

式中：t_{th} 为理论水力停留时间，d；φ 为湿地介质的孔隙率；V 为湿地系统的几何体积，m^3；Q_d 为日平均污水流量，m^3/d。

3. 水平潜流人工湿地进水区的断面面积

$$A_{进水区} = \frac{Q_d \cdot L}{K_y \cdot \Delta H}$$

式中：$A_{进水区}$ 为进水区的断面面积，m^2；Q_d 为日平均污水流量，m^3/d；L 为水平潜流湿地沿流向的有效长度，m；K_y 为人工湿地运行时的滤料渗透系数，m/d；ΔH 为水平潜流湿地进水水位与出水水位之差，m。

4. 垂直潜流人工湿地的长宽比

$$L = \frac{A_s}{W}$$

$$W = \frac{Q_d}{K_s \cdot n \cdot D_m}$$

式中：L 为垂直潜流人工湿地长度，m；A_s 为人工湿地的处理面积，m^2；W 为人工湿地的宽度，m；Q_d 为日平均污水流量，m^3/d；K_s 为填料的透水系数，m/d；n 为水力坡度，一般取值为 0.005～0.01；D_m 为处理区填料厚度，m，一般取值为 0.4～0.7。

5.5.3 设计参数

5.5.3.1 水力负荷

著者统计了我国已建成人工湿地的实际设计水力负荷和水力停留时间等参数，并与《人工湿地污水处理工程技术规范》（HJ 2005—2010）中的值进行了比较，见表 5.5-1。

表 5.5-1 不同湿地类型的水力负荷及水力停留时间与设计规范比较

人工湿地类型	水力负荷/[$m^3/(m^2 \cdot d)$]			水力停留时间/d		
	平均值	变化范围	设计规范	平均值	变化范围	设计规范
表流人工湿地	0.32	0.01～7.31	＜0.1	13.70	1～97.5	4～8
水平潜流人工湿地	0.66	0.03～4.76	＜0.5	2.13	0.1～10	1～3
垂直潜流人工湿地	0.94	0.08～10.63	＜1.0（建议北方 0.2～0.5，南方 0.4～0.8）	1.35	0.1～5	1～3
复合流人工湿地	0.88	0.04～16.90	—	1.62	0.1～5.9	—

比较不同类型人工湿地的水力负荷发现，垂直潜流人工湿地的负荷最高，水平潜流人工湿地次之，表流人工湿地的负荷最低，其均值分别为 0.94$m^3/(m^2 \cdot d)$、0.66$m^3/(m^2 \cdot d)$、0.32$m^3/(m^2 \cdot d)$，这也符合人工湿地的结构情况，三类湿地的水力负荷均高于设计规范值。复合流湿地的水力负荷均值为 0.88$m^3/(m^2 \cdot d)$，介于水平潜流与垂直潜流人工湿地之间。上述四类人工湿地的水力负荷设计范围均较大，垂直潜流、水平潜流、表流与复合流人工湿地的水力负荷分别为 0.08～10.63$m^3/(m^2 \cdot d)$、0.03～4.76$m^3/(m^2 \cdot d)$、0.01～7.31$m^3/(m^2 \cdot d)$、0.04～16.90$m^3/(m^2 \cdot d)$。

不同区域的人工湿地水力负荷比较显示，西南区的人工湿地水力负荷均值最大，为 1.03$m^3/(m^2 \cdot d)$，东北区、华南区及华东区次之，分别为 0.81$m^3/(m^2 \cdot d)$、0.71$m^3/(m^2 \cdot d)$ 和 0.64$m^3/(m^2 \cdot d)$，华北区和华中区水力负荷较低，均为 0.48$m^3/(m^2 \cdot d)$，西北区最低为 0.26$m^3/(m^2 \cdot d)$。结果表明，温度较高区域的水力负荷设计取值较大，但总体水力负荷设计均值高于《人工湿地污水处理工程技术规范》（HJ 2005—2010）的要求。

对于处理不同类型污水的人工湿地比较，处理养殖废水与农村生活污水水力负荷较高，分别为 0.96m³/(m²·d) 和 0.87m³/(m²·d)，处理其他类型的污水水力负荷较小，约为 0.50m³/(m²·d)，因此在人工湿地设计时并未充分考虑其处理污水类型。

5.5.3.2 水力停留时间

表流人工湿地水力停留时间最长，平均为 13.70d，大于设计规范要求；水平潜流湿地次之，平均为 2.13d，垂直潜流湿地最小为 1.35d，均在设计规范要求范围内；复合流湿地介于水平潜流湿地与垂直潜流湿地之间，为 1.62d（表 5.5-1）。不同人工湿地的水力停留时间变化范围较大，表流、水平潜流、垂直潜流与复合流人工湿地分别为 1～97.5d、0.1～10d、0.1～5d 和 0.1～5.9d。

西北区的水力负荷设计取值最低，相应的水力停留时间最长，均值达到 10.14d；华南区和西南区的水力停留时间次之，分别为 4.74d、3.79d；东北区、华东区、华中区水力停留时间为 2～3d，华北区水力停留时间均值不足 1d。

处理湖水的人工湿地水力负荷较低，对应的水力停留时间也较长，均值为 7.25d，处理养殖废水、工业废水、尾水、城镇生活污水、农村生活污水的水力停留时间依次次之，河水停留时间最短为 1.18d。结果表明，我国人工湿地水力停留时间的设计因湿地类型、区域、污水类型差异较大，一般高于设计规范取值要求。

5.5.3.3 表面负荷

表面负荷是指单位面积的人工湿地在单位时间内去除的污染物量。实际工程中由进出水水质、水量和占地面积决定，现有资料并未完整统计表面负荷的实际值，因此作者分析了国家、地方出台的人工湿地设计规范中的表面负荷参数，并选择了 3 项国家规范和浙江省、北京市、江苏省和山东省分别出台的 4 项地方规范进行比较，见表 5.5-2。

表 5.5-2　　　　　　　　　不同规范表面负荷比较　　　　　　　　单位：g/(m²·d)

项目	规范	COD 表面负荷	BOD₅ 表面负荷	NH₃-N 表面负荷	TN 表面负荷	TP 表面负荷
表流人工湿地	国家规范1	—	1.5～5			
	国家规范2	—	1.0～5.5	0.5～3.5	0.5～3.5	0.05～0.3
	浙江省规范	2.5～4.0	—	1.5～2.5		0.25～0.35
	山东省规范	0.2～5	—	0.02～0.8	0.5～1.5	0.05～0.1
水平潜流人工湿地	国家规范1		8～12			
	国家规范2		3～10	1～5	1.5～6.5	0.1～0.5
	国家规范3	≤16				
	浙江省规范	6～10		3～4		0.3～0.5
	北京市规范	≤8		2～5		0.2～0.6
	江苏省规范	≤16		2～5	2.5～8	0.3～0.5

尾水人工湿地设计与实践

项目	规 范	COD 表面负荷	BOD₅ 表面负荷	NH₃-N 表面负荷	TN 表面负荷	TP 表面负荷
垂直潜流 人工湿地	国家规范1	—	8～12	—	—	—
	国家规范2	—	4～10	1.5～5.5	2～7	0.1～0.5
	国家规范3	≤20	—	—	—	—
	浙江省规范	10～12	—	3.5～4.5	—	0.3～0.5
	北京市规范	≤8	—	2.5～8	—	0.2～0.6
	江苏省规范	≤20	—	2～5	3～10	0.3～0.5
潜流人工湿地	山东省规范	0.5～10	—	0.1～3	1.5～5	0.2～0.5

注 (1) 国家规范1：《人工湿地污水处理工程技术规范》（HJ 2005—2010）；(2) 国家规范2：《污水自然处理工程技术规程》（CJJT 54—2017）；(3) 国家规范3：《人工湿地污水处理技术导则》（RISN-TG 2006—2009）；(4) 浙江省规范：《浙江省生活污水人工湿地处理工程技术规程》（浙环产协〔2015〕14号）；(5) 北京市规范：《农村生活污水人工湿地处理工程技术规范》（DB11/T 1376—2016）；(6) 江苏省规范：《人工湿地污水处理技术规程》（DGJ32/TJ 112—2010）；(7) 山东省规范：《人工湿地水质净化工程技术指南》（DB37/T 3394—2018）。

各项设计规范中均给出了有机污染物的表面负荷，以COD或BOD₅表示，此外，部分规范还对NH₃-N、TN和TP等指标进行了规定。

比较不同类型人工湿地表面负荷的设计规范值发现，与水力负荷情况一致，垂直潜流人工湿地的负荷最高，水平潜流人工湿地次之，表流人工湿地的负荷最低。由表5.5-2可知，全国规范需综合考虑各地规范的环境条件，表面负荷的取值范围较大。比较各地的设计规范可知，北京市规范与浙江省相比，COD的表面负荷取值相近，TP、NH₃-N的范围略大。低温对COD、BOD₅、SS的去除率影响不大，主要影响N、P等营养元素的去除，因此在寒冷地区湿地面积计算时需要考虑偏低的TP及NH₃-N的表面负荷参数。

5.5.4 去除效果

5.5.4.1 不同类型人工湿地的污染物去除效果

比较不同类型人工湿地的污染物去除率（图5.5-4）可知，对TSS的去除率，表流人工湿地均值为78.44%，而其他类型的人工湿地去除率均达到80%以上；对于BOD₅和COD的去除效果，垂直潜流人工湿地去除能力最强，分别为83.19%、71.82%；表流人工湿地对NH₃-N去除率不足60%，水平潜流、垂直潜流、复合流人工湿地差异较小，均在70%左右；对TN的去除，水平潜流人工湿地去除率为63%，而其他类型的人工湿地均小于60%；对TP的去除，去除率排序为：垂直潜流＞水平潜流＞复合流＞表流。

5.5.4.2 不同区域人工湿地的污染物去除效果

如图5.5-5所示，各个地区的人工湿地对TSS去除率均在65%以上。华南区、华中区、西北区的BOD₅和COD去除率分别在80%～90%和70%～80%，东北区、华北区、华东区的BOD₅、COD去除率分别在75%～80%和60%～70%，西南区BOD₅、COD去除率最低，

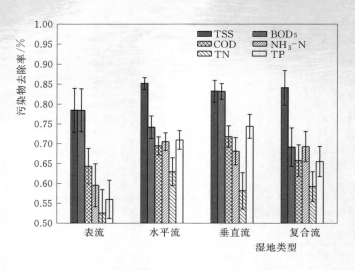

图 5.5－4　不同类型人工湿地的污染物去除率

仅为 68.03％ 和 68.30％。对 NH_3-N 的削减，华南区和华中区的去除率较高，分别为 72％ 和 71％，华东区、西北区、西南区次之，去除率为 65％～70％；东北区和华北区最低，去除率分别为 44％ 和 60％。对 TN 的去除，东北区的去除率最低（46％），其他区的去除率差异不明显，均在 55％～65％；华北区和华南区的 TP 去除率较高，均值分别为 71％ 和 76％，其他地区的 TP 去除率均在 60％～70％。

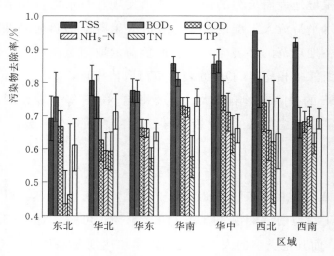

图 5.5－5　不同区域人工湿地的污染物去除率

5.5.4.3　人工湿地处理不同类型污水的污染物去除效果

如图 5.5－6 所示，人工湿地对城镇生活污水、工业废水、农村生活污水、农业退水、养殖废水及雨水中的 TSS 去除率均在 80％ 以上，对河水和湖水中 TSS 去除率接近 80％，而尾水中 TSS 去除率最低，仅为 66％。对城镇生活污水、工业废水、农村生活污水、养殖废水和雨水中的 BOD_5 去除率均在 70％ 以上，对河水、湖水、尾水中的 BOD_5 去除率为 60％～70％，对农业退水中的 BOD_5 去除率最低，仅为 54％。对 COD 的去除与 BOD_5 去除类似，城镇生活污水、工业废水、农村生活污水及养殖废水去除率均在 75％ 以上，河水、湖水、尾水及雨水去除率小于

60%，农业退水去除率最低，仅为 45%。对 NH_3-N 的削减，除了对农业退水和雨水的去除率小于 60% 外，对其他类型污水的去除率均在 60%～85%。对 TN 的削减，湖水（45%）及农业退水（47%）的去除率均小于 50%，其他类型污水中 TN 的去除率均为 50%～70%。TP 的削减与 TN 的规律类似，城镇生活污水、工业废水、河水、农村生活污水、尾水、养殖废水、雨水的去除率为 60%～80%，而湖水（54%）与农业退水（49%）的去除率均小于 60%。

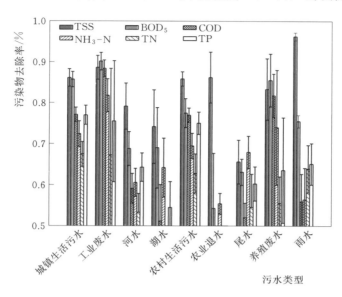

图 5.5-6　人工湿地处理不同类型污水的污染物去除率

5.5.5　土地利用分析

图 5.5-7 比较了不同类型人工湿地的土地利用情况，表流人工湿地的吨水占地面积最大，为 36.21m²/t，变化范围为 0.02～500.00m²/t。水平潜流与垂直潜流的吨水占地面积相差较小，分别为 3.63m² 和 3.05m²。复合流湿地吨水占地面积为 25.00m²，变化范围为

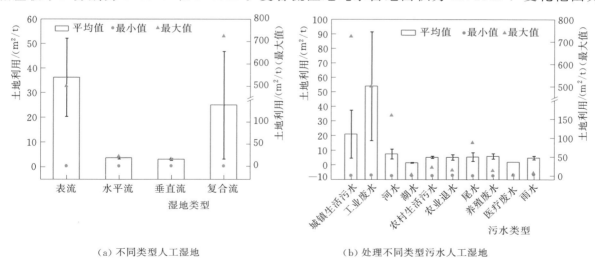

（a）不同类型人工湿地　　　　（b）处理不同类型污水人工湿地

图 5.5-7　不同类型人工湿地和处理不同类型污水人工湿地的土地利用

$0.06 \sim 724.00 m^2$。

处理不同类型污水的人工湿地土地利用面积存在差异，处理工业废水的人工湿地吨水占地面积最大（$53.99 m^2/t$），处理城镇生活污水的吨水占地面积次之（$20.97 m^2/t$），处理河水、农村生活污水、农业退水、尾水、养殖废水、雨水的吨水占地面积为 $4.50 \sim 7.50 m^2/t$，湖水与医疗废水吨水占地面积较小，不足 $2.00 m^2/t$。

5.6 浮动湿地

5.6.1 分类

浮动湿地是指生态浮床等原位修复技术在湿地单元中的应用。生态浮床是一种兼顾水环境治理与水生态修复的技术，其内涵是运用无土栽培技术原理，以可漂浮材料为基质或载体，采用现代农艺和生态工程措施综合集成的水面无土种植技术。

生态浮床主要包括框架、床体、基质、固定装置、连接装置、植物等几部分组成。框架是浮床的骨架，要求坚固、耐用、抗风浪，一般用 PVC 管、不锈钢管、木材、毛竹等。床体是整个浮床浮力的主要提供者，可作为植物栽种的基质，从生态浮床的发展来看，浮床床体主要可分为三大类：第一类是有机高分子床体，主要是塑料和橡胶，其价格低廉的特点使得塑料浮动湿地应用尤为广泛；第二类是纤维床体，主要有天然植物纤维和聚酯纤维，因其耐用及形状灵活的特点，主要应用于景观性较强的水体；第三类是无机床体，将陶粒、蛭石、珍珠岩等无机材料作为床体，由于制作工艺和成本的问题，无机材料目前还停留在实验室研究阶段，实际应用较少。基质是浮床植物生长的载体，主要功能是为植物提供生长点，应用较多的主要有泡沫塑料板、海绵、营养土等。固定装置是为了防止浮床之间或浮床与河岸等碰撞损坏，同时保证浮床不被水流或者风浪带走而设置的，主要有重物型、锚固型和桩基型三种类型。连接装置用于不同浮床单元之间的拼接，主要有不锈钢搭扣连接、钢丝绳穿管连接等形式。我国腾冲北海湿地中形成的天然浮床可供植物生长，如图 5.6-1 所示。

浮床一般根据其床体材料不同进行分类，以下介绍几种最为常见、应用较多的浮床。

5.6.1.1 塑料浮床

1. 塑料泡沫浮床

传统的生态浮床中，最常见和最早期的是聚苯乙烯发泡塑料板浮床。该类浮床一般以竹木为框架，以聚苯乙烯发泡板为床体，或铺以竹条、丙烯袋、塑料薄膜等，铺上泥土作为基质。

塑料泡沫浮床具有成本低廉、质量轻、浮力大、性能稳定、成型迅速、施工简捷等优点，适合大面积种植，得到非常广泛的应用。该类浮床的缺点是主材聚苯乙烯泡沫为高分子聚合物，长期放置在水体中，对接触水体的人以及水生生物的健康存在风险，在自然环境中，即使经过数百年，也无法被生物降解，而且其物理性能差，极易破损，抗风浪能力很弱，同时布局呆板，因此只局限于小型河道采用（图 5.6-2）。

尾水人工湿地设计与实践

图 5.6-1　腾冲北海湿地形成的天然浮床

2. 塑料管框浮床

塑料管框浮床一般以 PVC 管为框架和浮力体，根据所种植物，可分为挺水植物浮床和浮水植物浮床。挺水植物浮床框架内部使用 2 层尼龙绳网，其中上层网孔孔径较大，主要起保证植物垂直生长的作用；下层尼龙网网孔较小，主要起承托植物重量的作用。浮水植物浮床框架内部直接种植浮水植物，尤其适合速生型浮水植物。该类浮床一方面利用浮水植物的快速繁殖能力净化水体；一方面利用框架、拦网有效控制其生长环境，

图 5.6-2　塑料泡沫浮床

保证开阔水面的清洁和美观。在一些污染较为严重的河道，种植生长周期短的浮水植物可快速吸收水中污染物，并通过收获速生植物去除污染物。

塑料管框浮床具有结构简单、成本低廉、施工简捷等优点。缺点是框架稳定性差，PVC 管容易破裂，水进入管中使得整个浮床失去浮力而下沉；尼龙网在自然界经紫外线曝晒容易断裂，不够经久耐用。同时景观效果一般，浮床在水面上会随风浪、水流四处漂动，浮床之间也会互相碰撞；采用尼龙网作为固定植物的装置缺乏稳定性（图 5.6-3）。

3. 塑料盘拼接浮床

塑料盘拼接浮床主要由多个塑料盘浮岛单元组成，每个浮床单元由塑料盘体、种植篮、基质、连接装置以及水生植物 5 部分组成。

塑料盘拼接浮床最大的优点是浮床单元可进行适当组合，设计成不同形状，结构新颖，植物造型与色彩可随意组合，景观效果较佳。同时，单元拆装维护方便，可掺加炭黑增强抗紫外线氧化能力，延长使用寿命。该类浮床的不足是床体单元多，连接件过多，面积不宜过大，抗风浪能力有限。浮床床体大部分是塑料浮体，不够绿色环保，植物密度也不高（图 5.6-4）。

73

图 5.6-3　塑料管框浮床　　　　　　　　　　　　图 5.6-4　塑料盘拼接浮床

5.6.1.2　橡胶浮床

近年来，国内有人研究采用废旧橡胶轮胎作为人工浮岛床体，里面充入发泡塑料，在不锈钢丝网上放置植物，采用陶粒做基质。此类浮床在一定程度上缓解了日益增多的废旧轮胎的处理压力，实现了废弃物再回收利用。但缺点如下：①废旧轮胎沥出物含有重金属、硫化物等污染物，对水体属于二次污染；②综合成本高，浮力不大，形状不规则，加固困难；③管理困难，使用寿命较长，但净水效果不理想；④从审美角度看不美观。因此，其推广利用还有待改进。

5.6.1.3　纤维浮床

纤维浮床为国外进口产品，没有框架，床体为天然植物纤维，单元面积大，基质采用营养土，通过塑料小管套钢丝绳拼接。纤维浮床的优点是床体利用天然材质，对环境友好，纤维表面易附着生长微生物，浮床比表面积大、空隙率高、植物覆盖密度大，再生率高，景观效果好；同时使用寿命长，浮力大，抗风浪能力强。该类浮床的缺点是价格较高。

5.6.1.4　曝气浮床

曝气浮床是在生态浮床技术的基础上，增加了弹性立体填料和微曝气系统，使得浮床去污能力大大增强。缺点是需要外界供电维持整个微曝气系统的运行，自身成本与运行费用都比较高，如使用太阳能或风力曝气可相对减少运行费用。该技术将人工介质悬挂于生态浮床下方，与浮床植物根系相结合，强化了浮床下部生物膜量，并辅以人工曝气，强化了好氧微生物去污能力。美国的生物浮岛反应器（Active Island Reactor）就是一种典型的曝气浮床，该技术在浮岛中央采用了微曝增氧，将增氧后的河水通过浮岛下方的介质和上方植物进行生物反应，然后排入河道。这种循环在浮岛周围水体营造了好氧环境，为浮岛中生物膜降解水体污染物创造了最优条件，处理效率高于传统生态浮床几十甚至上百倍（图 5.6-5）。

图 5.6-5　浮岛反应器

5.6.1.5 浮床比较

以上几种浮床的结构组成与性能情况见表5.6-1和表5.6-2。

表5.6-1　　　　　　　　　　几种浮床的结构组成

编号	名　　称	框　架	床　体	基　质	植　物
1	塑料泡沫浮床	竹木/无	发泡塑料	无/泥	挺水
2	塑料管框浮床	塑料	尼龙网	无	挺水/浮水
3	塑料盘拼接浮床	无	塑料	海绵	挺水
4	橡胶浮床	无	橡胶充入发泡塑料	陶粒	挺水
5	天然植物纤维浮床	无	天然植物纤维		挺水/部分陆生

表5.6-2　　　　　　　　　　几种浮床的技术性能比较

编号	名　　称	耐久性	经济性	便利性		景观性		稳定性	性价比
		寿命/年	成本	施工难度	植物再生率/%	去污能力	景观效果	抗风浪	
1	塑料泡沫浮床	1～2	低	低	70～80	一般	一般	弱	低
2	塑料管框浮床	1～2	低	低	80～90	较好	一般	弱	中
3	塑料盘拼接浮床	4～5	中	中	70～90	一般	较好	较好	中
4	橡胶浮床	4～5	中	高	70～80	一般	一般	较好	低
5	天然植物纤维浮床	10年以上	高	高	80～90	好	好	好	高
6	曝气浮床	4～5	高	中	70～90	好	较好	较好	高

从耐久性、经济性、便利性、景观性和稳定性五个方面考虑，天然植物纤维浮床的适用性较广，下文进行重点介绍。

5.6.2　复合纤维浮动湿地

5.6.2.1　技术参数

复合纤维浮动湿地是来自美国的具有景观效果的新型水体净化、水生态修复技术。复合纤维浮动湿地广泛应用于全球不同气候环境的各类水体，是目前国际上处理效果最好、应用领域最多、适用地理范围最广、延伸应用最全面的浮动湿地。

复合纤维浮动湿地通过在水体中搭建类似人工湿地的结构，对水体污染物去除并实现生态修复作用。与传统人工湿地相比，复合纤维浮动湿地能够直接布设于水体，满足各类水位变化要求，适应不同水深，无需占用土地资源，构建快捷，单位面积处理效率高。复合纤维浮动湿地能够结合水条件设计，可应用于各类污水处理，是全新的水生态处理方法。

相关技术参数见表5.6-3，浮动湿地结构如图5.6-6所示。

5.6.2.2　水质净化原理

浮动湿地上种植植物，在打造湿地四季景观的同时，通过浮动湿地中基质、微生物与植物形成的净化系统的物理、化学和生物作用使水质得到净化，相关的净化原理如图 5.6 - 7 所示。

表 5.6 - 3　　　　　　　　　　　　　浮动湿地技术参数

项　目	参　数
材质	天然植物纤维＋聚酯纤维（食品级）
标准模块规格/m	2.0×1.5×0.12
比表面积/(m²/g)	1000
孔隙率/%	97
种植孔/(孔/m²)	21
植株最大数量/(株/m²)	54（载体填料的纤维孔隙结构为植物的分根与落子生长提供空间）
植被选择	水生植物、陆生植物（灌木、小型乔木）、播撒草籽（如抗寒黑麦草皮）、铺设草皮等
最大承重/(kg/m²)	50
气候条件	温度大于－20℃，风力小于 8 级
构件尺寸	任意构型，可根据景观设计与场地条件对标准模块切割拼接
使用年限	20 年以上
功能	（1）填料功能，在水体表面形成好氧、缺氧与厌氧环境，填料纤维丝上附着生物膜起到净水作用。 （2）孔隙结构的载体填料与植物根系及根系生物膜对污染物的过滤作用。 （3）多孔隙结构，保证植被根系充分发育。 （4）为植物提供稳定的生长平台，植株密集、单位面积植物净化效率高。 （5）消波、消浪作用，抗风浪等
应用范围	河流、湖泊、水库、城市景观水体、生活污水、工业废水等

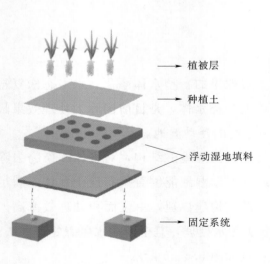

植被层
种植土
浮动湿地填料
固定系统

（a）浮动湿地结构

（b）载体填料俯视图

（c）载体填料剖面图

图 5.6 - 6　浮动湿地结构

浮动湿地标准化模块是植物种植的载体、浮动湿地浮力的提供者，更是浮动湿地的表层基质、水质净化主体之一。其材质为进口高分子材料纤维与天然植物纤维，具有比表面积极大的孔隙结构，在气水交界面区域为微生物的附着挂膜生长提供了空间，同时植物根系在标准化模块纤维孔隙中交织穿梭生长，根系分泌物中的小分子有机物易被微生物分解利用，更促进表层基质的生物膜生长。大气、水面、标准化模块纤维丝、植物根系与生物膜

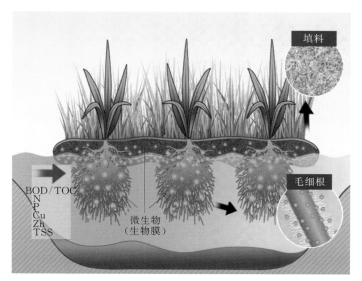

图 5.6-7　水质净化原理

的共同作用下，表层基质形成连续的好氧、缺氧、厌氧区域，为硝化、反硝化等微生物反应提供了环境条件。

浮动湿地系统成熟以后，标准化模块纤维和植物根系吸附了大量微生物形成生物膜，污水进入浮动湿地根系区域时污染物在基质纤维、植物根系、微生物的共同作用下得到去除。大量的固体悬浮物被基质和植物根系上附着的生物膜截留；有机污染物则通过微生物的呼吸作用分解；氮、磷等营养物质被植物吸收同化去除，并通过在好氧、缺氧环境中硝化、反硝化、聚磷等微生物过程中去除。

5.6.2.3　技术优势

1. 高密度种植的植株与载体、填料共同保证水体去污率

当植物未完全发育成熟时，复合纤维浮动湿地的载体、复合纤维浮动湿地纤维填料起到最主要的微生物载体的作用；当植物完全成熟时（图 5.6-8），植物根系的生物量与植株数量倍增，植物根系上附着了更多的微生物量，成为最重要的微生物载体。

复合纤维浮动湿地中，植物的初始种植密度为 21 株/m²（植物种植孔密度 21 孔/m²），植物成熟后，可在纤维浮动湿地上进行分根与落子生长，复合纤维浮动湿地稳定运行后，植株密度可达到 40 株/m²，最大可达到 54 株/m²。复合纤维浮动湿地浮力载体自身的去污效率见表 5.6-4。

表 5.6-4　　　　　　　　　复合纤维浮动湿地浮力载体自身的去污效率

项　　目	BOD_5	TN	TSS
去除负荷/[g/(m²·d)]	8	10	2

2. 植物选择的多样性

浮动湿地上除了可以种植水生植物以外（图 5.6-9），还可以种植陆生植物（如灌木、小

图 5.6-8 发育成熟的复合纤维
浮动湿地的植物根系

型乔木等）（图 5.6-10）、铺设草皮以及播撒草籽（如抗寒黑麦草等）等。

3. 浮动湿地载体稳定性较强

复合纤维浮动湿地载体自重大，植物密度高，其湿地总重量大（大于 $20kg/m^2$），有利于在大曝气量池中的稳定性（图 5.6-11）。

复合纤维浮动湿地模块间的连接，以专利技术内部连接法连接，根据项目特点与具体造型设计确定连接点数与点位，保证复合纤维浮动湿地的运行力学稳定性。

复合纤维浮动湿地可以提供足够大的浮力：①单株植物重量（茎叶＋根＋根系生物膜重量）约 800g；②复合纤维浮动湿地纤维丝填料重量 85g/根；③碳素纤维填料重量 20g/根；④复合纤维浮动湿地承重＝植物重量（54 株/m^2）＋复合纤维浮动湿地纤维丝填料挂膜后重量（3 根/m^2），约 $43.5kg/m^2$；⑤复合纤维浮动湿地挂膜后重量约 $3.8kg/m^2$；⑥每平方米浮动湿地需提供的最大浮力＝复合纤维浮动湿地承重＋复合纤维浮动湿地挂膜后重量，约 $47.3kg/m^2$，小于每平方米复合纤维浮动湿地可提供的浮力 50kg。

图 5.6-9 水生植物

图 5.6-10 陆生植物

图 5.6-11　浮动湿地实景图一

4. 营造不同造型的人工景观效果

通过对浮动湿地标准化模块进行拆分与组合，可营造出造型各异的人工景观（图 5.6-12）。

图 5.6-12　浮动湿地实景图二

浮动湿地载体表面的纤维丝材质本身具有柔和的景观效果，或可在浮动湿地边缘表面覆土或种植草皮等低矮草本植物，完全隐藏人工建造痕迹，起到"虽系人工，宛如天然"的效果。

5. 与传统浮岛的对比

综上所述，复合纤维浮动湿地与传统生态浮岛相比具有不同的特征，传统生态浮岛的实景如图5.6-13所示，复合纤维浮动湿地与传统生态浮床/浮岛的详细比较见表5.6-5。

图5.6-13　各种传统浮岛实景图

表5.6-5　　　　　　复合纤维浮动湿地与传统生态浮床/浮岛对比

比较项目	传统生态浮床/浮岛	复合纤维浮动湿地	
		技术说明	备　注
浮力载体材质与形式	聚苯乙烯发泡板、PVC管、竹子等	天然植物纤维、聚酯纤维（食品级）	孔隙率90%以上，比表面1500～3000m²/m³
	整体单块板或以花盆等形式组合	模块化组装	可任意切割/拼接形状
植株种植密度	小于12株/m²	21株/m²	植物在此载体上可分株、落子生长；植株密度逐年增加，最大可达54株/m²
植被要求	水生植物	水生植物、灌木、小型乔木	
水质净化原理	去除有机物作用微弱	依靠高效根系微生物分解作用去除有机物	微生物附着生长于浮力载体与植物根系；有效降解有机物、去除氮磷；植物根系密度远远大于传统浮岛/浮床，其对氮磷的吸收量与SS过滤效率均高于传统浮岛/浮床；浮动湿地已成功用于高浓度污水处理等项目
	依靠植物吸收去除少量氮磷	依靠植物吸收和高效根系微生物硝化/反硝化作用、聚磷作用去除氮磷	
	依靠植物吸收去除少量重金属	依靠植物吸收去除重金属	
	依靠植物根系过滤去除少量SS	依靠植物根系区过滤去除SS	
生态功能	具有较弱的生态功能	为水生动物、两栖动物、鸟类等提供了生境平台	
		形成以微生物为基础的生物链	
		促进水体生态系统的自我修复	

比较项目	传统生态浮床/浮岛	复合纤维浮动湿地	
		技术说明	备 注
景观功能	可营造较好的人工化景观效果	可任意造型	
		可营造近自然的景观效果	
最大承重	小于 $20kg/m^2$	$50kg/m^2$	
可适宜气候条件	冬季浮力载体易冻裂	温度大于－30℃	
	抗风性差	风力小于 8 级	
使用年限	小于 5 年	20 年	

5.6.2.4 工程案例

（1）高浓度污水处理案例——新西兰垃圾渗滤液处理项目（图5.6-14）。

项目地点：新西兰格雷茅斯（Greymouth）。

项目时间：2009 年 11 月。

项目内容：处理垃圾渗滤液与雨水径流混合的高浓度污水。

图 5.6-14 高浓度污水处理案例

（2）生活污水处理案例——美国生活污水氧化塘项目（图5.6-15）。

项目地点：美国蒙大拿州（Montana）。

项目时间：2010 年春季。

项目内容：处理生活污水。

图 5.6-15 生活污水处理案例

（3）微污染水体治理案例——美国雨水处理项目（图5.6-16）。

项目地点：美国北卡罗来纳州（North Carolina）。

项目时间：2010年春季。

项目内容：处理雨水。

图5.6-16 微污染水体治理案例

（4）异味控制案例——美国生活污水氧化塘项目（图5.6-17）。

项目地点：新西兰马顿（Marton）。

项目时间：2010年3月。

项目内容：处理居民、工业、垃圾渗滤液混合污水。

水体覆盖比例：100%。

日处理量：3000m³。

图5.6-17 异味控制案例

5.7 人工填料

5.7.1 分类

填料作为微生物附着的基质，通过在水体中投加填料，能够增加水体中的生物膜量，强化生物膜的净化功能。人工填料包括固定填料、悬挂式填料和悬浮式填料。在河道中应用的主要是悬挂式填料，也有个别是悬浮式填料。

5.7.1.1 阿科曼生态基

阿科曼生态基为美国技术，是目前国内河道水体修复中应用最多的人工填料。该技术的特点是可根据不同的水质应用条件进行有针对性的表面处理，使其带有与微生物相反的电荷，从而有利于对周边微生物的吸附，促进微生物群落的快速形成和发展。同时，生态基材料经过特殊的处理，每根纤维表面形成凹凸不平的皱褶和微孔，增加纤维表面的粗糙程度，从而使微生物的附着空间更大、与纤维的结合能力更强。生态基材料的编织紧密程度可以进行调节，其中紧密编织适合菌类发展，疏松编织适合藻类生长，从而可根据不同的应用条件控制藻类和菌类的生长比例，形成菌藻共生的体系（图5.7-1）。

（a）SDF型

（b）BDF型

图5.7-1 阿科曼生态基

5.7.1.2 碳素纤维生态草

碳素纤维生态草为日本技术。该技术的特点是采用碳素纤维材质，经太阳光照射后，发出超声波吸引微生物菌群。同时，该材质比表面积极大，具有极高的吸附性与生物亲和性。其安装方式可采取悬挂式安装和框架式安装，悬挂安装又可以采用U形或I形安装。

5.7.1.3 生物绳

生物绳为日本技术。它是由无数环状纤维在不同方向上编织加工而成的接触材料，比表面积大，可吸引大量微生物和浮游生物在此生长繁殖，通过微生物分解有机物，浮游生物捕食蓝藻，达到改善水质的效果（图5.7-2）。

5.7.1.4 MBBR悬浮填料

MBBR又称为移动床生物膜反应器。该方法通过向反应器中投加一定数量的悬浮载体，提高反应器中的生物量及生物种类，从而提高反应器的处理效率，反应器可直接装在水体中，配合不同曝气方式，起到降解污染物的作用。由于填料密度接近于水，所以在曝气的时候，与水呈完全混合状态，微生物生长的环境为气、液、固三相。载体在水中的碰撞和剪切作用，使空气气泡更加细小，增加了氧气的利用率（图5.7-3）。

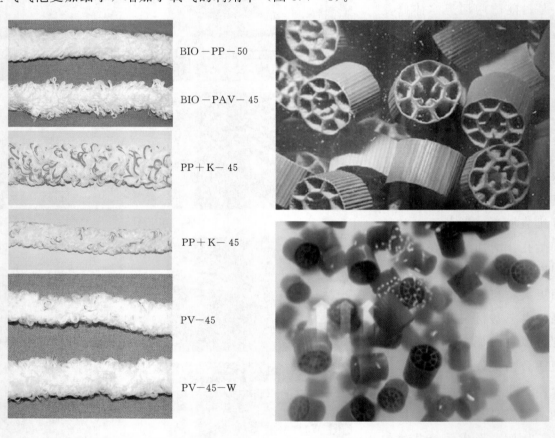

BIO—PP—50

BIO—PAV—45

PP+K—45

PP+K—45

PV—45

PV—45—W

图5.7-2　生物绳　　　　　　　　　　图5.7-3　MBBR悬浮填料

5.7.1.5 CF高效生物巢

CF高效生物巢技术集合了碳素纤维与生物绳的优点，由碳材料编织而成，比表面积极大，具有极高的吸附性与生物亲和性。同时，采用生物绳的编织方式，中空结构，二次成膜更容易。该技术在生物吸附性、寿命、价格上具有明显优势（图5.7-4）。

5.7.1.6 填料比较

以下对各类常用人工填料技术进行综合比较，见表5.7-1。

图 5.7 - 4　CF 高效生物巢

表 5.7 - 1　　　　　　　　　　常用人工填料技术综合比较

填料名称	比表面积	材质成分	填料特点	安装方式
阿科曼生态基	$250m^2/m^2$	特殊处理的纤维材料	有利于形成菌藻共生体系	悬挂式、沉底式
碳素纤维生态草	$1000m^2/g$	碳素纤维	会发出声波吸引微生物	悬挂式、框架式
生物绳	$0.35\sim2.8m^2/m$	聚丙烯、聚乙烯	是一种软性和半软性填料形成的组合填料	悬挂式、框架式
MBBR悬浮填料	$450\sim1200m^2/m^3$	添加酶促剂的高分子材料	悬浮式，需配合人工曝气	悬浮式
CF高效生物巢	理论比表面积$8000m^2/g$，应用比表面积$10m^2/m$	碳纤维、聚丙烯	碳材料吸附性强、生物量大	悬挂式、框架式、沉底式

5.7.2　碳素纤维生态草

碳素纤维生态草作为一种新型下挂填料，具有良好的应用前景，下文将进行重点介绍。

5.7.2.1　总体特征

碳素纤维生态草是用于净化受污染水域，修复水环境生态的优良选择，其实现了对环境的零负荷与完全的生物安全（图 5.7 - 5）。

碳素纤维生态草具有极高的吸附性与生物亲和性。太阳光照射碳素纤维生态草发出超声波，吸引微生物菌群。这些菌群在其表面形成黏着性活性生物膜。这些微生物以有机污染物为食，通过自身的新陈代谢作用分解水体中的有机污染物。同时很重要的是，以微生物为食的小鱼等其他小生物会聚集在碳素纤维生态草的周围，碳素纤维生态草成为鱼类及其他高级水生动物的优良卵床与养育空间。水体中的生物链、食物链修复回健康状态。利用碳素纤维治理水，构建水下森林，给水生生物搭建栖息地，以微生物、小虾小鱼、大鱼为基础的生态链逐步构建，建立功能多样、自净能力高的水体生态系统。碳素纤维生态草的现场挂膜如图5.7 - 6所示。

在日本，利用碳纤维技术成功地修复了受污染的榛名湖，挽救了面临灭绝的当地独有的鱼类以及当地的传统旅游业。此外，碳纤维的这些特性在 240 项案例与实验中也都得到了证

尾水人工湿地设计与实践

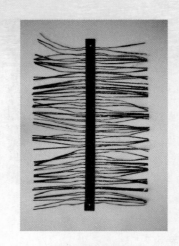

（a）单根碳素纤维直径7μm　　（b）每束碳素纤维有12000根细纤维构成　　（c）每根碳素纤维生态草有120束

图 5.7-5　碳素纤维生态草

明，利用碳纤维技术进行修复后的水体水质指标都能达到设计要求，水体中的生物多样性也得到有效改善。不同放大倍数的表面生物膜生长状况电检照片如图 5.7-7 所示。

5.7.2.2　技术特征

1. 高生物附着比表面积

碳素纤维生态草比表面积为 $1000 m^2/g$，利用此特性，其能高效吸收、吸附、截留水中溶解态和悬浮态的污染物，提高水体的透明度，并为各类微生物、藻类和微型动物的生长、繁殖提

图 5.7-6　现场挂膜实景图

供良好的着生、附着或穴居条件，最终在碳素纤维上形成薄层的、具有很强净化功能的活性生物膜。

图 5.7-7　不同放大倍数的表面生物膜生长状况电检照片

尾水人工湿地设计与实践

碳素纤维生态草与其他填料生物附着比表面积的比较见表 5.7-2，不同类型人工填料的生物易附着性对比图如图 5.7-8 所示。

表 5.7-2　　　碳素纤维生态草与其他填料生物附着比表面积的比较

载　　体	生物附着比表面积
湿地与天然植物/(m^2/m^2)	5
生物生长物体（如绳索类材料）/(m^2/m^2)	50
蜂巢型人工载体/(m^2/m^2)	88
阿科曼生态基/(m^2/m^2)	250
碳素纤维生态草/(m^2/g)	1000

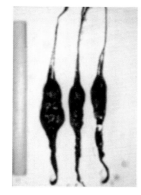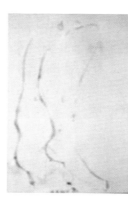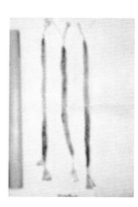

（a）碳素纤维　　　　（b）木棉　　　　　（c）尼龙　　　　　（d）聚乙烯

图 5.7-8　不同类型人工填料的生物易附着性对比

2. 生物膜结构

在碳素纤维表面形成的生物膜断面上，由外及里形成了好氧、兼性厌氧和厌氧三种反应区。在好氧区，好氧菌将氨氮转化为硝态氮，并把小分子有机物转化为二氧化碳和水（把可溶的无机磷转化为细胞体内的 ATP）；在厌氧区，厌氧菌将硝态氮转化为氮气和氧气（把难分解的大分子有机物分解为可降解的小分子有机物），最终污染基团就被分解转化成逸出水体的 N_2、CO_2 和 H_2O。附着在碳素纤维上的大量微生物群难以脱落，其上黏附的污染物难以溶出及扩散，从而抑制了环境的恶化。在水流的影响下，产生收缩运动，从而促进了污染物质的分解。

碳素纤维散开后及表面生物附着如图 5.7-9 所示。

3. 专利编织技术，平铺、垂直安装设计

碳纤维人工草场的专利编织组合方式可以促进海藻及生物类的着床，同时形成水体珊瑚礁功能，更有利于孵化幼鱼及其他水生动物，躲避大鱼的袭击。平铺形式的西阵织带物状可以有效地削减底泥污染，抑制底泥内源污染物的释放。悬挂水中的放置形式解决了水体中间层微生物的载体问题（水表面好氧菌活跃层、底层厌氧菌在底泥内部活跃，水体中间因缺乏

（a）放入水中后碳素纤维迅速散开 　　　（b）碳素纤维表面附着微生物

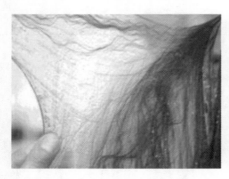 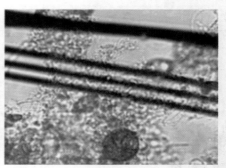

（c）碳素纤维表面的微生物膜 　　　（d）碳素纤维表面的微生物群

图 5.7 - 9　碳素纤维散开后及表面生物附着

微生物载体而微生物活动性不强）。安装设置容易结合景观文化设计，可利用生物浮岛等配合进行景观的绿化与文化内涵的结合。

4. 基于声波效应特性与材料特性基础上的生物亲和性

碳素纤维生态草经太阳光等射线照射后会发出超声波，其波段与微生物感知波段吻合，形成呼应，促使微生物迅速聚集在碳纤维周围。其发出的声波一方面激活微生物，提高微生物膜的活性，提高污染物分解速度；另一方面，通过声波吸引鱼、虾、贝类，聚集在其周围，形成具有生产者、消费者、分解者的完整生态链。碳素纤维柔软且表面形成黏着性的生物膜，是鱼、虾、贝类等水生生物优良的产卵、生息的繁殖场所，经过科学实验观察，其生物卵床功能甚至优于真实水草。

5. 材料特性

碳素纤维强度高、超轻、耐腐蚀、耐高温、水中不溶解、使用寿命长、维护费用低，且具有高环境安全性与生态亲和性，不存在物种侵害之忧。

5. 7. 2. 3　污染物的去除机理

1. 对 BOD_5 的去除原理

碳素纤维生态草具有巨大的比表面积，形成高效的黏着性生物膜。污水和碳素纤维表面生物膜的接触过程中，通过对有机营养物的吸附、生物氧化等环节，对水体中的溶解性有机污染物进行降解。有机物一部分被微生物分解和转化，最终形成各种代谢产物（CO_2、H_2O、矿化物等），同时为微生物的生长和代谢提供能量；另一部分被微生物同化，形成新的微生物组分，最终高效去除水体中的 BOD_5。

2. 对氮的去除原理

在碳素纤维表面形成的生物膜断面上，由外及里形成了好氧、兼性厌氧和厌氧三种反应区，从而为硝化、反硝化作用的细菌群落繁殖以及藻类生长创造适宜的条件，这种特征是非常重要的。氮在自然界中以各种形态进行着循环转换，碳素纤维上生长的藻类能利用水中多种无机氮，在光合过程以及随后的同化过程中，逐步形成各种含氮有机物，有机氮如蛋白质经水解为氨基酸，氨基酸在微生物作用下分解为氨氮，氨氮在硝化细菌作用下转化为亚硝酸氮和硝酸盐氮。另外，部分亚硝酸氮和硝酸盐氮可以在厌氧条件下通过反硝化菌的作用转化为氮气并逸到大气中；一部分可以被藻类吸收，而藻类又会被底栖动物及鱼类食用，从而达到高效的去除总氮的目的。

3. 对磷的去除原理

在水生态系统中，水体中磷可通过两条途径去除：一方面磷被细菌、藻类和水生植物吸收，细菌和藻类又被底栖动物或鱼类所摄食，最后鱼类的捕捞将磷从水中去除；另一方面，碳素纤维生态草上的微生物（如高效聚磷菌）过量摄取水体中的磷，并将其同化为自身结构或转化为稳定的矿化组织沉积在底泥中，抑制其再释放至水体中。

4. 对悬浮物的去除原理

悬浮物分为有机组分与无机组分。通过污水处理厂沉砂池可去除大颗粒无机组分，通过碳素纤维生态草生物接触氧化，去除小颗粒无机组分及有机组分。碳素纤维水下散开树状结构有效增加了与水体的接触面积，营造了平缓的水力环境，增加了颗粒物与生物膜的接触，促使沉砂池部分未去除的小颗粒悬浮固体在此接触过程中充分沉降。另外，碳素纤维具有很好的黏附与吸附作用，悬浮物中的有机组分被活性生物膜黏附，通过微生物的作用进行分解转化，从而得到去除。

6 景观设计

6.1 景观理念

景观在一般意义上是指一定区域呈现的景象，即视觉效果，包括某地区或某种类型的自然景色和人工创造的景色。景观作为一个由不同土地单元镶嵌组成，具有明显视觉特征的地理实体，兼具经济、生态和美学价值，这种多重性价值判断是景观规划和管理的基础。

景观设计是指风景与园林的规划设计，设计要素包括自然景观和人工景观两方面。景观设计与规划、生态、地理等多种学科交叉融合，在不同的学科中具有不同的意义，主要应用于城市景观设计（城市广场、商业街、办公环境等），居住区景观设计，城市公园规划与设计，滨水绿地规划设计，以及旅游度假区与风景区规划设计等领域。

6.1.1 中国景观设计理念

生态学思想贯穿了我国景观设计的历史全过程。中国的园林景观历史悠久，大约从公元前11世纪的奴隶社会末期就开始萌芽，在封建文化氛围中发展，受到以哲学思想为核心等众多文化形态的深刻影响。

"天人合一"思想在众多文化形态中占绝对的优势，是中国古人对自然的基本态度，是园林景观"虽由人作，宛自天开"的源头。儒家的君子比德思想、道家的神仙思想贯穿、主导了以后的各个历史时期，让人与自然的和谐共生成为了中国景观美学的核心。

早在春秋时代，生态学思想已经作为一种普遍的认识而被采纳，其中管仲、荀况等人就认识到自然界万物复杂多样但又具有共同的规律性。一直以来的继承与发展，让我国在当今"生态先行"的大背景下也以尊重生态规律为先，道法自然，对当前的生态化景观设计仍有借鉴作用，主要有以下几个方面：①"天人合一"的有机整体观；②"协调并存"的有情观；③"天人感应"的和谐观；④"仁慈护生"的道德观；⑤"知止知足"的价值观。如图6.1-1和图6.1-2所示。

6.1.2 西方景观设计理念

生态设计理念在西方的景观发展历史中是较为波折的，从西方园林景观萌芽的公元前16世纪埃及园直到18世纪浪漫主义运动，西方的设计以"征服自然"为主要理念，"强迫自然接受匀称的法则"，景观作为建筑物的附属品，将对称的构图、实用的功能及合理的规划运用到了极致，如图6.1-3所示。

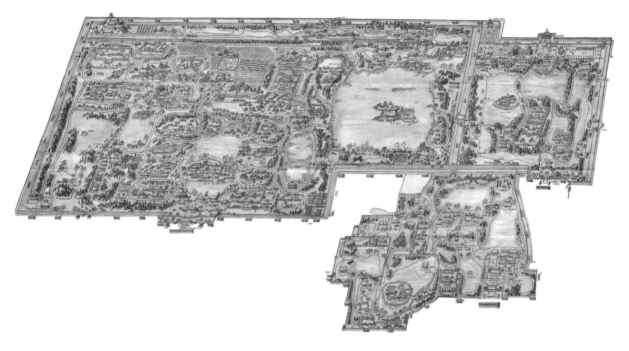

图 6.1-1　中国皇家园林典范——圆明园

图 6.1-2　中国私家园林典范——拙政园

图 6.1-3　西方景观庭院——凡尔赛宫

18 世纪欧洲浪漫主义运动掀起之后，从英国开始，对原生态、自然的美有了欣赏的心态，开始重新恢复传统的草地、树丛，产生了自然风景园。尤其是 18 世纪中叶，钱伯斯向英国撰文介绍了中国的园林景观，对欧洲产生了巨大影响，人与自然的关系逐步趋向于尊重和平等。

随着各国经济的发展、政治的变革、各种艺术运动、思潮的蓬勃发展，现代景观设计也应用于实践并走向成熟，特别是 20 世纪 60 年代之后，随着社会公众对生态环境的重视，生态学原理也融入到景观设计中。现代景观设计体现出以人为本、形式与功能相结合、注重空间、创新创造等设计思想，具有形式自由、空间流动、色彩丰富、材料多样及东方意境等特点。英国自然风景园如图 6.1-4 所示。

图 6.1-4　英国自然风景园

6.2　湿地景观

　　湿地景观是指以湿地为对象，展现湿地特色风貌的景观形式，是利用现代景观建设与生态学原理对湿地生态系统的保护、重建和恢复，艺术地再现自然湿地景观，并为社会民众提供亲近、感受、体验自然的场所，是现代风景园林学的一个组成部分。

　　水体景观、生物景观和文化景观是湿地景观构成的基本要素，三者相互交融、相互影响。

6.2.1　水体景观

　　湿地水体景观包括水域景观、岸带景观及近岸陆域景观三部分（图6.2-1）。水域景观主要通过水深、流速、水质等水体性质来表现水体或静或动、或缓或急、或碧波粼粼、或汹涌澎湃的特点，形成如沼泽、池塘、浅潭等静景及跌泉、飞瀑、溪涧、涌泉等动景。岸带景观是受水位、潮汐等影响形成的浅滩、沙洲和滩涂等景观，以及不同的驳岸类型，如块石驳岸、砾石缓坡驳岸、沙滩岸带、植物岸带等，展示或凹或凸、或曲

图 6.2-1　湿地中的水体景观

或直、或虚或实、或连续或间断的线性岸带景观。近岸陆域景观主要是指为方便游人观赏的亲水设施（如亲水台阶、平台、栈道），组织游览路线的近岸道路景观（如汀步、园桥）和提升湿地意境的人造景观小品等。

另外，湿地公园内大面积的水体所形成的独特小气候，可出现云雾缭绕、潮涨潮落等现象，易形成观潮、踏雪、滑冰、听雨、赏月、抚浪、看彩虹等可以感受自然、体验自然的景观。

6.2.2 生物景观

湿地内可展示的生物景观主要包括湿地植物景观和湿地动物景观。湿地植物景观主要是通过湿生植物、挺水植物、浮水植物和沉水植物的配置来表现。根据其形、干、枝、叶、花、果等观赏要素，塑造不同季相特征的湿地植被景观，如春赏鸢尾、荇菜花，夏观荷花、凤眼莲，秋游香蒲、芦苇荡等。利用湿地植被的簇生、丛生、片生等分布特点，采用孤植、丛植、群植等配置方法构成辽阔、狭长、幽深、曲折等多种景观形态，例如湿地植物迷宫、植物景观雕塑等。

湿地动物景观的主体主要为湿地水鸟、湿地昆虫和观赏鱼类等（图6.2-2）。湿地动物是湿地中的移动景观，可以为整体环境增添生机。根据湿地水鸟的生活规律，动观其放飞、归巢等场面，静赏潜水的游禽、觅食的涉禽及不同水鸟的环志特点。湿地中蝴蝶、蜜蜂、蜻蜓等昆虫，能够满足游人对富有自然野趣的田园生活的向往。湿地动物的声音，如鸟鸣、蝉噪、蛙声等，可形成湿地公园独特的声景观，是湿地公园内天然的"留声机"。

图6.2-2　湿地中的生物景观

6.2.3 文化景观

湿地文化景观就是立足湿地特有的生态特征，体现区域的传统民俗和风土人情等地方特色，展示湿地环境中特有的场景、意境等（图6.2-3），主要包括以下3个方面：①人类利用湿地的各种生产方式所形成的渔猎文化、稻田文化、莳田文化，以及受此影响而形成的饮食文化、住宅文化、服饰文化等；②人类改造湿地所留下的印迹，如各种富有地域特色的古运河、古桥梁、堤坝、古建筑等水利工程和临水建筑等硬质景观；③与其他文化相交融形成的文化结晶，如与文学艺术交融形成的历代文人墨客、王侯将相赞美湿地的诗词歌赋，描绘湿地风情的书法字画，受区域文化影响形成的母亲河文化，山歌、舞蹈等民族文化和纪念凭吊的习俗文化，以及见证革命历史的红色文化等。

图6.2-3　湿地中的文化景观

湿地景观构成要素说明见表6.2-1。

表6.2-1　　　　　　　　　　　　湿地景观构成要素

景观构成	构成形态	表现形式
水体景观	湿地水域	沼泽、池塘、瀑布、溪流、喷泉等
	湿地岸带	沙洲、滩涂、块石驳岸、湿生草丛等
	近岸陆域	亲水栈道、园桥、汀步等
生物景观	湿地植物	湿生、挺水、浮水和沉水植物等
	湿地水鸟	迁徙、放飞、觅食、环志等
	湿地昆虫	蝴蝶、蜜蜂、蜻蜓、蝉、蛙等
文化景观	利用湿地的生产方式	农耕、插秧、打鱼等
	改造湿地的历史印迹	京杭大运河、卢沟桥、都江堰、岳阳楼等
	赞美湿地的人类活动	《赤壁赋》、赛龙舟

6.3 设计依据

以下对人工湿地景观设计中可以参照的城市绿地、公园、湿地公园等概念和相应规范中提出的景观设计要求进行分析。

6.3.1 城市绿地

根据《城市绿地设计规范》（GB 50420—2007），城市绿地是指以植被为主要存在形态，用于改善城市生态，保护环境，为居民提供游憩场所和绿化、美化城市的一种城市用地。城市绿地包括公园绿地、生产绿地、防护绿地、附属绿地、其他绿地五大类。由于人工湿地多处于城市区域范围内，如果能设计为开放式的公园，按照《城市用地分类与规划建设用地标准》（GB 50137—2011），属于公园绿地，可以增加城市的绿地率，而如果按照常规设计为水处理型功能湿地，只能作为公用设施用地中的排水设施。国内较早一批建设的人工湿地工程大部分在规划设计阶段就没有按照公园绿地进行设计，因此，应鼓励将水处理人工湿地设计为开放式的公园，在规划设计阶段，就按照《城市绿地设计规范》，对工程中的道路桥梁、园林建筑、园林小品、给水排水、电气等进行设计。

6.3.2 公园

根据《公园设计规范》（GB 51192—2016），公园是指向公众开放，以游憩为主要功能，有较完善的设施，兼具生态、美化等作用的绿地。按照其定义，公园属于绿地中的一种，因此，人工湿地如设计为开放式的公园（图 6.3 - 1），除需要遵守《城市绿地设计规范》之外，

图 6.3 - 1　纽约中央公园

还需要遵守《公园设计规范》。该规范对公园中的总体设计、地形、园路及铺装场地、种植、建（构）筑物、给水排水，以及电气等设计进行了规定。

6.3.3 湿地公园

湿地公园属于公园中的一种（图6.3-2）。我国对湿地公园的评定有两套体系。一类是由林业部门评估认定，又分为国家湿地公园和省级湿地公园两个等级，其中，国家湿地公园由原中国国家林业局批准设立；根据《国家湿地公园评估标准》（LY/T 1754—2008），湿地公园是指拥有一定规模和范围，以湿地景观为主体，以湿地生态系统保护为核心，兼顾湿地生态系统服务功能展示、科普宣教和湿地合理利用示范，蕴涵一定文化或美学价值，可供人们进行科学研究和生态旅游，予以特殊保护和管理的湿地区域。另一类是由住房和城乡建设部门评估认定的城市湿地公园，是指利用纳入城市绿地系统规划并适宜作为公园的天然湿地类型，通过合理的保护利用，形成保护、科普教育、休闲游览等功能于一体的公园。

图6.3-2 伦敦海德公园

6.4 湿地公园现状

传统人工湿地的工艺单元主要采用钢筋混凝土形式，以水处理为主要目的，布局和结构上较为单一，缺少建筑美感与景观美化功能，未能展现出湿地的生态特征。但是当前多数人工湿地处在城市中心区域，占地面积较大，影响范围较广，单一构筑物形式无法满足休闲娱乐、科普教育等需求，在此情况下，人工湿地的景观设计可以以湿地公园的形式展现，本节对湿地公园进行专门的介绍与分析。

6.4.1 相关定义

国家、省级湿地公园和城市湿地公园的比较见表6.4-1。

表6.4-1　　　　　国家、省级湿地公园和城市湿地公园的比较

项　目	湿　地　公　园	城市湿地公园
管理主体	县级以上人民政府设立专门的管理机构	县级以上人民政府设立专门的管理机构
主管部门	林业部门	住房和城乡建设部门

项　目	湿 地 公 园	城市湿地公园
客体	不限（各类湿地生态系统）	纳入城市绿地系统规划范围的天然湿地
建立条件和要求	（1）湿地生态系统在全国或者区域范围内具有典型性；湿地主体功能具有示范性；或者区域地位重要；或者湿地生物多样性丰富；或者生物物种独特； （2）自然景观优美并具有较高历史文化价值； （3）具有重要或者特殊科学研究、宣传教育价值； （4）面积应在 20hm² 以上，湿地率原则上不低于30%；国家湿地公园中的湿地面积一般应占总面积的60%以上； （5）应设有管理机构，区域内无土地权属争议	（1）具有天然湿地类型的，或具有一定的影响及代表性的； （2）能供人们观赏、游览，开展科普教育和进行科学文化活动，并具有较高保护、观赏、文化和科学价值的； （3）纳入城市绿地系统规划范围的； （4）国家级城市湿地公园面积应在33.3hm² 以上，且能够作为公园的；地市级城市湿地公园面积应不小于25hm² 为宜
功能	湿地保护、恢复、宣传、教育、科研、监测、生态旅游	保护、科普、休闲
湿地景观要求	具有显著或特殊生态、文化、美学和生物多样性价值的湿地景观，湿地生态特征显著	具有天然湿地类型的或具有一定的影响及代表性
行业规范及标准	《关于加强湿地保护管理的通知》（国办发〔2004〕50 号）； 《关于做好湿地公园发展建设工作的通知》（林护发〔2005〕118 号）； 《国家湿地公园评估标准》（LY/T 1754—2008）； 《国家湿地公园建设规范》（LY/T 1755—2008）； 《国家湿地公园管理办法（试行）》（林湿发〔2010〕1 号）； 《国家湿地公园总体规划导则》（林湿综字〔2010〕7号）； 《国家湿地公园试点验收办法（试行）》（林办湿字〔2010〕191 号）	《城市湿地公园管理办法》（建城〔2017〕222 号）； 《城市湿地公园设计导则》（建办城〔2017〕63 号）
土地利用变化	变化不大，通过恢复增加湿地面积	湿地转变为城市绿地
保护程度	较高，是国家湿地保护体系的重要组成	较低
资金来源	所在地人民政府投资、社会融资、争取国家湿地保护与恢复工程项目、未来生态补偿资金	所在地人民政府投资

对比上述两套体系，林业部门湿地公园的准入条件更高、审核要求更严格，但主要突出湿地的自然属性和特征，生态系统的保护程度较高；而城市湿地公园主要突出"纳入城市绿地系统规划范围"的概念。因此，水处理型人工湿地主要可参照城市湿地公园的相关技术标准、规范，主要是《城市湿地公园设计导则》（建办城〔2017〕63 号），该导则对城市湿地公园中的栖息地、水系、竖向、种植、道路与铺装、配套设施等设计内容进行了规定。

6.4.2 总体情况

6.4.2.1 现状数量

国家湿地公园是湿地保护、生态恢复以及资源可持续利用的重要载体，在我国得到了迅速发展。自 2005 年杭州市西溪湿地获批为首个试点国家湿地公园以来，截至 2013 年年底，国家林业局批准的试点国家湿地公园为 429 个，其中正式授牌的国家湿地公园为 132 个，公园总面积达到 2.35 万 km²，占国土面积的 0.24%。2014 年以来又有一批国家湿地公园被批准，至 2015 年年底，我国共有 706 家国家湿地公园，逐年的获批情况如图 6.4-1 所示。从各省（直辖市）的国家湿地公园数量来看（截至 2013 年年底），山东省、湖北省、黑龙江省和湖南省的数量较多，分别为 39 个、39 个、33 个和 32 个，相比而言，福建省、青海省、上海市、海南省、天津市和北京市等省（直辖市）的数量较少，均少于 5 个。

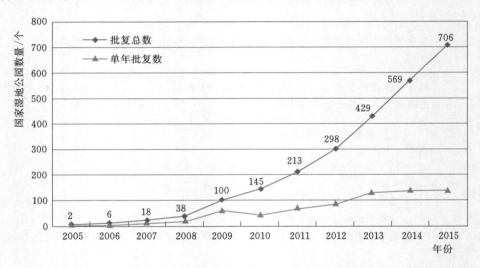

图 6.4-1 近年来国家湿地公园数量变化情况

6.4.2.2 功能分区

按照相关规范，湿地公园包括湿地保育区、湿地生态功能展示区、湿地体验区、服务管理区等区域。

1. 湿地保育区

湿地保育区是指具有特殊保护价值，需要保护或恢复的湿地区域。该区域一般具有相对明显的湿地生态特征和完整的湿地生态过程，或丰富的生物多样性，或是湿地生物的栖息场所或迁徙通道。在湿地保育区内，可以针对特别需要保护或恢复的湿地生态系统、珍稀物种的繁殖地或原产地设置禁区或临时禁入区。

2. 湿地生态功能展示区

湿地生态功能展示区是指可以展示湿地生态特征、生物多样性、水质净化等生态功能的区域。

3. 湿地体验区

湿地体验区是指湿地自然景观或人文景观分布的湿地区域，可以体验湿地农耕文化、渔

尾水人工湿地设计与实践

事等生产活动，示范湿地的合理利用。该区域允许游客进行限制性的生态旅游、科学观察与探索，或者参与农业、渔业等生产过程。

4. 服务管理区

服务管理区是指在湿地生态特征不明显或非湿地区域建设的可供游客进行休憩、餐饮、购物、娱乐、医疗、停车等活动，以及管理机构开展科普教育和行政管理工作的场所。

上述四个区域中湿地保育区是以保护生态特征和生态过程为主，环境容量相对较小，景观建设内容较少。因此，湿地公园景观设计主要集中在湿地体验区、湿地生态功能展示区及服务管理区。

6.4.2.3 景观设计

1. 湿地体验区

湿地体验区主要是公园内自然景观和人文景观分布集中的区域，景观设计可通过地形改造、水系联通等工程，营造浅滩、沼泽、溪流、喷泉、瀑布、开敞水面、河流片段等湿地景观形态，体验湿地独特的水体景观、湿地农耕文化、渔事等生产活动以及示范湿地合理利用。

2. 湿地生态功能展示区

湿地生态功能展示区景观设计可以通过构建潜流湿地和表流湿地，配置净化能力强、景观效果突出的湿地植物，设置可供游人进入的廊、桥、汀步等设施来达到功能和景观的双重效果。此外，通过比较污水经过湿地前后的水质视觉效果，展示湿地水质净化功能。

湿地生态功能展示区可以通过配置乡土湿地物种，招引湿地鸟类、昆虫来达到湿地环境多样统一、鸟语花香的景观效果，从而展现出该区域的生态多样性功能。

3. 服务管理区

湿地公园服务设施景观是指根据游人游憩活动需要而设置的，便于组织游览路线的，能够烘托湿地自然景观的建筑物、景观小品等硬质景观，主要有景亭、水榭、舫、园桥、游廊、木栈道以及景观小品等。

湿地公园景观设计内容及方法见表6.4-2。

表6.4-2　　　　　　　　　湿地公园景观设计内容及方法

设计目标	设计内容	设计方法	景观效果
湿地体验区景观	溪流、浅滩、沙洲、岛屿、叠水、瀑布	地形改造、植物群落配置	自然景观多样性和人文景观哲理性
	池塘、稻田	水系连通、放养鱼苗	农业文明时期的田园生活
湿地生态功能展示区景观	水质净化功能	潜流湿地、表流湿地、芦苇荡、香蒲丛	地球之肾、天然的污水处理厂
	生物多样性维持	乡土植物、稻田、留放枯水、食物招引	生命摇篮、物种基因库、动植物行为
服务管理区景观	"静态赏景"景观	景亭、水榭和舫	巧于因借、精在体宜
	"动态赏景"景观	园桥、游廊和木栈道	游目骋怀、移步易景
	"点景"景观	景观小品	渔舟唱晚、高山流水

6.4.2.4 湿地公园类型

在规划与设计上，我国城市中的湿地公园主要分为四种类型，相关的定义和分类情况见表 6.4-3。

表 6.4-3　　　　　　　　　城市中湿地公园的类型与定义

类　型	定　义
自然保护类	利用原有各类自然保护区并以此为核心，经过设施完善发展而成。原始成分较多，充分保留了自然特色，以保护资源环境为主要目的，以较为完善的生态系统为特点，适当添置科研科普、游览休憩设施
水体维护类	利用各类原有或人工水体经过改、扩建而成。原有自然或人工水体是其基础，保护水体水源是其主要目的
城市休闲类	湿地并不是原始形态，仅处于展示和次要位置；主要目的是对原来的区域进行改造、利用，并充分绿化
场地修复类	利用废弃或者污染的场地及积存的水体经修复改造而建立，主要为场地生态修复、开展文化娱乐活动

6.5　湿地公园案例

基于以上对湿地公园的分析与分类，本节将重点介绍几个湿地公园尤其是城市湿地公园案例。

6.5.1　自然保护类

杭州西溪国家湿地公园位于杭州城区以西，距西湖仅 5km，占地面积约 11.5km²。西溪湿地公园生态资源丰富、自然景观质朴、文化积淀深厚，曾与西湖、西泠并称杭州"三西"，是国内第一个集城市湿地、农耕湿地、文化湿地于一体的国家湿地公园。

西溪湿地公园在空间布局上可归纳为"三区、一廊、三带"。"三区"是指东部区域基本是鱼塘湿地，有少量河港，区内旅游资源极少，实行完全封闭；西部区域也属鱼塘湿地，河港较少，历史人文旅游资源也不多，实现一定年限的全封闭保护，营造原始湿生沼泽地；中部区域除鱼塘湿地外，河网稠密，湿地自然景观最为明显，且历史人文遗址较多，为湿地生态旅游休闲区。"一廊"是指一条 50m 宽的多层式绿色景观长廊将环绕保护区，由常绿高乔木、低乔木、灌木、草本植物、水边植物五个层次组成。"三带"指的是紫金港路"都市林阴风情带"、沿山河"滨水湿地景观带"、五常港"运河田园风光带"。西溪湿地是杭州绿地生态系统的重要组成部分，湿地能够调节大气环境，湿地内丰富的动植物群落，能够吸收大量的二氧化碳，并放出氧气；同时它还能吸收有害气体，达到净化空气的作用，应对城市空气污染问题，为城市提供了充足的水源和良好的气候条件。

西溪湿地公园是一个典型的多样化生态系统，湿地复杂多样的植物群落，为野生动物提供了良好的栖息地，是鸟类、两栖类动物繁殖、栖息、迁徙、越冬的场所。西溪湿地公园鸟

尾水人工湿地设计与实践

图 6.5-1　杭州西溪湿地公园鸟瞰

瞰与公园实景如图 6.5-1 和图 6.5-2 所示。

图 6.5-2　杭州西溪湿地公园实景

6.5.2　水体维护类

　　嘉兴石臼漾水厂水源湿地公园位于嘉兴市西北角，是在石臼漾水厂水源保护区基础上经过大规模的整治、改造建设而成的人工恢复性生态湿地公园，占地 1630.3 亩。

　　石臼漾水厂水源湿地公园主要可以分为预处理区、湿地生态净化区、深度净化区和达标引水区等。预处理区面积 121.7 亩，其中水面面积 71.8 亩。水流进入预处理区处理后，由于过水断面增大，水流流速降低，水动力减弱，挟沙能力减弱，起到了沉沙和缓冲的作用，悬浮物和石油类物质含量也随之下降，并阻挡垃圾和漂浮物进入湿地。湿地生态净化区面积 966.8 亩。南区以湿地净化功能为主，附以一定的景观功能，水面、湿地、绿地面积比例分别为 16%、52%、32%；北区则兼顾湿地净化功能与绿地美化环境功能，水面、湿地、绿地面积比例分别为 20%、22%、58%。该区域利用湿生植物、根孔、土壤，在湿地区水位涨落作用下，通过土壤吸附、截留、氧化还原、微生物降解等措施，增加生物多样性，使水质进一步净化，氨氮等

图 6.5-3 嘉兴石臼漾水厂水源湿地实景

污染物有效去除。深度净化区面积 966.8 亩，其中水面面积 311.6 亩，该区域利用大面积水体进一步净化，同时起到储存水体、保障水厂供水安全、美化环境等作用。处理出水经过本区进一步处理后，悬浮物含量再度减少，高锰酸盐指数继续下降，生物多样性明显增加。达标引水区面积 107.8 亩，主要是利用塘和河道的自净能力进一步净化水质，保证石臼漾水厂的取水。

嘉兴石臼漾水厂水源湿地公园为设计 25 万 m³ 日供水能力的石臼漾水厂安全供水提供了坚实的基础保障，同时湿地公园所具备的 120 万 m³ 源水储量，能够在遭遇突发污染时成为城市水厂的安全储备和缓冲。石臼漾水厂水源湿地实景与平面布置分别如图 6.5-3 和图 6.5-4 所示。

6.5.3 城市休闲类

苏州太湖国家湿地公园位于苏州市区西部，西枕太湖，东接东渚，南连光福，毗邻镇湖，规划总面积 4.6km²，一期对外开放 2.3km²。苏州太湖国家湿地公园是一个自然与文化相融的独具特色的国家湿地公园，不仅保护了大片沼泽湿地，为苏州市生态安全提供生态屏障，而且为城市居民提供休闲娱乐的区域。

苏州太湖国家湿地公园涵盖了四大类的湿地，即河流湿地、湖泊湿地、沼泽湿地、人工湿地，包括永久性河流、永久性淡水湖、草本沼泽、灌丛沼泽、森林沼泽、水产养殖塘、水塘、灌溉地共 8 个小类。太湖国家湿地公园的规划特点是以场地内自然环境、人文地理、城市发展因素为基础的圈层布局模式，即内圈以原始生态环境保存完好的原生湿地为核心区，中部为服务、休闲、展览、新农村产业等功能区，外圈为湿地公园协调区。该公园在现状鱼塘的基础

图 6.5-4 嘉兴石臼漾水厂水源湿地平面布置

上，通过整合、修复、重建，充分地展现太湖特有的渔文化、刺绣文化和田园文化。该湿地公园划分为湿地渔业体验区、湿地展示区、湿地生态栖息地、湿地生态培育区、水乡游赏休闲区、湿地生态科教基地、原生湿地保护区等七大功能区，为很多珍稀濒危物种等提供了重要栖息地。据调查统计，公园内现有国家二级保护鸟类16种，珍稀濒危植物24种。

苏州太湖国家湿地公园在退化湿地生态得到全面恢复的基础上，拓宽合理利用范畴，进行生态旅游项目的深度开发，逐步提升湿地公园品牌形象，成为城市休闲观光、动植物生态保护的典范。太湖国家湿地公园实景如图6.5-5所示。

图6.5-5　苏州太湖国家湿地公园实景

6.5.4　场地修复类

唐山南湖国家湿地公园位于唐山市南部采煤沉降区唐胥路两侧积水区域，属于唐山南湖公园的一部分，面积约8km²。南湖湿地公园改造前是开滦煤矿经过130多年开采形成的采煤沉降区。当时该区域垃圾成山、污水横流、杂草丛生，为城市居民远离的城市疮疤和废墟地，严重影响了城市的环境和整体形象，制约了城市的发展，给市民的工作和生活造成了极大不便，浪费了大量的土地资源。1997年唐山市开始对南部采沉区进行整治时，就把地面沉降幅度较大、补给水源较多、植物种类丰富、水资源储存量大的区域列入了湿地公园规划范围，进行了重点治理和保护。

唐山南湖国家湿地公园在充分利用地下水的同时，还将西郊污水处理厂的中水引入湿地，以保证湿地具有足够的水源，同时引进湿地植物，引种了荷花、芦苇、睡莲、菖蒲等植物品种，净化了水质，也为水禽和其他鸟类创造了栖息地。目前湿地公园的水生生物种类数量超过 50 多种，种类数量比治理保护前增加了一倍。

唐山南湖国家湿地公园的建设有效地改善了当地与周边区域环境，提高了唐山南部采煤沉降区生态治理的整体效果，扩大了唐山市的知名度和影响力。南湖国家湿地公园改造前后及公园实景分别如图 6.5-6 和图 6.5-7 所示。

图 6.5-6　唐山南湖国家湿地公园改造前后

图 6.5-7　唐山南湖国家湿地公园实景

6.6　设计原则

我国湿地公园的评价与设计体系中并没有对尾水深度处理型的湿地公园进行明确的界定。与湿地公园不同，传统的尾水人工湿地多设计为市政工程，结构上按污水处理构筑物进行设计，大多缺乏景观方面的设计，不具备湿地公园的属性。因此，湿地公园和尾水人工湿地的体系相对较为独立，缺少规划、设计和实践等方面的兼顾与结合，二者结合的工程实践也较少。基于以上对湿地景观以及湿地公园案例的剖析，作者提出尾水人工湿地的景观设计应遵循生态和谐、景观优美、安全有序三大类14条原则。

6.6.1 生态和谐原则

（1）从生态格局角度看待湿地选址。尾水人工湿地多处于城市建成区范围内或近郊区域，其选址需要符合相关规划要求，同时，应从整个区域生态安全格局的角度，将其选址与河道、绿地、道路等要素进行有机的联系，打造为景观生态功能节点。景观生态学上最经典的案例"波士顿翡翠项链"，就是以查尔斯河等自然要素所限定的空间为定界依据，利用200～1500ft宽的绿地，将9个公园连成一体，绵延约16km，在美国波士顿中心地区形成了一系列景观优美的公园，带来巨大的社会经济和生态效益（图6.6-1）。

(a) 规划图

(b) 生态廊道实景

(c) 实景

图6.6-1　美国波士顿翡翠项链串联各个景观节点形成生态廊道

图 6.6-2　微山湖国家湿地公园

（2）辩证看待"最小干预"原则。"最小干预"不是完全不动或动的最少，而是在达到特定修复目标下的"最小必要措施"，如果达不到修复目标，则所谓的"最小干预"是没有意义的，而在达到修复目标的前提下，不宜过度修复。在湿地设计时，要尽可能尊重场地的原有脉络，充分利用场地的基底、现状设施等依形就势进行设计。而如果场地已经严重受损，则必要的场地干预措施也是恰当的。如微山湖国家湿地公园最大程度地保留了原有基底特性（图 6.6-2）。

（3）从全寿命周期看待可再生能源。逐步提高可再生能源的使用比例是能源利用的发展方向，但是在具体工程应用时，应从可再生能源的全寿命周期进行评估，比较使用不可再生能源与可再生能源的碳足迹，因地制宜、适度的使用可再生能源。如现在部分生态工程喜欢使用光伏发电板、风力发电机等再生能源（图 6.6-3），但是如果工程规模不大，太阳能供电系统的全寿命周期成本可能并不经济，则应优先采用传统能源供应。

图 6.6-3　全生命周期评价新能源的碳足迹

（4）科学合理采用生态材质。在湿地构建过程中，应科学合理采用生态化材质，以打造与城市环境截然不同的自然生态的湿地景观（图 6.6-4）。特别应注意一些看似自然、生态的材质如竹木等，如果设计、使用不当，在工程使用年限内反而会增加运维成本，此时，使用一些更耐久、施工更方便的传统材质如钢材等反而更合适，也更符合生态的原则。如杭州江洋畈湿地公园构建湿地生态岛时，采用防腐处理的钢板围合而成，从后期运维过程中看，相比竹木等"生态"材质，钢板更为经济有效。

（5）采用本地化、易养护的植物群落。植物在人工湿地中，既有去除污染物的作用，又有美化环境、塑造湿地景观、增加游憩趣味、构建生态系统等作用。在植物设计时，要尽可

尾水人工湿地设计与实践

图 6.6－4　木质材料一定生态？或钢制材料一定不生态？

能采用适应当地气候、土壤等生长条件，生长茂盛，长势较好，易于形成良好的景观风貌，便于运输、降低工程造价的本地化植物，同时，要注意植物群落的多样性，发挥植物群落的综合生态功能，避免为突出某一特定功能如景观功能而选用较为单一的或非土著的植物（图6.6－5）。例如，凤眼莲等水生植物可通过根系向水中分泌一系列有机化学物质，这些物质在水中含量极微的情况下即可影响藻类的形态、生理生化过程和生长繁殖，使藻类数量明显减少。当然，也不能过度修复，构建不符合区域生态特点的，需要花费大量人力、物力、财力才能形成和维持的人造景观。中美道路绿化对比如图6.6－6所示，中国的道路植物多经修剪，美国的道路植物自由生长。

图 6.6－5　土著植物群落的构建

图 6.6－6　中（左图）美（右图）道路绿化对比：人工修剪与自由生长

（6）利用仿生学、栖息地构建等打造微景观。利用仿生学原理，打造亭台楼阁、桌椅台凳、廊柱灯塔、铭牌雕塑等微景观，可做出简洁、高效、内敛的设计作品，即体现出师法自然的精神，又能寓教于乐，起到科普教育的功能，如很多湿地公园喜欢以鱼、鹤、蛙等湿地动物为原型设计铭牌雕塑。同时尽可能地考虑光线、湿度、筑巢地点、食物提供、防御捕食者等条件，结合微景观设计，构建湿地动物栖息地，最大化发挥水处理型人工湿地的生态服务功能（图6.6-7）。

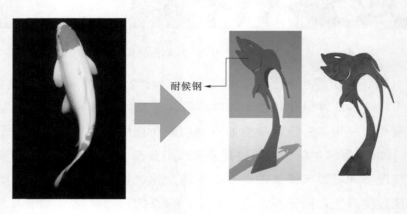

耐候钢

图6.6-7　以鱼为要素打造景观小品

6.6.2　景观优美原则

（1）遵循飘积原理的形态美。飘积原理最早是由美国造园家 John Grant and Carroll Glenn（约翰格兰特和卡洛尔格兰特）在《庭院设计》中提出来的。他指出，在自然界中，风是影响植物种子繁殖的重要因素，所以自然植物群落的形状是受自然力的作用。飘积的形态是自然界中自然力包括水力、风力、地质重力、气体膨胀力与化学腐蚀力等，作用于江河川道、水迹岸边、植物群落、山石岩体、砂土地形等自然形体的表面，历时日久，所呈现出圆浑、稳定均衡的状态；线形呈曲线和下向的动势，群体结构的空间分布呈钝角过渡，其景物形象与轮廓表现出强烈的自然气息和动势（图6.6-8）。湿地在景观设计中，需要依据飘积原理，设计水体岸线、植被轮廓线、景观天际线、自然缓坡等，体现出自然之美。

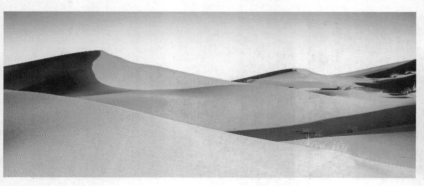

图6.6-8　遵循飘积原理的自然景观

尾水人工湿地设计与实践

（2）注重比例和尺度的形式美。美产生于形式，产生于整体与局部之间的协调、局部之间内部的协调。比例与尺度是构成形式美的重要元素。人工湿地设计中，场地平面、竖向的分割比例，各单元的长宽比例、植被的层次关系比例等，都需要结合人的审美需求进行设计，最终塑造自然舒缓大气的湿地景观。尺度是物给人的心理感受，人工湿地设计中，为确保布水均匀性和水处理效果，湿地单元往往设计为矩形，产生大量单调的直线条，应尽量避免，以使人产生更丰富的感受。某些项目以上帝视角进行尺度打造，塑造的形态尺度过大，公众置身其中却无法感受到形态上的变化。法国凡尔赛宫强调的平面布局与比例尺度之美如图6.6-9所示。

图6.6-9　法国凡尔赛宫强调的平面布局与比例尺度之美

（3）通过高程、植物、水体形成变化之美。人工湿地建成后，主体是一个静态的景观。由于水处理的先天基因，湿地各单元间需要具有高程变化，因此，景观设计可以借助这种变化来进行打造，以构成高低有序、错落有致的场景。植物也是构成湿地景观的重要元素，可以通过植物配置、节点打造，得到高低错落、四季变化的湿地景观。水体形态更是体现湿地变化之美的重要元素，根据水处理工艺的要求，湿地系统中可形成形态各异的水体，如曝气塘汩汩"泉水"，表流湿地呈现涓涓细流，拦河堰坝形成层层跌水，出水景观塘开阔水面及清澈见底的水等，极大丰富了人的感受。富有变化、层次分明的湿地景观。水的多种表现形式如图6.6-10所示。

图6.6-10　水的多种表现形式

（4）传递出安静、祥和、自然、野趣的氛围美。氛围指围绕或归属于一特定根源的有特色的高度个体化的气氛、周围的气氛和情调。湿地的氛围应该是营造一种安静、祥和、自然、野趣的气氛和情调。尤其是随着城市建成区的扩展和土地资源的紧张，景观型人工湿地往往选址在城市建成区范围内，周边是城市道路、人口密集区，此时，应适当抬高周边地形，或种植高大乔木林带，营造出相对独立的空间，形成曲径通幽的景象，为生态系统提供一个安全独特的环境。湿地景观的主体为湿地生态，建（构）筑物等为附属设施，因此在相关设计中湿地建（构）筑物不能突兀，应与湿地生态融为一体，营造出隐约的氛围。同时，随着湿地景观游憩功能的加强，一般需要设计景观照明系统，此时应特别注意根据不同的功能区域，设计不同照度的灯具，营造不同的湿地氛围，保护湿地生态系统（图6.6-11）。

图6.6-11　朦胧、静谧、安静、祥和的湿地氛围

（5）体现文化内涵中的人文美。湿地打造成公园的形式，可以为社会公众提供休闲、游憩场所，同时尾水湿地的水处理工艺可以成为宣传环境与生态保护、污染控制的科普教育基地，因此，在景观设计中需要重视湿地的休闲游憩、科普教育的属性，体现以人为本的设计精神（图 6.6 - 12）。同时，景观设计时，应充分挖掘当地传统习俗、文化元素、人文内涵等，并将其作为基本原则，融入到湿地的节点、小品的设计中去。

图 6.6 - 12　湿地的休闲游憩功能

（6）寓教于乐，赋予湿地丰富的寓意美。水的处理蕴含了生命生生不息、循环往复、周而复始的理念。因此，在水处理人工湿地的景观设计时，应积极传达该理念。如成都的活水公园，整体形态上仿生鱼类，设计将府南河水提升后进入鱼嘴，经过鱼头形状的厌氧池，再进入鱼身鳞片状的多级表流湿地单元，净化后最终从鱼尾排出，汇入府南河，在满足水处理功能的同时，寓教于乐，充分传达了净水的寓意。寓意鱼体净水的成都活水公园如图 6.6 - 13 所示。

图 6.6 - 13　成都活水公园展现的寓意美

本书案例篇提供的几个案例充分表达出这一主题。东阳案例以"模拟自然的河流"为设计理念，通过巧妙的生态化设计，将人工化的基底场地构建为蜿蜒曲折、九曲回肠、具有天然河流属性的人工湿地，传递出"师法自然"的寓意；仙居案例以"化茧成蝶"为设计理念，取意了蚕由蛹经过蜕皮，重生为蝴蝶的生命过程，传递了蜕变再生的生命寓意。上述设计所传达出的理念也与尾水深度处理工艺理念相吻合。

（7）展现栩栩如生的象物美。仿生象物，是中国的一种传统文化。中国人在进行器具制作和艺术创造时，会模仿自然界生物的形态、特征、特点，使自己创作的艺术作品栩栩如生，这就是"仿生"的含义。在进行艺术创造时，也可以自然界存在的非生物（如岩石），或人类制作的器具或文化图式等为意匠，进行艺术创作，这是"象物"的含义；如西湖、颐和园中设计的"三山"，就是以传统古典园林中的"一池三山"为意匠；如郑州市郑东新区设计的"如意湖"，即是以中国传统的吉祥物"如意"进行的象物设计（图6.6-14）。案例篇中的宋公河案例采用"仿生"鱼类为设计理念，深圳光明湿地群案例采用"象物"音符为设计理念。

（a）西湖的"三山"　　　　　　　　　　　　　　（b）郑东新区的"如意湖"

图6.6-14　景观中的象物美

6.6.3　安全有序原则

安全有序包括水质安全、游憩安全、生态安全三方面。景观型尾水人工湿地的水源是污水处理厂的出水，而根据《城市污水再生利用景观环境用水水质》（GB/T 18921征求意见稿），用于营造人工湿地的湿地环境用水应满足表6.6-1中的水质指标值，对比《城镇污水处理厂污染物排放标准》（GB 18918—2002），除浊度指标和余氯指标外，pH值、BOD_5、总磷、总氮、氨氮、粪大肠菌群指标与《城镇污水处理厂污染物排放标准》一级A标准一样，色度严于一级A标准，因此，对于出水达不到一级A标准的污水处理厂，其尾水在进入人工湿地处理时，应尽量采用潜流湿地，或封闭式的曝气塘等工艺，避免在水质未达到《城市污水再生利用景观环境用水水质》标准前，形成自由表面流并与人体接触，尤其是粪大肠杆菌（表6.6-2）。此外，《城镇污水处理厂污染物排放标准》还规定，尾水水质应满足一类污染物和选择控制项目的指标要求，因此，在尾水进入湿地后与人接触前，应对水质进行监测，在栈桥、平台等亲水空间上需要减少尾水与人体的直接接触，体现出水质的安全原则。人工湿

尾水人工湿地设计与实践

地中，由于存在台地高差、水面、栈桥等，应安装栏杆及设置醒目的标示引导游人，保障游客游憩安全。同时，应特别注重生态安全，防止某种生物从外地自然传入或人为引种后成为野生状态，并对本地生态系统造成一定危害的生物入侵现象。动物、植物的入侵情况如图 6.6－15 所示。

表 6.6－1　《城市污水再生利用景观环境用水水质》（GB/T 18921 征求意见稿）中标准限值

序号	项　目	观赏性景观环境用水			娱乐性景观环境用水			湿地环境用水	
		河道类	湖泊类	水景类	河道类	湖泊类	水景类	营造人工湿地	恢复自然湿地
1	基本要求	无漂浮物，无令人不愉快的嗅和味							
2	pH 值（无量纲）	6.0～9.0							
3	BOD$_5$/(mg/L)	≤10	≤6	≤10	≤6	≤10	≤6		
4	浊度/NTU	≤10	≤5	≤10	≤5	≤10	≤5		
5	总磷（以 P 计）/(mg/L)	≤0.5	≤0.3	≤0.5	≤0.3	≤0.5	≤0.3		
6	总氮（以 N 计）/(mg/L)	≤15	≤10	≤15	≤10	≤15	≤10		
7	氨氮（以 N 计）/(mg/L)	≤5	≤3	≤5	≤3	≤5	≤3		
8	粪大肠菌群/(个/L)	≤1000			≤500		≤3	≤1000	
9	余氯/(mg/L)	—					0.05～0.1	—	
10	色度/度	≤20							

（a）水葫芦

（b）福寿螺

（c）一枝黄花

（d）空心莲子草

图 6.6－15　动物、植物的入侵情况

表 6.6-2　　　　　　　　　　　　各标准中粪大肠杆菌限值对比

项目	单位	自来水	《地表水环境质量标准》(GB 3838—2002)					《生活饮用水水源水质标准》(CJ 3020—93)		《城镇污水处理厂污染物排放标准》(GB 18918—2002)		
			Ⅰ类	Ⅱ类	Ⅲ类	Ⅳ类	Ⅴ类	一级	二级	一级 A	一级 B	二级
总大肠菌群	个/L	每100mL不得检出	200	2000	10000	20000	40000	1000	10000	1000	10000	10000

6.7　设计细则

　　截至目前，我国尚未制定针对人工湿地景观设计的规范标准。现参考《城市绿地设计规范》(GB 50420—2007)、《城市湿地公园设计导则》(建办城〔2017〕63号)和《公园设计规范》(GB 51192—2016)等技术规范，摘取了尾水人工湿地景观设计可参考的部分细则(表6.7-1)。现有其他湿地、湿地公园相关的规范主要针对于原生态湿地的开发、利用与保护，如国家林业局湿地保护管理中心于2018年1月发布的《湿地公园总体规划导则》(林湿综字〔2018〕1号)，不适用于本书研究的湿地类型，故不作对比及详述。

表 6.7-1　　　　　　　　　　　　三本规范基本情况对比表

规范名称	《城市绿地设计规范》	《公园设计规范》	《城市湿地公园设计导则》
发布级别	国家标准	国家标准	国家标准
发布单位	国家住建部和国家质检总局	国家住建部和国家质检总局	国家住建部
发布年份	2007 年	2016 年	2017 年
约束对象	城市内所有绿地	城市建设区内 G1 公园用地	城市建设区内湿地公园
总体特征	涉及工程类型较为完整，大多数条款为指导性，定量数据较少，主要框定大范围原则及设计红线	章节排列围绕公园中高频出现的建设内容，针对园林景观专业的分项叙述十分详细，建筑、给排水、电气等旁支专业多为定性及推荐参照标准。规范中出现大量量化数据指导设计，是公园设计最主要的参考文件	强调生态性，对公园划分、各功能区所含内容限制较为严格，对成果文件要求详细

　　三者所定义的对象均处于城市建设区范围内，分别为所有城市绿地、用地属性为G1的城市公园绿地和G1中专项公园的湿地公园，在用地性质规划上为从大到小的逻辑关系，对应的规范指标要求也由浅入深、由松到紧。总则、术语、规范用词说明、引用标准名录、条文说明等为常规规范章节，同时，考虑到景观设计是一项十分综合的工作，其中的给排水设计、电气设计等内容常由其他专业配合完成，《城市绿地设计规范》及《公园设计规范》均只给出定性要求和推荐参考的专业规范，本节不做详述。

尾水人工湿地设计与实践

本节摘取对湿地公园设计有技术性指标要求的章节进行对比，详见表 6.7-2。

表 6.7-2   三本规范指标要求对比表

序号	章节对比（以公园设计规范为参考）	《城市绿地设计规范》	《公园设计规范》	《城市湿地公园设计导则》
3	设计原则			生态优先、因地制宜、协调发展
3.1	一般规定	与周边城市建设协调	涉及用地、与周边关系、所有工程布置的基本原则与参考依据	—
3.2	公园的内容	简略带过	不同类型公园应具备的功能和内容，专类公园要求特定的主题内容面积◆	提出具体的分区和所含内容，不同规模下不同用地的比例◆
3.3	用地比例	—	提出绿化、建筑、铺装等各类用地的占地在不同类型公园中的比例范围和计算方式◆	湿地占公园比例符合指标范围◆
3.4	容量计算	—	提出容量计算方式及不同类型下的量化范围◆	
3.5	设施的设置	位于园林建筑小品章节。提出围墙、厕所、椅、垃圾箱、饮水器布置原则和布置方式◆ 数据远粗糙于公园设计规范	提出不同类型公园下的设施是否设置、设置面积和布置方式要求，分应该建设、可建设、无需建设◆	配套设施设计强调生态、景观、功能、科普。按照不同功能区给定必须建设、可建设、无需建设的内容◆
4	总体设计			
4.1	现状处理	保护文物古树	要求保护文物、古树名木、场地风险避免措施等◆	应有详细的资源调查
4.2	总体布局	简略带过	要求公园划定分区、地形整理、道路铺装布局合理、建筑植物管线布局◆	—
4.3	竖向控制	简略带过	提出竖向设计原则、控制点选择及与架空电力线路导线的距离量化要求◆	高程控制原则，推荐相关标准
5	地形设计			
5.1	高程和坡度设计	简略带过	提出不同下垫面的合理坡度范围◆	排水坡度、游览坡度◆
5.2	土方工程	简略带过	土方工程的安全措施要求	—
5.3	水体外缘	水体布置要求、水安全原则	驳岸及水深要求，涉水安全措施要求◆	
6	园路及铺装场地设计			

尾水人工湿地设计与实践

序号	章节对比（以公园设计规范为参考）	《城市绿地设计规范》	《公园设计规范》	《城市湿地公园设计导则》
6.1	园路	道路布置要求、坡度要求、材料要求◆	园路分级设置规定、宽度规定、纵断面等交通类型规定◆	园路分级宽度要求。不同功能区路网密度要求、材料要求。禁止建设的范围，推荐相关标准◆
6.2	铺装场地	简略带过	铺装场地上界面、下垫面、地面材料规定	场地要求透水铺装高于50%，推荐相关标准◆
6.3	园桥	桥梁要求◆	桥梁建设原则、推荐相关规范	
7	种植设计			
7.1	植物配置	种植设计原则，强调儿童游乐场所禁用植物类型	植物群落配置原则及指导，与地下管线、铺装场地和建筑物关系处理等，推荐相关规范◆	种植设计要求详细，尤其注重水生、湿生植物的配置和种植范围、密度要求，不同功能区的种植形式，对植物抗性有要求◆
7.2	苗木控制	—	苗木选择原则，设计应控制的苗木要点及选择原则	—
8	建筑物、构筑物设计			
8.1	建筑物	建筑布置原则，技巧	建筑布置原则及指导，推荐相关规定◆	
8.2	护栏	—	护栏设置情况、推荐相关标准及量化规定◆	
8.3	驳岸	简略带过	驳岸设置原则、情况及推荐相关标准◆	
8.4	山石	布置原则和石材类型	山石控制要点、推荐相关标准	
8.5	挡土墙	—	挡土墙设置原则	
	游戏健身设施	要求符合国家标准	设施设置情况和原则	—
8.6	特殊内容	多次提到海绵绿地设计专项	—	提出栖息地设计、详细的水系设计要求。对设计成果文件有详细的要求

注　含"◆"符号的规定有量化指标要求。

根据以上对比，在实际操作中应以《公园设计规范》为主，该规范围绕公园绿地常规的建设内容，针对不同情况下的定性定量要求十分详尽，且所有指标均在《城市绿地设计规范》所框定的红线和原则范围内。《城市湿地公园设计导则》可作为生态相关部分的补充性指导文件，该导则对现状资源调查、建设准入范围、功能分区、水系设计、植物配置、栖息地设计和成果文件方面要求明确，针对性更强，更契合住建部发布的《城市湿地公园管理办法》（建城〔2017〕222号），便于后期管理与挂牌申报。

本节为便于读者参考，摘取了三本规范中尾水人工湿地景观设计可参考的部分细则。

6.7.1 《城市绿地设计规范》（GB 50420—2007）

（1）城市绿地范围内的古树名木必须原地保留。

（2）城市绿地的建筑应与环境协调，并符合以下规定：

1）公园绿地内建筑应按公园绿地性质和规模确定游憩、服务、管理建筑占用地面积比例，小型公园绿地不应大于3%，大型公园绿地宜为5%，动物园、植物园、游乐园可适当提高比例。

2）其他绿地内各类建筑占用地面积之和不得大于陆地总面积的2%。

（3）城市开放绿地的出入口、主要道路、主要建筑等应进行无障碍设计，并与城市道路无障碍设施连接。

（4）城市绿地中涉及游人安全处必须设置相应警示标识。

（5）城市开放绿地应按游人行为规律和分布密度，设置座椅、废物箱和照明等服务设施。

（6）城市绿地设计应积极选用环保材料，宜采取节能措施，充分利用太阳能、风能以及中水等资源。

（7）城市开放绿地内，水体岸边2m范围内的水深不得大于0.7m；当达不到此要求时，必须设置安全防护设施。

（8）种植设计应优先选择符合当地自然条件的适生植物。

（9）城市绿地的停车场宜配植庇荫乔木、绿化隔离带，并铺设植草地坪。

（10）儿童游乐区严禁配置有毒、有刺等易对儿童造成伤害的植物。

（11）城市绿地内道路设计应以绿地总体设计为依据，按游览、观景、交通、集散等需求，与山水、树木、建筑物、构筑物及相关设施相结合，设置主路、支路、小路和广场，形成完整的道路系统。西溪湿地建筑照片如图6.7-1所示。

（12）城市绿地应设2个或2个以上出入口，出入口的选址应符合城市规划及绿地总体布局要求，出入口应与主路相通。出入口旁应设置集散广场和停车场。

（13）绿地的主路应构成环道，并可通行机动车。主路宽度不应小于3.00m。通行消防车的主路宽度不应小于3.50m，小路宽度不应小于0.80m。

（14）绿地内道路应随地形曲直、起伏。主路纵坡不宜大于8%，山地主路纵坡不应大于12%。支路、小路纵坡不宜大于18%。当纵坡超过18%时，应设台阶，台阶级数不应少于

图 6.7-1 西溪湿地公园建筑

2 级。

（15）依山或傍水且对游人存在安全隐患的道路，应设置安全防护栏杆，栏杆高度必须大于 1.05m。

（16）人行桥梁，桥面活荷载应按 3.5kN/m² 计算，桥头设置车障。

（17）不设护栏的桥梁、亲水平台等临水岸边必须设置宽 2.00m 以上的水下安全区，其水深不得超过 0.70m。汀步两侧水深不得超过 0.50m。

（18）动物笼舍、温室等特种园林建筑设计，必须满足动物和植物的生态习性要求，同时还应满足游人观赏视觉和人身安全要求，并满足管理人员人身安全及操作方便的要求。

（19）城市绿地不宜设置围墙，可因地制宜选择沟渠、绿墙、花篱或栏杆等替代围墙。必须设置围墙的城市绿地宜采用透空花墙或围栏，其高度宜在 0.80～2.20m。

（20）城市开放绿地内厕所的服务半径不应超过 250m。节假日厕位不足时，可设活动厕所补充。厕所位置应便于游人寻找，厕所的外形应与环境相协调，不应破坏景观。

（21）城市开放绿地应按游人流量、观景、避风向阳、庇荫、遮雨等因素合理设置园椅或座凳，其数量可根据游人量调整，宜为 20～50 个/hm²。

（22）城市绿地内应设置废物箱分类收集垃圾，在主路上每 100m 应设 1 个以上，游人集中处适当增加。

（23）绿化灌溉给水管网从地面算起最小服务水压应为 0.10MPa，当绿地内有堆山和地势较高处需供水，或所选用的灌溉喷头和洒水栓有特定压力要求时，其最小服务水压应按实际要求计算。

（24）绿地景观照明及灯光造景应考虑生态和环保要求，避免光污染影响，室外灯具上射逸出光不应大于总输出光通量的 25%。

（25）城市绿地用电应为三级负荷，绿地中游人较多的交通广场的用电应为二级负荷；低压配电宜采用放射式和树干式相结合的系统，供电半径不宜超过 0.3km。

6.7.2 《城市湿地公园设计导则》（建办城〔2017〕63 号）

（1）应落实城市总体规划和城市控制性详细规划等相关规划要求，满足城市湿地资源保护规划、海绵城市建设规划等专项规划要求，具备湿地生态功能与公园建设条件。公园规模与湿地所占比例见表 6.7-3。

公 园 规 模	小 型	中 型	大 型
公园面积/hm²	≤50	50～200（不含）	≥200
湿地所占比例/%	≥50	≥50	≥50

（2）湿地公园陆地面积应分别计算绿化用地、建筑占地、园路及铺装用地面积及比例，并符合表 6.7－4 的规定。

表 6.7－4　　　　　城市湿地公园用地比例（以面积小于 **50hm²** 的湿地公园为例）

陆地面积/hm²	用 地 类 型	占比/%
≤50	绿化	>80
	管理建筑	<0.5
	游憩建筑和服务建筑	<1
	园路及铺装场地	5～10

注　园内所有建筑占地总面积应小于公园面积的 2%。除确有需要的观景塔以外，所有建筑总高应控制在 10m 以内，3 层以下。

（3）绿化用地占全园陆地面积比例不低于 80%，所选用的绿化树种中乡土植物品种一般不少于 70%。

（4）除公园主要出入口及必要的交通设施、管理服务设施用地外，公园与周边城市用地之间应至少保持不小于 20m 宽的绿化隔离带，隔离带内可适当设置城市雨洪管理及再利用设施。

（5）应按照总体定位和功能分区，在生态环境敏感性评价基础上，进行合理的交通组织和系统设计，避免对环境的影响，同时满足游人体验需求。道路可采用分级设计：一级园路应便捷连接各景区，考虑管理及应急车辆通行要求，宽度宜在 4～7m；二级园路应能连接不同景点，考虑人行与自行车交通和适当的应急机动车交通，宽度宜在 2～4m；三级园路主要考虑步行交通，宽度宜在 0.9～2m。不同区域的道路密度及宽度应符合表 6.7－5 要求。

表 6.7－5　　　　　　城市湿地公园道路设计要求（以综合管理与服务区为例）

分 区		综合管理与服务区
路网密度/(m/hm²)		150～380
道路宽度/m	小型	1.2～5
	中型	1.2～6
	大型	1.2～7
铺装材料		可透水性铺装面积不小于 60%

注　表中不同分区道路宽度的规定根据公园面积大小分为小型、中型、大型三个等级。

（6）服务设施内容见表 6.7－6。湿地公园栈道如图 6.7－2 所示，湿地公园指示牌如图 6.7－3 所示。

表 6.7-6　　　　　　　　　　　　各区服务设施设置

设施类型	基本项目	综合服务与管理区
管理服务设施	游客服务中心	●
	管理中心	●
	应急避险设施	○
	雨洪控制与利用设施	●
游憩服务设施	休憩平台	●
	活动场地	●
	健身场地	○
	亭、廊、花架、厅、榭	●
	座椅	●
	农耕渔业体验设施	○
	儿童娱乐设施	○
	游船码头	○
	野营点	○
配套服务设施	餐饮建筑	○
	售卖建筑	○
	自行车租赁点	○
科普宣教设施	展览馆（或科教馆）	○
	科普长廊	●
	指示牌及宣传栏	●
	观鸟屋	○
	野外宣教基地	○
	科研观测站	○
	科学实验室	○
安全保障设施	安全防护设施	●
	监控设施	●
	无障碍设施	●
	治安消防点	●
	医疗急救点	●
环境卫生设施	厕所	●
	垃圾无害化处理设施	●
交通设施	公共停车场	●
	自行车停车场	●
	环保电瓶车换乘站	○

注　"●"代表必须设置；"○"代表可以设置。

1. 安全防护设施主要指必要的隔离带、护栏、警示牌、禁入标志、水上救生设施等，应符合《公园设计规范》
（GB 51192—2016）的要求。凡游人活动范围边缘临空高差大于 1.0m 处，均应设置高度不小于 1.05m 的
护栏，桥及木栈道周边 2m 范围内水深超过 70cm 的也需设置高度不小于 1.05m 的护栏及安全警示标志。
2. 无障碍设施应符合《无障碍设计规范》（GB 50763—2012）的规定。
3. 厕所设置间隔宜为 500～1000m，大型城市湿地公园可间隔 2000m。垃圾箱宜间隔 100～200m，并应设置垃
圾分类标志。
4. 科普教育设施应结合场地特色，考虑游人心理，做到信息传达准确、清晰、富有吸引力、便于更新。解说
标志牌宜采用中英文对照，动、植物名称应注明拉丁文；公共设施标志应采用国际通用的标识符号。

图 6.7-2　湿地公园栈道

图 6.7-3　湿地公园指示牌

6.7.3　《公园设计规范》（GB 51192—2016）

（1）公园的用地范围和类型应以城乡总体规划、绿地系统规划等上位规划为依据。

（2）公园设计应正确处理公园建设与城市建设之间、公园的近期建设与持续发展之间的关系。

（3）公园设计应注重与周边城市风貌和功能相协调，并应注重地域文化和地域景观特色的保护与发展。

（4）沿城市主、次干道的公园主要出入口的位置和规模，应与城市交通和游人走向、流量相适应。

（5）沿城市主、次干道的公园主要出入口的位置和规模，应与城市交通和游人走向、流量相适应。

（6）专类公园应有特定的主题内容，应根据其主题内容设置相应的游憩及科普设施。

（7）公园用地比例应以公园陆地面积为基数进行计算，并应符合表 6.7-7 的规定。

表 6.7-7　　　　　　　　　　　　公　园　用　地　比　例

陆地面积 A_1 /hm²	绿化 /%	管理建筑 /%	游憩建筑和服务建筑 /%	园路及铺装场地 /%
$A_1 < 2$	>65	<1.0	<5.0	15～25
$2 \leqslant A_1 < 5$	>65	<1.0	<5.0	10～25
$5 \leqslant A_1 < 10$	>65	<1.0	<4.0	10～25
$10 \leqslant A_1 < 20$	>70	<0.5	<3.5	10～20

陆地面积 A_1 /hm²	绿化 /%	管理建筑 /%	游憩建筑和服务建筑 /%	园路及铺装场地 /%
$20 \leqslant A_1 < 50$	>70	<0.5	<2.5	10～20
$50 \leqslant A_1 < 100$	>75	<0.5	<1.5	8～18
$100 \leqslant A_1 < 300$	>75	<0.5	<1.5	5～15
$A_1 \geqslant 300$	>80	<0.5	<1.0	5～15

（8）公园设计应确定游人容量，作为计算各种设施的规模、数量以及进行公园管理的依据。

（9）公园游人容量应按下式计算：

$$C = A_1/A_{m1} + C_1 \tag{6.7-1}$$

式中：C 为公园游人容量，人；A_1 为公园陆地面积，m²；A_{m1} 为人均占有公园陆地面积，m²/人；C_1 为公园开展水上活动的水域游人容量，人。

人均占有公园陆地面积指标应符合表 6.7-8 规定的数值。

表 6.7-8　　　　　公园游人人均占有公园陆地面积指标　　　　　单位：m²/人

公园类型	人均占有陆地面积	公园类型	人均占有陆地面积
综合公园	30～60	社区公园	20～30
专类公园	20～30	游园	30～60

注　人均占有公园陆地面积指标的上下限应根据公园区位、周边地区人口密度等实际情况而确定。

（10）公园设施项目的设置，应符合表 6.7-9 的规定。

表 6.7-9　　　　公园设施项目的设置（以陆地面积为 10～20hm² 的公园为例）

设施类型	设施项目	陆地面积 A_1/hm² $10 \leqslant A_1 < 20$
游憩设施	棚架	●
	休息座椅	●
	活动场	●
	亭、廊、厅、榭	●
服务设施	停车场	●
	自行车存放处	●
	标识	●
	垃圾箱	●
	饮水器	○
	园灯	●
	公用电话	○
	宣传栏	○

尾水人工湿地设计与实践

设施类型	设施项目	陆地面积 A_1/hm^2
		$10 \leqslant A_1 < 20$
管理设施	围墙、围栏	○
	垃圾中转站	○
	绿色垃圾处理站	○
	变配电所	○
	泵房	○
	生产温室、荫棚	○
	管理办公用房	○
	应急避险设施	○
	雨水控制利用设施	●

注 "●"表示应设;"○"表示可设。

本书中介绍的项目和传统公园并不完全一致,在此只参考了部分公园设施项目的指标。

(11) 游人使用的厕所应符合下列规定:

1) 面积大于或等于 $10hm^2$ 的公园,应按游人容量的 2% 设置厕所厕位(包括小便斗位数),小于 $10hm^2$ 者按游人容量的 1.5% 设置;男女厕位比例宜为 $1:1.5$。

2) 服务半径不宜超过 250m,即间距 500m。

3) 各厕所内的厕位数应与公园内的游人分布密度相适应。

4) 在儿童游戏场附近,应设置方便儿童使用的厕所。

5) 公园应设无障碍厕所。无障碍厕位或无障碍专用厕所的设计应符合现行国家标准《无障碍设计规范》(GB 50763—2012)的相关规定。

(12) 休息座椅的设置应符合以下规定:

1) 容纳量应按游人容量的 $20\%\sim30\%$ 设置。

2) 应考虑游人需求合理分布。

3) 休息座椅旁应设置轮椅停留位置,其数量不应小于休息座椅的 10%。

(13) 垃圾箱设置应符合下列规定:

1) 垃圾箱的设置应与游人分布密度相适应,并应设计在人流集中场地的边缘、主要人行道路边缘及公用休息座椅附近。

2) 公园陆地面积小于 $100hm^2$ 时,垃圾箱设置间隔距离宜为 $50\sim100m$;公园陆地面积大于 $100hm^2$ 时,垃圾箱设置间隔距离宜为 $100\sim200m$。

3) 垃圾箱宜采用有明确标识的分类垃圾箱。

(14) 公园配建地面停车位指标可符合表 6.7-10 的规定。

(15) 公园内的用火场所应设置消防设施,建筑物的消防设施应依据建筑规模进行设置。

(16) 标识系统的设置应符合下列规定:

1) 应根据公园的内容和环境特点确定标识的类型和数量。

尾水人工湿地设计与实践

表 6.7 - 10　　　　　　　　　　公园配建地面停车位指标

陆地面积 A_1/hm^2	停车位指标/（个/hm²）	
	机动车	自行车
$A_1 < 10$	≤2	≤50
$10 \leqslant A_1 < 50$	≤5	≤50
$50 \leqslant A_1 < 100$	≤8	≤50
$A_1 \geqslant 100$	≤12	≤50

注　不含地下停车位，表中停车位为小客车计算的标准停车位。

2）在公园的主要出入口，应设置公园平面示意图及信息板。

3）在公园内道路主要出入口和多个道路交叉处，应设置道路导向标志；如公园内道路长距离无路口或交叉口，宜沿路设置位置标志和导向标志，最大间距不宜大于150m。

4）在公园主要景点、游客服务中心和各类公共设施周边，宜设置位置标志。

5）景点附近可设科普或文化内容解说信息板。

6）在公园内无障碍设施周边，应设置无障碍标识。

7）可能对人身安全造成影响的区域，应设置醒目的安全警示标志。

湿地公园大门和湿地观鸟塔如图6.7-4、图6.7-5所示。

图 6.7 - 4　湿地公园大门

图 6.7 - 5　湿地观鸟塔

（17）公园用地不应存在污染隐患。在可能存在污染的基址上建设公园时，应根据环境影响评估结果，采取安全、适宜的消除污染技术措施。

（18）停车场的布置应符合下列规定：

1）机动车停车场的出入口应有良好的视野，位置应设于公园出入口附近，但不应占用出入口内外游人集散广场。

2）地下停车场应在地上建筑及出入口广场用地范围下设置。

3）机动车停车场的出入口距离人行过街天桥、地道和桥梁、隧道引道应大于50m，距离交叉路口应大于80m。

4）机动车停车场的停车位少于50个时，可设一个出入

尾水人工湿地设计与实践

口，其宽度宜采用双车道；50～300 个时，出入口不应少于 2 个；大于 300 个时，出口和入口应分开设置，两个出入口之间的距离应大于 20m。

5）停车场在满足停车要求的条件下，应种植乔木或采取立体绿化的方式，遮阴面积不宜小于停车场面积的 30%。

（19）园路的路网密度宜为 15～380m/hm²。

（20）园路布局应符合下列规定：

1）主要园路应具有引导游览和方便游人集散的功能。

2）通行养护管理机械或消防车的园路宽度应与机具、车辆相适应。

3）供消防车取水的天然水源和消防水池周边应设置消防车道。

4）生产管理专用路宜与主要游览路分别设置。

（21）全园的植物组群类型及分布，应根据当地的气候状况、园外的环境特征、园内的立地条件，结合景观构想、功能要求和当地居民游赏习惯等确定。

（22）植物组群应丰富类型，增加植物多样性，并具备生态稳定性。

（23）公园内连续植被面积大于 100hm² 时，应对防火安全作出设计。

（24）园路宽度应根据通行要求确定，并应符合表 6.7-11 的规定。

表 6.7-11　　　　　　　　　　　园　路　宽　度　　　　　　　　　　　单位：m

园路级别	公园总面积 A			
	A<2hm²	2hm²≤A<10hm²	10hm²≤A<50hm²	A>50hm²
主路	2.0～4.0	2.5～4.5	4.0～5.0	4.0～7.0
次路	—	—	3.0～4.0	3.0～4.0
支路	1.2～2.0	2.0～2.5	2.0～3.0	2.0～3.0
小路	0.9～1.2	0.9～2.0	1.2～2.0	1.2～2.0

（25）植物配置应注重植物景观和空间的塑造，并应符合下列规定：

1）植物组群的营造宜采用常绿树种与落叶树种搭配，速生树种与慢生树种相结合，以发挥良好的生态效益，形成优美的景观效果。

2）孤植树、树丛或树群至少应有一处欣赏点，视距宜为观赏面宽度的 1.5 倍或高度的 2 倍。

3）树林的林缘线观赏视距宜为林高的 2 倍以上。

4）树林林缘与草地的交接地段，宜配植孤植树、树丛等。

5）草坪的面积及轮廓形状，应考虑观赏角度和视距要求。

（26）游憩场地宜选用冠形优美、形体高大的乔木进行遮阴。

（27）游人通行及活动范围内的树木，其枝下净空应大于 2.2m。

（28）园路两侧的种植应符合下列规定：

1）乔木种植点距路缘应大于 0.75m。

2）植物不应遮挡路旁标识。

尾水人工湿地设计与实践

3）通行机动车辆的园路，两侧的植物应符合下列规定：

a. 车辆通行范围内不应有低于 4.0m 高度的枝条。

b. 车道的弯道内侧及交叉口视距三角形范围内，不应种植高于车道中线处路面标高 1.2m 的植物，弯道外侧宜加密种植以引导视线。

c. 交叉路口处应保证行车视线通透，并对视线起引导作用。

（29）滨水植物种植区应避开进、出水口。

（30）应根据水生植物生长特性对水下种植槽与常水位的距离提出具体要求。

7 防渗设计与施工

7.1 防渗设计

7.1.1 防渗的必要性

对于市政污水处理工程，由于我国《地下水质量标准》（GB/T 14848—2017）中各项水质指标要求远高于《地表水环境质量标准》（GB 3838—2002）的 V 类标准及《城镇污水处理厂污染物排放标准》（GB 18918—2002）的一级 A 标准和一级 B 标准，为避免污染地下水，需要采取相应防渗措施。

《地下水质量标准》（GB/T 14848—2017）依据我国地下水水质现状、人体健康基准值及地下水质量保护目标，并参照了生活饮用水、工业、农业用水水质最高要求，将地下水质量划分为五类：

Ⅰ类，地下水化学组分含量低，适用于各种用途。

Ⅱ类，地下水化学组分含量较低，适用于各种用途。

Ⅲ类，地下水化学组分含量中等，以《生活饮用水卫生标准》（GB 5749—2006）为依据，主要适用于集中式生活饮用水水源及工、农业用水。

Ⅳ类，地下水化学组分含量较高，以农业和工业用水质量要求以及一定水平的人体健康风险为依据，适用于农业和部分工业用水，适当处理后可作生活饮用水。

Ⅴ类，地下水化学组分含量高，不宜作为生活饮用水水源，其他用水可根据使用目的选用。

《地下水质量标准》《地表水环境质量标准》及《城镇污水处理厂污染物排放标准》水质指标对比情况见表 7.1-1。

表 7.1-1　《地下水质量标准》《地表水环境质量标准》及《城镇污水处理厂污染物排放标准》水质指标对比

序号	项　目	《地下水质量标准》					《地表水环境质量标准》	《城镇污水处理厂污染物排放标准》	
		Ⅰ类	Ⅱ类	Ⅲ类	Ⅳ类	Ⅴ类	Ⅴ类	一级 A	一级 B
1	色度	≤5	≤5	≤15	≤25	>25	—	30	30
2	pH 值	6.5～8.5			5.5～6.5, 8.5～9	<5.5, >9	6～9	6～9	

序号	项 目	《地下水质量标准》					《地表水环境质量标准》	《城镇污水处理厂污染物排放标准》	
		Ⅰ类	Ⅱ类	Ⅲ类	Ⅳ类	Ⅴ类	Ⅴ类	一级A	一级B
3	挥发性酚类（以苯计）/(mg/L)	≤0.001	≤0.001	≤0.002	≤0.01	>0.01	0.1	—	—
4	高锰酸盐指数/(mg/L)	≤1.0	≤2.0	≤3.0	≤10	>10	15	—	—
5	氨氮（NH₃-N）/(mg/L)	≤0.02	≤0.1	≤0.5	≤1.5	1.5	2.0	5	8
6	总大肠菌群/(个/L)	≤3.0	≤3.0	≤3.0	≤100	>100	40000	1000	10000

7.1.2 防渗措施

人工湿地防渗系统应选用可靠的防渗材料和相应的保护层，应考虑当地水文地质条件对防渗系统的长期影响，人工湿地防渗主要采用三种类型的材料。

7.1.2.1 塑料薄膜类

塑料薄膜防渗材料主要包括：聚乙烯（PE）、聚氯乙烯（PVC）、高密度聚乙烯（HDPE）、低密度聚乙烯（LDPE）、线性低密度聚乙烯（LLDPE）、交联聚乙烯等。用于防渗的薄膜主要有聚乙烯薄膜、高密度聚乙烯薄膜、低密度聚乙烯薄膜和线性低密度聚乙烯薄膜，但以高密度聚乙烯的使用居多。薄膜厚度一般大于1.0mm，两边衬垫土工布。要求薄膜有较好的弹性和塑性，具有抗刺穿、抗紫外线、较好的化学稳定性和热稳定性。复合土工膜由长丝土工布或短纤土工布与土工膜复合而成，分为一布一膜和两布一膜。复合土工膜用土工织物代替颗粒材料作保护层，以保护土工膜防渗层不受损坏，降低垫层粒径的级配要求，并能起到平面排水等作用。复合土工膜摩擦系数大，能防止滑移，可使坡比增大。复合土工膜的抗拉、撕裂、顶破、穿刺等力学强度较高，有一定的变形量，对底部垫层的凹凸缺陷产生的应力传递分散较快，应变能力较强，复合土工膜与土体接触面上的孔隙压力易于消散。复合土工膜有一定的保温作用，减少了土体冻胀对土工膜的破坏，从而减少土体变形。复合土工膜有优异的抗老化性能，减少了工程的维护保养费用，同时施工简便，运输量少，工程造价低，工期短。

高密度聚乙烯（HDPE）土工膜，主要成分为高密度聚乙烯，含有少量的炭黑、抗老化剂、抗氧剂、紫外线吸收剂、稳定剂等辅料。材料的特点有：①防渗系数高，具有较高的抗拉伸机械性，弹性和变形能力优良，适用于膨胀或收缩基面，可有效克服基面的不均匀沉降，化学稳定性好，被广泛用于各种场地的防渗；②耐高低温，耐沥青、油及焦油，耐酸、碱、盐等80多种强酸强碱化学介质腐蚀；③抗老化、抗紫外线、抗分解能力；④可裸露使用，材料使用寿命达 50～70 年；⑤可以抵抗大部分植物根系的刺穿；⑥机械强度高；⑦成本低，效益较高。

线性低密度聚乙烯（LLDPE）土工膜在材料上因为不存在长支链，增强了抗拉伸、抗穿透、抗冲击和抗撕裂的性能。

塑料薄膜防渗虽然应用广泛，但其防渗的优势与局限性目前争议很多。圆明园防渗风波就是针对薄膜防渗可能会产生的生态问题而引发的。土工合成材料作为防渗层会隔断原生土壤层之间的关系，破坏原有的生态结构，可能带来一些潜在的生态问题。此外，土工合成材料不易降解，容易产生二次污染。

7.1.2.2 水泥和混凝土

水泥、混凝土作为防渗材料面临着与聚乙烯类似的问题，那就是隔断原生土层之间的联系，破坏原有生态结构，同时施工繁琐，造价高。

7.1.2.3 其他无机材料和黏土

用于人工湿地防渗的无机材料主要有黏土和膨润土，其中单纯使用黏土层防渗在湿地工程中有应用，但是施工繁琐，效果不好控制。同时黏土的渗透系数较大，难以达到 10^{-6} cm/s 的水平。膨润土作为一种新型防渗材料已经得到广泛应用，其主要在两层土工布间缝合膨润土，利用膨润土吸水后材料的膨胀特性起到防渗作用。

7.2 防渗施工

本节以某湿地工程为例，介绍防渗层施工工序与工艺方法。

7.2.1 地基处理

7.2.1.1 池塘地基处理

池塘地基一般有两种处理方案。

1. 清淤回填

采用清淤后回填原土、分层压实的方法，清淤采用挖掘机，再用泥浆车外运至弃土场地，回填采用工程范围内构筑物的基坑开挖土方。方案存在以下几方面的问题：

（1）施工工序多，包括清淤排水、施工便道、清淤、淤泥外运、回填土方运输、摊铺、碾压、压实度检测等，施工周期长，受雨天的影响大。

（2）由于池塘清淤后高程低于地下水位较大，加上池塘临近附近江河，地下水补给流速快，池塘内水很难排除干净，土方回填的施工与检测难度大，不利于保证工程质量。

（3）缺少土质好、含水量适度的土方来源。淤泥外运需要通过车辆运输，运输过程中对周围道路、居民的影响大，对施工组织、车辆导行、道路清理、环境保护的要求高，同时，附近缺少合适的弃土场地。

2. 抛石挤淤

施工程序为：修筑施工便道→挖沟排水→向便道两侧外围抛大块石→向前方继续填筑便

道→再向外围抛大块石→循环施工直至全部抛石完成。该方案具有以下特点：

（1）可以在修筑现场至池塘的便道后，直接抛石挤淤，一次性抛石至淤泥顶面以上。

（2）抛石挤淤施工方便快捷，速度快、工期短，基本不受雨天的影响，可以组织连续不间断的施工。

（3）相同的工程量，抛石挤淤方案可以缩短工期70%以上，原先一个月的工期可以在一个星期左右完成。

综上比较，选择抛石挤淤方案。

7.2.1.2 其余场地地基处理

由于场地土层具有高压缩性，因此，对场地其他区域采用强夯法进行基础处理。强夯作业前，除对作业场地进行推平外，预计全场强夯作业时场地高程整体下沉30～60cm，强夯前场地高程控制在高于设计高程30cm左右。

强夯工艺设计采用普通强夯，工艺流程为点夯两遍，满夯一遍。夯点设计为梅花形，每夯点单击不小于6击，采用夯击能不小于3000kN·m进行点击，夯点间距5m×5m，每四个夯点之间插一个梅花点夯点。夯锤收锤标准为最后二击夯沉量差控制在(6±1)cm，按5m×5m间距施工。第一遍点夯全部完成后，在第一遍夯点隔排按5m×5m布置第二遍点夯夯点，并按第一遍点夯设计进行第二遍点夯施工，两遍点夯之间间隔时间不低于10天。

每完成一定量点夯后，施工方应及时就天气状况通知将夯坑推平，防止夯坑积水，夯坑推平所需的土方宜采用场地原土，夯坑填实后对其他夯点按上述参数夯击。夯坑填实后满夯一遍一击，夯点彼此搭接夯锤1/4左右连续夯击；满夯夯能大于等于1000kN·m，对强夯后地基主控目标地基承载力进行检测。强夯地基质量检验标准见表7.2-1。

表7.2-1　　　　　　　　　　　强夯地基质量检验标准

项目	检查项目	允许偏差或允许值		检查方法
		单位	数值	
主控项目	地基承载力［易塌方区（深填方边缘区）除外］	kPa	≥120	静力载荷
一般项目	夯锤落距	mm	±300	钢索设标志
	锤重	kg	±100	称重
	夯击遍数及顺序	按设计要求确定		计数法
	夯点间距	mm	±500	用钢尺量
	夯击范围内（超过基础范围距离）	设计要求		用钢尺量
	前后两遍间歇时间	d	>10	

7.2.2　防渗膜铺设

1. 工艺流程

工艺流程为铺土工布—运膜—展膜—裁膜—试铺土工膜—试焊土工膜—焊件检验—焊接土工膜—取样检验—锚固—检查验收—铺土工布。

尾水人工湿地设计与实践

2. 基底准备

基面应干燥（含水率应控制在15％以下）、密实（密实均匀，压实系数≥0.95），并按图纸设计放坡。

表面平整、无泥泞、无洼陷、坡度均匀一致，铺膜内的平直度应平缓变化，阴阳角处圆滑。应在基底平实后铺设100mm砂垫层，砂垫层必须平整密实。

3. 材料准备

设计采用厚度为1.0mm的HDPE复合土工膜，土工膜底下铺设600g/m²土工布，土工膜上铺设200g/m²土工布保护层，HDPE复合土工膜质量必须符合《聚乙烯（PE）土工膜防渗工程技术规范》（SL/T 231—98）标准，保护土工布应满足《土工合成材料长丝纺粘针刺非织造土工布》（GB/T 17639—2008）标准。

4. 土工膜铺设

根据设计要求，该工程垂直潜流和水平潜流人工湿地底部在100mm厚砂垫层上铺设600g/m²土工布，再铺设HDPE复合土工膜，在土工膜上再铺设200g/m²土工布保护层，土工布铺设应平整，并与砂垫层紧密贴切。

5. 土工膜保护层铺设

（1）在复合土工膜铺设及焊接试验合格后，应及时铺设保护层，保护层的铺设速度应与铺膜的速度相匹配，保护层铺设过程中不得破坏已铺设完工的复合土工膜。

（2）保护层施工工作面不宜上重型机械和车辆，宜铺放木板用手推车，搬运土方材料，推平后人工压实。

（3）坡面上复合土工膜的铺设，接缝排列方向应平行或垂直最大坡度线且应按由上而下的顺序铺设。

（4）复合土工膜应自然松弛与支持层贴实，不宜折皱悬空。

（5）按需要尺寸裁剪拼接，两幅连接处要平整无褶皱。

（6）复合土工膜应边铺边压，以防止风吹起。未覆盖保护层前应在膜的边角处每隔2～5m放一个20～40kg重的沙袋。

（7）为保证施工方便和拼接质量，复合土工膜应尽量采用宽幅，减少现场拼接量。

（8）铺设土工膜时应在室外气温5℃以上，风力4级以下无雨雪天气时铺设。若遇雨雪天气，应停止施工且对已铺的复合土工膜用彩条布或塑料布遮盖。

（9）铺设过程中应随时检查膜的外观有无破损、麻点、孔眼等缺陷。

（10）发现膜后有缺陷或损伤，应及时用新鲜母材修补。补疤每边应超过破损部位10～20cm。

6. 复合土工膜的焊接

（1）采用双缝焊接。

（2）焊接前用干净的纱布或棉布擦拭或用吹风机吹焊缝搭接处，做到无水、无尘、无垢，土工膜平行对齐，适量搭接，宽度为10cm。

（3）焊接处复合土工膜应熔接为一个整体，不得出现虚焊、漏焊或超量焊。

（4）出现虚焊、漏焊时必须切开焊缝。使用焊接机对切开损伤部位用大于破损直径一倍以上的母材焊接。

（5）焊接双缝宽度宜采用10mm。

（6）横向接缝错位尺寸不小于500mm。

（7）T形接头宜采用母材补痕，补痕尺寸为300mm×300mm。

复合土工膜的焊接如图7.2-1所示。

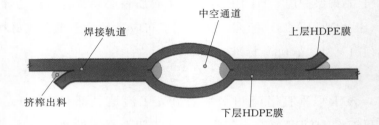

图7.2-1　复合土工膜的焊接

7.2.3　防渗膜检测

7.2.3.1　安装阶段

通过对防渗土工膜的渗漏位置探测结果表明，大量破损是施工造成的。各阶段土工膜破损比例统计如图7.2-2所示。

（a）土工膜安装阶段 ……24%

土工膜铺设安装阶段，各种条件下的破损情况如图7.2-3所示。

对铺设的HDPE土工膜外观、焊接质量、T形焊接、基底杂物等进行细致的检查，方法有以下两种：

（1）现场检漏法：双焊缝常采用充气法（充气长度30~60m）对焊缝进行检测。试验方法：将待测段两端封死，插入气针，充气至0.25MPa，静观5min后观察压力表，如气压下降小于20%，表明不漏。

（b）排水层/保护土层铺设施工阶段 ……73%

（2）破坏实验：现场按每1000m²取一组进行试验，其强度不低于母材的80%且试样断裂不得在拉缝处，否则拉缝质量不合格。

（c）后期运营阶段 ……2%

图7.2-2　各阶段土工膜破损比例统计

检测完毕，应立即对检测时所作的穿孔全部用挤压焊接法补堵，对检测发现不合格的部位应及时用新鲜的母材修补，并经再次检测合格。

7.2.3.2 排水层铺设阶段防渗膜检测

在土工膜的排水层/保护土层铺设施工阶段，各种条件下的破损情况如图 7.2-4 所示。

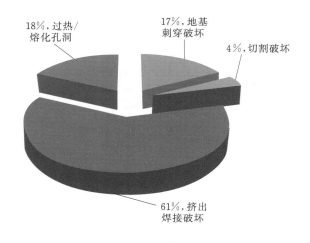

图 7.2-3　土工膜安装过程中破损成因统计

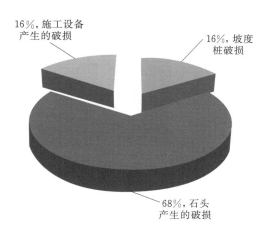

图 7.2-4　土工膜的排水层/保护土层铺设
施工阶段破损成因统计

因此在土工膜的铺设过程中需要对破损处进行检测，电学渗漏位置探测技术是目前防渗土工膜渗漏位置探测最可靠和最有效的方法。土工膜电学渗漏位置探测基本原理简单来说是在土工膜上施加电压，通过在电势场内移动探测设备探测有回路的位置，从而找到渗漏点。用于土工膜电学渗漏位置探测的主要方式有两种：双电极法和水枪法。双电极法用于土工膜上有砂石/泥土覆盖情况下的渗漏位置探测，水枪法适用于没有任何覆盖的裸露土工膜表面的渗漏位置探测。

1．双电极法土工膜渗漏位置探测

在双电极土工电学渗漏位置探测方法中，将不同电势施加到土工膜（泥土或水）上面及其下面。覆盖土工膜的泥土或水的电势场相对均匀。土工膜为一种极其有效的绝缘体，只能在存在孔洞时才能建立一种电流路径，导致电势场突变。通过分析电势数值，可以精确定位产生渗漏孔洞的位置，原理如图 7.2-5 所示。

双电极法土工膜渗漏位置探测，需要注意特殊的工况条件。如果探测区域外部泥土存在电接触，则需要进行必要的绝缘处理；砂砾石层覆盖的土工膜，需要将砂砾石打湿，保证其导电性；如果碰到下雨天，不建议进行探测。

双电极法适用于土工膜上覆盖有水、泥浆、砂、有机泥土以及砾石和黏土的情况。

2．水枪法土工膜渗漏位置探测

水枪法土工膜渗漏位置探测，可以对没有覆盖（防护泥土、土工织物等）的土工膜进行渗漏检测。在土工膜安装期间或在清洁之后特别适合于使用这种技术。水枪法土工膜渗漏位置探测是土工膜安装工程质量保证的一种重要工具，原理如图 7.2-6 所示。

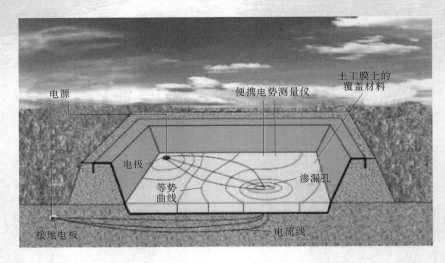

图 7.2-5 双电极法土工膜渗漏位置探测原理图

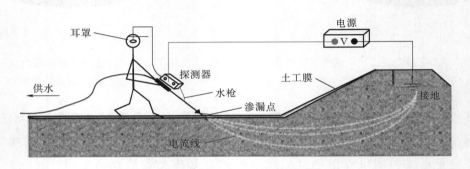

图 7.2-6 水枪法土工膜渗漏位置探测原理图

水枪法土工膜渗漏位置探测需要根据各种不同实际工况，采用不同的探测措施保证土工膜和基础层有良好的接触。传统的施工质量保证措施和电学渗漏位置探测技术的对比情况见表 7.2-2，长期渗漏监测和电学渗漏位置探测的对比情况见表 7.2-3。

表 7.2-2　　　　　　传统的施工质量保证程序和电学渗漏位置探测技术的对比

传统的施工质量保证程序（CQA）——聚焦于焊缝	电学渗漏位置探测（ELS）——施工完成后的整体渗漏检测
安装施工时，只有 5% 的衬垫测试； 很少的焊缝破坏性试验，粗略估计不足 2%；典型的焊缝破坏性试验是每 4 万 m² 50 次；100cm 的破坏焊缝试验需要 300～350cm 的挤出焊缝； 质量保证程序在土工膜安装完成时停止	电学渗漏位置探测，每 10000m² 的面积上，平均发现 15 个孔洞； 电学渗漏位置探测可以在排水层铺设后进行土工膜完整性的最有效检测方式，全面积的非损伤性渗漏破损检测； 低成本、高效率的防渗土工膜施工质量保证的有效手段

高达 97% 的土工膜缺陷是在施工过程中造成的，传统的施工质量保证体系很难也不可能控制土工膜的施工破坏。操作人员的粗心大意或者不按照科学的程序施工，都会造成土工膜的大量破损。在土工膜的排水层施工完成后，采用电学渗漏位置探测，是保证防渗工程品质的最有效手段。

表 7.2-3　　　　　　　　　　　长期渗漏监测和电学渗漏位置探测的对比

长期渗漏监测系统 ——运营过程中的监测	电学渗漏位置探测（ELS） ——施工完成后的整体渗漏检测
每隔3～5m需要埋放一个电极，埋放的电极有可能破坏土工膜，不适合大面积的铺膜区； 在运营的过程中监测，发现渗漏，没有办法进行修补，渗漏依然存在； 线缆或者电极故障和老化，无法进行维修和更换； 造价很高，每平方米造价超过100元，投资长期监测的费用，可以加铺两到三层土工膜	填埋场施工完成后即进行探测，不需要专门预埋电极； 电学渗漏位置探测可以在排水层铺设后进行，能够准确定位孔洞位置，定位偏差不超过30cm，孔洞修补后再运营，最大限度减少渗漏的发生； 土工膜完整性的最有效检测方法，全面积的非损伤性渗漏破损检测； 低成本、高效率的防渗土工膜施工质量保证的有效手段

　　某工程委托专业机构，对人工湿地砾石填料铺设后的防渗层进行了渗漏检测，共发现45处缺陷点（图7.2-7）。

　　从土工膜破损孔洞的大小、形状和状态分析，破损孔洞大部分主要是由于挖掘机机械施工所致，也有部分由于地基不平拉扯使膜破损。

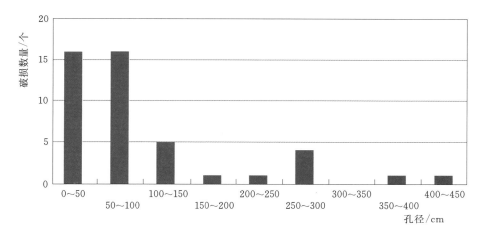

图 7.2-7　某工程电学渗漏检测孔洞孔径分布统计

8 填料设计与施工

8.1 填料设计

8.1.1 定义与功能

填料又称基质，是人工湿地系统中的重要组成部分，它不仅是植物生长、微生物附着的重要载体和污水通过湿地系统的重要通道，对污水中污染物的去除也具有重要作用。人为设计将不同粒径的填充材料按一定厚度铺成人工湿地床体，供植物生长、微生物附着，该体系具有过滤、沉淀、吸附和絮凝等作用，能将水体中的SS、N、P等营养物质有效去除，同时为植物、微生物生长以及O_2传输提供了必备条件。填料是微生物赖以生存的场所，是有机污染物转为无机无毒物质的枢纽，起着将污水转变成清水的作用，其组成直接关系到氮、磷的净化效率等因素。

填料在人工湿地中有五大功能：①为植物生长提供营养床体；②为微生物繁殖代谢提供场所；③为气体扩散提供通道；④为湿地系统的正常运行提供机械强度；⑤通过过滤、吸附、络合、沉淀、离子交换等作用去除水中污染物。不同类型的填料能够为植物、微生物提供不同的生存环境，对湿地的处理效率产生直接影响。

8.1.2 填料类型

不同填料为植物和微生物提供的生存环境不同，从而影响湿地系统的运行效果。人工湿地填料主要可分为三大类：天然材料、工业副产品、人造产品。天然材料主要有砂、石灰石、蛭石、沸石、蒙脱石、页岩、硅藻土、膨润土、贝壳、伊利石、高岭石、白云石、黏土、草炭、钙化海藻等；工业副产品主要有钢渣、粉煤灰、煤渣、炉渣、废砖块、三次化学污泥、硅灰石尾矿、油棕壳等；人造产品主要有活性炭、堆肥、硅酸钙水合物、陶粒、改良材料等。目前几种代表性填料的特点、优缺点以及去除污染物效果等情况见表8.1-1。

8.1.3 筛选原则

填料的选择主要考虑了以下几个原则：①具有一定的比表面积，孔隙率高；②生态安全，有利于微生物生长，化学性质稳定；③质量轻、松散、容重小，有足够的机械强度；④水头损失小，吸附能力较强，形状系数好；⑤容易获取的本地材料，有利于加快工程进度、降低工程造价；⑥针对尾水深度处理氮磷去除要求高的特点，可适当添加功能性填料。

填料粒径的大小与分布对潜流湿地单元的空隙体积和水流方式具有决定性作用。根据《人

尾水人工湿地设计与实践

填料类型		特　征	优　点	劣　势	图　片
天然材料	石灰石	主要成分是碳酸钙、钙镁碳酸盐或碳酸钙和碳酸镁的混合物，是自然界储量最大、应用最广的非金属矿物之一	价格低廉，来源广泛，机械强度高，除磷效果较好	不适宜微生物生长，除氮效果不稳定，吸附速率低	
	蛭石	主要成分是复杂的铁、镁含水硅酸盐类矿物，在高温作用下会发生膨胀，耐碱、隔热、抗菌、耐冻、耐磨、吸水、吸声、防火、防腐等性能优异	价格低廉，来源广泛，对各类污染物均有较好的吸附效果	通透性较差	
	沸石	主要由含水硅酸盐类矿物（二氧化硅）组成的，表面粗糙，孔径均匀，比表面积在 400～800m²/g。我国沸石资源储量丰富，总体开发利用水平不高	吸附能力强，价格低廉，对 COD 和氮素去除效果较好	对磷的去除效果随种类不同差异较大	
	蒙脱石	主要成分是铝氧八面体和硅氧四面体组成的黏土矿物，具有遇水膨胀性和良好的吸附性，应用于食用油脱色除毒、核废料处理、污水处理等方面，还具有药用价值	吸附能力强，吸附效果稳定，研究充分	价格较贵，不适合大规模应用	
	页岩	主要成分是由黏土沉积经压力和温度形成的岩石，混杂有石英、长石的碎屑以及其他化学物质，成分复杂，属于沉积岩，具有薄页状或薄片层状的节理，不透水	对磷的吸附能力较强	通透性较差	
	砾石	主要指平均粒径大于 1mm 的岩石或矿物碎屑物，由暴露在地表的岩石经过风化作用而成；或者由于岩石被水侵蚀破碎后，经河流冲刷沉积后产生	透水性好，结构稳定，应用广泛	易产生堵塞	
	火山岩	主要由天然火山石经过加工而成的粒状滤料，表现为接近圆颗粒，颜色为红黑褐色，多孔质轻，作为滤料广泛应用于市政污水、工业废水等水污染处理领域	比表面积大、开孔率高、化学性质稳定	部分有棱角的火山岩对植物根系的生长和蔓延不利	

尾水人工湿地设计与实践

填料类型		特　征	优　点	劣　势	图　片
天然材料	碎石	主要指天然石材经机械加工后形成规定粒径的建筑材料，棱角较为突出，主要应用于结构混凝土中，也可用作水处理的填料。 用它加工的混凝土稳定性好，强度要比砾石混凝土强度好，价格高	结构稳定，强度高，应用广泛	部分有棱角的碎石不利于植物生长	
工业副产品	钢渣	炼钢过程中排出的熔渣主要由钙、铁、硅、镁和少量铝、锰、磷等的氧化物组成，显碱性，粉磨后比表面积较大，可通过物理和化学吸附作用处理污水中的污染物	吸附能力强，效果稳定，除磷效果极好，价格低廉，来源广泛	碱性过强，不适合植物生长；易造成二次污染	
	粉煤灰	主要成分为二氧化硅、氧化铝、氧化亚铁、氧化铁、氧化钙和二氧化钛等组成，是煤粉经过高温燃烧后所形成的混合物，表面疏松多孔，是我国目前排放量最大的工业废渣之一	具有较强的物理吸附作用，对磷吸附容量很大，不易解吸	碱性过强，不适合植物生长	
	煤渣	火力发电厂、工业和民用锅炉等设备燃煤排出的废渣主要成分是二氧化硅、氧化铝、氧化钙、氧化铁等，工业固体废物的一种，含有较多的活性组分，结构疏松，比表面积大，广泛应用于印染废水、磷化生产线废水、乳化液的处理	价格低廉，来源广泛	吸附容量小，需经常更换；单一物理吸附，无矿化作用；易造成二次污染	
人造产品	活性炭	主要为含炭原料炭化和活化处理后得到的具有发达孔隙的结构产物，是一种常见的吸附剂，具有良好的吸附性能，原料充足且安全性高，耐酸碱、耐热性强，不溶于水和有机溶剂，且易再生	吸附容量大，吸附效果好	价格较贵，不适合大规模应用	
	陶粒	主要由黏土、页岩、煤矸石、粉煤灰等原料在高温窑中制备而成，通透性好，可以分为黏土陶粒、粉煤灰陶粒、页岩陶粒、垃圾陶粒、污泥陶粒等	吸附性能优良，化学成分稳定且对环境友好，易于再生，价格低廉	材料性质随原料和制造工艺不同而具有较大差异，使用前需要测定其效果	

工湿地污水处理技术导则》（RISN-TG 2006—2009）的规定，对于垂直潜流湿地，填料粒径一般选择8～16mm，对于水平潜流湿地，进水区应沿水流方向从大到小铺设填料，粒径宜为6～16mm，出水区应沿水流方向从小到大铺设填料，粒径宜为8～16mm。粒径较小的填料易发生堵塞等情况，粒径较大的填料可以有效防止堵塞的发生，但粒径过大会缩短水力停留时间，影响净化效果，所以需要在保证净化效果和防止堵塞之间选择一个最佳平衡点。在填料铺设过程中应力求铺设均匀，若掺杂进不同粒径的填料会降低湿地系统的孔隙率，进而影响水流分布，降低填料的渗透性能。潜流人工湿地填料层的初始孔隙率宜控制在35%～40%，厚度应大于植物根系所能达到的最深处。多层填料的垂直潜流人工湿地还应考虑不同粒径填料的配比问题。

8.2 填料施工

本节以某湿地工程为例，针对砾石填料的清洗、分选、铺设等主要环节，介绍填料施工工序与优化方法。

8.2.1 填料的清洗和分选

8.2.1.1 常规工艺调查

砾石作为水处理填料使用，与普通建筑砂石相比，品质要求更高。砾石一般来自于河道天然水流冲击后的河床，但由于采砂场纷纷关闭，要在预算范围内找到合格的供应商难度非常大，只有退而求其次，采用干河床、河岸带、废弃荒滩等含砾夹砂层的土进行分选，而这种砂场在"质"方面恰恰都存在问题，由于来料泥沙含量比较高，必须多次清洗才能确保洁净程度，同时需要按照设计要求进行分选，满足不同粒径要求。

一般来说，砾石从料源到工程现场，需要经过料场供料→料场生产（清洗分选）→转运到场→现场施工四个环节，其中，料场生产一般的工艺流程为：料堆→铲车→料斗→皮带输送机→振动筛或滚筒筛分离（同步喷洗或淋洗）→皮带输送机形成不同粒径料堆→铲车→成品外运，清洗产生的清洗水一般经过沉淀分离后上清液回用，沉砂通过链斗式输送机回收后做建筑材料。为此，分别从分选环节、清洗环节提出优化措施。

8.2.1.2 分选工艺改进

分选环节有滚筒筛、振动筛两种设备，进行生产性试验比对后发现：

（1）功率接近情况下振动筛筛分效果优于滚筒筛。

（2）设备尺寸及角度接近情况下振动筛停留时间长于滚筒筛。

（3）从不同料场的现场综合比较来看，振动筛优于滚筒筛。

8.2.1.3 清洗工艺改进

针对清洗环节，进行生产性试验并对清洗水进行了优化配置，相关措施包括以下内容：

（1）优化设备运行参数。在喷淋清洗强度一致的情况下，振动筛筛网的角度和振动频率对于出料含泥量有较大影响，通过试验，确定了最优的筛网角度和振动频率。

（2）优化清洗环节。在振动筛前，增加一根直喷管，并将喷头设计为鸭嘴形式，以冲散料源，提高分选效果；在振动筛分离后，砾石进入皮带机二次输送时，在皮带输送机起端增加穿孔配水管，对砾石进行二次清洗。同时，取消清洗水经二次沉淀后回用的工序。

（3）优化喷头形式。在常规工艺中，振动筛存在清洗水量不均匀的问题。因此，通过增加穿孔管道长度和管道开孔数量的方式来解决。

（4）加强泥水分离。清洗后砾石易携带泥水进入砾石料堆，对于粒径较小的砾石尤为显著，因此，在小料皮带机末端增加筛网来强化泥水分离效果。

8.2.1.4 砾石品质保证作业规程

为保证砾石品质，尤其是料场生产后到完成铺设各个环节，特制定了《砾石品质保证作业规程》。相关措施主要包括以下内容：

（1）清洗环节：应冲洗三次，冲洗水不得回用。

（2）出料环节：不同规格砾石应分开堆放，不得混合，不得与场地内其他砂石料一起堆放。

（3）监察环节：每堆料在装车前，必须由派驻现场的监察人员过目，确认洁净度、级配符合要求后方可装车，并按照本工程进度要求保证滤料供应。

（4）铲运环节：铲车铲料时铲斗应适当高于地面20cm，防止铲入底部较脏的砾石和堆料场的表层土；并应严格按照粒径区分，一车只能一个规格，不得铲入不同规格的砾石。

（5）运输环节：砾石装运车不得交叉使用，不得运输煤、普通建筑砂石等，必须专车专用，在装填滤料前对车辆进行清洗。

（6）卸料环节：运输车到工程现场后，必须确认卸料场地洁净，堆放场地应硬化，不同规格砾石分类堆放，不得混合。

清洗前原料如图8.2-1所示，常规清洗后砾石品质如图8.2-2所示，优化清洗后砾石品质如图8.2-3所示。

图8.2-1　清洗前原料　　　　　　　　　　图8.2-2　常规清洗后砾石品质

8.2.2 填料铺设

8.2.2.1 常规工艺调查

人工湿地的设备安装主要包括管道阀门安装、水泵安装、风机安装、土工膜铺设、砾石摊铺和植物种植等环节，其中填料的铺设是人工湿地施工过程中的关键环节，对施工的质量和进度具有决定性作用。砾石摊铺工期一般占人工湿地设备安装周期的 60% 以上，是影响设备安装效率

图 8.2-3 优化清洗后砾石品质

的主要原因。大型湿地工程填料铺设量大，级配多，而另一方面又工期紧，采用传统的人工摊铺不仅效率低，更无法满足施工进度要求，因此，必须采用机械化铺装，提高填料摊铺效率。

一般而言，填料铺设的作业流程为"卸料—机械二次搬运—机械三次搬运—人工摊铺"，其中垂直潜流湿地的每层滤料需要单独施工。

8.2.2.2 机械选型和工序组合

综合比选了挖掘机、起重机和装载机三种常用机械设备，并对三类主要的机械设备进行了生产性试验。

挖掘机（挖机）是用铲斗挖掘高于或低于承机面的物料，并装入运输车辆或卸至堆料场的土方机械。挖掘机挖掘的物料主要是土壤、煤、泥沙以及经过预松后的土壤和岩石。

起重机（吊机）是指在一定范围内垂直提升和水平搬运重物的多动作起重机械，属于物料搬运机械。起重机的工作特点是做间歇性运动，即在一个工作循环中取料、运移、卸载等动作的相应机构是交替工作的。

装载机（铲车）是一种广泛用于公路、铁路、建筑、水电、港口、矿山等建设工程的土石方施工机械，它主要用于铲装土壤、砂石、石灰、煤炭等散状物料，也可对矿石、硬土等作轻度铲挖作业，换装不同的辅助工作装置还可进行推土、起重和其他物料（如木材）的装卸作业。

三种机械优缺点汇总见表 8.2-1。

理论上机械组合的运输核定载重越大，机械成本越小，对工期和工程投资而言都是有利的，考虑到各机械的优缺点，确定最优工序为"装载车二次搬运＋挖掘机三次搬运＋人工平整"，为了避免对已经铺设的填料形成碾压，采用"固定运输通道＋铺设钢板＋小型挖机配合"的优化作业方法。

8.2.2.3 选择合适的填料堆放点

研究发现，二次搬运耗时率高，主要是因为砾石堆放点选择不当，造成二次搬运距离过长，降低了砾石摊铺效率，因此优化调整填料搬运路线及堆放点位置。应根据设计文件及现

场条件，结合工程现场的面积，对车辆进出道路进行调查，同时保证各人工湿地单元与就近的填料堆放地的距离都不超过500m，且运输方便，最终确定合适的堆放点。

表8.2-1　　　　　　　　　　三种机械优缺点汇总

机械种类	优　点	缺　点
挖掘机	（1）机动性能好； （2）可进行机械推平作业； （3）可四面作业	（1）核定载重相对较小； （2）行进速度低于装载机
起重机	（1）转弯半径小，起吊速度慢； （2）可四面作业，载重量大，还可吊重慢速行走； （3）稳定性能较好	（1）机动性比汽车式差，不便经常作长距离行走； （2）行驶速度慢，对路面要求较高； （3）物料上下需另配人工辅助
装载机	（1）作业速度快； （2）工作效率高； （3）机动性好，操作轻便	（1）铲斗动臂长度短，不能进行远距离卸料倾倒； （2）不能进行四面作业，需配合机械行进作业

8.3　特殊填料的应用

沸石作为一种特殊的填料，具有强化脱氮的功能，常应用在人工湿地中。本节将对沸石的特性进行分析，并介绍沸石在工程应用中的情况。

8.3.1　应用与分类

沸石是沸石族矿物的总称，主要由火山熔岩或火山碎屑岩水解脱玻化而成，常见于喷出岩，特别是玄武岩的孔隙中，亦见于沉积岩、变质岩以及热液矿床和某些近代温泉沉积中。自1756年瑞典矿物学家克朗斯提（Cronstedt）发现有一类天然硅铝酸盐矿石在灼烧时会产生沸腾现象，因此命名为"沸石"。沸石矿床的矿石主要是沸石，有时多种类型沸石伴生，其他伴生矿物还有蒙脱石、伊利石、石英等。

目前世界上已发现的天然沸石矿物种类已超过40种，主要有方沸石、浊沸石、钙十字沸石、钠沸石、丝光沸石、片沸石、斜发沸石、菱沸石、八面沸石等（图8.3-1）。沸石除了天然产品外，也可由人工合成。

我国有极为丰富的沸石资源，浙江省缙云县的沸石矿床是我国于1972年首次发现并具有工业价值的矿床，分布在缙云县老虎头、天井山等地，随后全国21个省（自治区、直辖市）陆续发现了140多个沸石矿床。浙江省缙云县的沸石矿以斜发沸石和丝光沸石为主，储量一直居全国第一，品位也最高。缙云斜发沸石矿如图8.3-2和图8.3-3所示。

 尾水人工湿地设计与实践

（a）方沸石 　　　　　　　　　（b）丝光沸石

（c）菱沸石 　　　　　　　　　（d）八面沸石

图 8.3-1　天然沸石矿物种类

图 8.3-2　缙云斜发沸石矿 　　　　图 8.3-3　缙云斜发沸石矿的电镜

8.3.2　特性分析

8.3.2.1　沸石的结构特征

从内部微观结构看，沸石是呈骨架状结构的多孔性、含水、铝硅酸盐晶体，理想的沸石化学式为 $M_{x/n}[Al_x Si_y O_{2(x+y)}] \cdot pH_2O$，式中，M 为碱金属（如 Na、K、Li）和/或碱土金属（如 Ca、Mg、Ba、Sr）；n 是阳离子电荷数。一般沸石的化学式还可写成氧化物形式：

$M_{2/n}O \cdot Al_2O_3 \cdot xSiO_2 \cdot yH_2O$，从上式可以看出，沸石的化学成分实际上是由 Al_2O_3、SiO_2、H_2O 和金属阳离子四部分构成。

沸石的骨架结构是指由氧、硅和铝三种原子构成的复杂的三维空间结构。结构基本单元是由一个硅（或铝）原子为中心、四个氧为顶点而形成的硅（铝）氧四面体；各四面体连接成环状，形成沸石的次级结构单元；沸石的结构中有时还有其他多面体，可连接成多元环，它们是沸石结构的三级单位。作为次级和三级单位的各种环以整体形式相互连接，就形成沸石的骨架，各种沸石之间的差别主要在于它们的骨架结构。

沸石骨架结构中存在着空洞和孔道，各种沸石都有自己特定形状和大小的空洞和孔道。一般人工合成的沸石具有形状规整、大小均匀的空洞和孔道，能够吸附和截留特定形状和大小的分子，因此又叫分子筛；而天然沸石的孔道常有扭曲，使孔腔缩小，空洞分布和大小也不均匀。

由于铝氧四面体的电荷不平衡，即三价的铝电荷低于四周氧的负电荷，则必须由碱金属或碱土金属离子来补偿。阳离子占据在骨架结构中的空洞和孔道的一定位置上，与沸石的骨架结构联系较弱，具有很大的流动性，可以参加离子交换而不改变沸石的晶体结构。不同的沸石，阳离子数目和种类也不同，与人工合成沸石相比，天然沸石有更复杂的阳离子成分。

水不参加沸石的骨架构成，仅吸附在空洞和孔道的内外表面，可单独存在，也可与阳离子配位存在。

8.3.2.2 沸石的理化特性

沸石得到广泛的应用，主要是因其特殊的物理化学性质，包括吸附性能、阳离子交换性能、催化性能和耐酸、耐热、耐辐射性能。

1. 沸石的吸附性能

沸石由其晶体结构决定了它是一种多孔性物质，比表面积越大，其吸附性越好。我国沸石的比表面积变化较大，一般为 $70\sim340m^2/g$，个别矿床小于 $70m^2/g$。浙江省缙云县的丝光沸石是少见的大孔丝光沸石，其比表面积在 $150m^2/g$ 以上；而斜发沸石比表面积较小，仅为 $23.4m^2/g$。

2. 沸石的离子交换性能

沸石阳离子交换性能主要是指对 NH_4^+、K^+ 离子的交换性能，阳离子交换容量因各地矿物中沸石含量、矿石类型、矿石化学成分、矿物组成及测试条件的不同而变化较大。

如果沸石矿品位较低，矿石中含有不少其他硅酸盐矿物，就使天然沸石的离子交换性能降低；沸石矿中阳离子种类对离子交换性能影响极大，一般来说，Na_2O 含量高的沸石具有较高的离子交换容量；此外，在不同的沸石矿物中，硅铝比（SiO_2/Al_2O_3 或 Si/Al）的大小也直接影响沸石的离子交换性能。

我国沸石矿多数品位较低，具有高硅铝富钾钙的特点（国外多为富钠钾偏碱性），因而多数沸石矿床阳离子交换容量不高，但是浙江缙云斜发沸石 Na、Ca 含量较高，属我国少见的

尾水人工湿地设计与实践

钠钙型或钠型斜发沸石，实际离子交换容量为 $100 \sim 150 \text{meq}/100\text{g}$。

沸石离子交换具有选择性，不同种类的沸石，其离子交换选择性也不同，对于斜发沸石，其选择交换顺序为

$$Cs^+ > Rb^+ > K^+ > NH_4^+ > Pb^{2+} > Ag^+ > Ba^{2+} > Na^+ > Sr^{2+} > Ca^{2+} > Li^+ > Cd^{2+} > Cu^{2+} > Zn^{2+}$$

对于丝光沸石，其选择交换顺序为

$$Cs^+ > Ag^+ > Rb^+ > K^+ > NH_4^+ > Pb^{2+} > Na^+ > Ba^{2+} > Sr^{2+} > Li^+ > Ca^{2+} > Cd^{2+} > Cu^{2+} > Zn^{2+}$$

8.3.3　应用进展

水溶液中，沸石对溶质阳离子的作用既有选择性离子交换作用，也有物理吸附作用，在实际过程中，二者很难区分开，一般习惯上统称"吸附"。

在水处理领域研究沸石，本质上就是要把沸石特殊的离子交换和吸附性能最大化，最有效地将水中污染物集中到沸石上，再通过各种再生方法，使沸石上的污染物被去除、回收和转化，这样，沸石的交换和吸附能力可长时间地保持在较高水平上。

Oldenburg 等（1995）在曝气生物滤池的滤料中加入沸石，发现沸石可以缓和来水中氨氮浓度的波动，当进水氨氮浓度高时，沸石吸附氨；而当进水氨氮浓度低时，沸石解吸氨，解吸的氨可以被滤料表面生长的细菌硝化。

20 世纪 70 年代以来，利用沸石从污水中除氨的技术日渐成熟，在小规模水处理场合，开发了沸石净水剂和小型的净化装置，如日本在工厂、渔场等地建立了许多小型沸石净水的装置，还开发出以天然沸石为原料的多孔状水质净化剂。

在大型污水处理厂中，沸石处理装置大多设计为离子交换柱和滤柱（或滤塔）形式，1975 年，明尼苏达州的罗斯蒙特（Rosemont）建立了日处理水量为 2700m^3 的污水处理厂，这是美国第一座采用物理化学工艺的污水处理厂。该厂工艺流程为：化学混凝→沉淀→过滤→活性炭吸附→沸石离子交换。

沸石处理技术还广泛地应用在污水深度处理中，在欧洲一些国家及日本、南非和美国等都有利用天然斜发沸石对污水处理厂出水进行深度处理的实例，最为成功的是美国加利福尼亚州的 Tahoe-Truckee 污水回用处理厂，该厂用斜发沸石对三级处理出水进行除氨处理，至今已运行了十余年。

概括起来，沸石处理技术应用于城市污水处理和污水深度处理中，主要利用沸石对铵的选择性离子交换作用去除污水中的氨氮，沸石的再生方法主要是化学再生法。虽然天然沸石本身价格低廉，但却需要配备一套复杂的化学再生系统，使整体工艺运行成本较高，因而影响了沸石处理技术在水处理领域的推广应用。

对沸石生物再生的研究，是利用生物硝化作用将沸石吸附的氨氮转化为亚硝酸盐和硝酸盐，恢复沸石的氨吸附能力。

8.3.4 工程应用

8.3.4.1 沸石选择试验

选择若干产地的天然沸石矿作为试验用沸石。在相同测试条件下，对不同产地和不同种类的沸石样品测定其对氨的吸附特性，根据氨吸附量的大小，筛选出工程用沸石材料。

沸石氨吸附量的测试方法为静态法——摇床试验法，即将一定量的沸石置于一定体积的铵盐溶液中，经足够长的时间振荡，待达到吸附和交换平衡后，测定起始及达到平衡后溶液中 NH_3-N 的浓度差，确定沸石的氨吸附量。

在投加沸石 40g，起始溶液 NH_3-N 浓度为 8.978g/L，反应时间 45h 的条件下，测得结果见表 8.3-1。

表 8.3-1　　　　　　　　　　　沸石筛选试验结果

编号	沸石名称与产地	外观描述	氨吸附量/(meq/100g)
1	日本沸石分子筛	合成试剂，白色球粒状，2.36～4.75mm	106.90
2	兰州活化沸石	土黄色碎石状，约2mm	44.59
3	兰州天然沸石	土黄色碎石状，1～2mm	60.44
4	陕西沸石	土黄色细碎石状，0.5～1mm	73.18
5	浙江缙云天然丝光沸石	灰白色碎石状，4～5mm	82.20
6	浙江缙云 Na 型丝光沸石	灰白色碎石状，4～5mm	85.81
7	浙江缙云天然斜发沸石	灰白色碎石状，4～5mm	102.60
8	浙江缙云 Na 型斜发沸石	灰白色碎石状，4～5mm	103.80

根据试验结果，并参考有关沸石矿的资料，从经济性与适用性考虑，发现浙江省缙云县的天然斜发沸石性能较好，氨吸附量比较大。因此浙江省部分人工湿地工程选择浙江缙云天然斜发沸石作为功能填料，并研究了该类型沸石的粒径分布、吸附容量、形态结构等特征。

1. 主要物理性能和化学成分

由浙江省缙云县提供的天然斜发沸石主要物理性能见表 8.3-2，主要化学成分见表 8.3-3。

此外，沸石中还含有 Cu、Pb、As、Be、Zr、Ni、P、Mo、Sn、Ga、Cr、V、Yb、Y、Nb、La 等微量元素。

从晶体结构和化学组成分析，缙云天然斜发沸石的理论阳离子交换容量为 219meq/100g，但由于沸石矿内含有其他矿物杂质，实际阳离子交换容量为 100～150meq/100g。

2. 吸附容量分析

沸石内部阳离子浓度是氨吸附容量的唯一限制性条件，特别是 Na^+ 和 Ca^{2+} 阳离子，K^+ 由于在固液相中的再分配，也对 NH_4^+ 提供了交换的机会。

尾水人工湿地设计与实践

表 8.3－2　　　　　　　　　浙江缙云天然斜发沸石的主要物理性能

性　能	指　标	性　能	指　标
比重	2.16	硅铝比（Si/Al）	4.25～5.25
硬度	3～4	热稳定性/℃	750

表 8.3－3　　　　　　　　　浙江缙云天然斜发沸石的主要化学成分

样品	沸石含量/%	化学成分/%											
		SiO_2	TiO_2	Al_2O_3	Fe_2O_3	FeO	MnO	MgO	CaO	Na_2O	K_2O	H_2O	烧失量
1 号	65	66.21	0.13	10.99	0.96	—	0.04	0.53	2.98	2.22	0.92	6.45	13.83
2 号	70	69.58	0.14	12.20	0.87	0.11	0.07	0.13	2.59	2.59	1.13	11.90	—
3 号	71	69.50	0.14	11.05	0.08	0.11	0.08	0.13	2.59	2.95	1.13	—	11.00

根据表 8.3－2 所列浙江缙云天然斜发沸石的化学成分，如果沸石内部 Na^+ 和 Ca^{2+} 阳离子可全部与溶液中的 NH_4^+ 离子交换，计算得到该沸石的阳离子交换总量为 132meq/100g 沸石；如果沸石内部全部 Na^+、Ca^{2+} 和一半 K^+ 阳离子可与溶液中的 NH_4^+ 离子交换，计算得到该沸石的阳离子交换总量为 143meq/100g 沸石，即沸石氨吸附容量为 132～143meq/100g。

沸石氨吸附容量是一个理论值，只与沸石性质（种类、结构、化学组成等）有关，而与沸石粒径、沸石用量、溶液浓度、接触时间等试验条件无关，一般试验测定的沸石氨吸附量很难达到此理论值，对不同粒径沸石进行吸附试验见表 8.3－4 和图 8.3－4。

表 8.3－4　　　　　　　　　　筛　分　沸　石　粒　径　　　　　　　　单位：mm

粒径范围	平均粒径	粒径范围	平均粒径
<0.5	0.25	4.0～6.0	5.0
0.5～1.0	0.75	6.0～10.0	8.0
1.0～2.0	1.5	10.0～20.0	15.0
2.0～3.2	2.6	20.0～30.0	25.0
3.2～4.0	3.6		

试验结果显示，沸石粒径小于 5mm 时，沸石的氨吸附量比较相近；粒径增大至 5mm 左右时，其吸附量开始下降；粒径大于 10mm 时，氨吸附量下降迅速。吸附过程中，溶液的 pH 值逐渐升高，溶液终点的 pH 值比起始 pH 值高 0.8～1.7。综合防堵塞能力与吸附性能，选择 4.0～6.0mm 粒径的沸石作为研究用沸石。

3. 形态结构

斜发沸石晶体属单斜晶系，图 8.3－5 为试验用天然斜发沸石的原子间力显微镜（AFM）照片，可以看出沸石晶体形态。

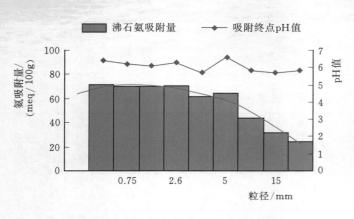

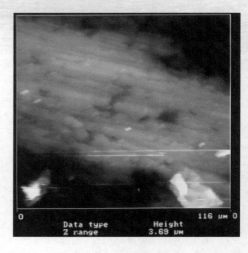

图 8.3-4　不同粒径的沸石氨吸附量（24h）

图 8.3-5　浙江缙云天然斜发沸石的 AFM 照片

　　由于天然沸石矿床形成的原因和条件不同，即使是同类沸石，其形态结构也存在差异，通过电子显微镜可观察到沸石内部生动的形态，图 8.3-6 和图 8.3-7 为不同沸石的扫描电镜照片。

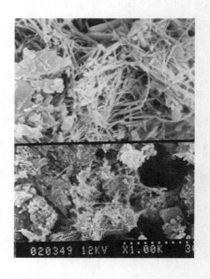

图 8.3-6　浙江缙云天然斜发沸石
（×1000）

图 8.3-7　浙江缙云天然斜发沸石
（×1000/5000）

　　浙江缙云天然斜发沸石矿，主要矿物是斜发沸石，伴生矿物有丝光沸石、片沸石等，沸石内存在大量孔隙，并以中孔、大孔为主。天然沸石矿内部具有大小不一、形态各异的孔隙，并以中孔和大孔为主，天然斜发沸石矿微观形态呈板块、集块、碎角、层状。

8.3.4.2　工程应用方案

　　对工程应用沸石总量进行计算。沸石交换吸附过程中，溶液氨浓度变化的速率可按一级反应来处理，得出：

$$\frac{\mathrm{d}(C-C_e)}{\mathrm{d}t}=ka(C-C_e)$$

式中：C_e 为液相平衡溶液，取吸附48h的溶液 NH_4^+ 浓度，g/L；k 为吸附速率常数，g（NH_4^+）/（面积·时间）；a 为沸石比表面积，面积/g 沸石。

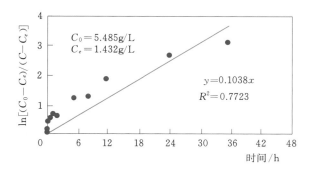

图 8.3-8　细沸石 $\ln[(C_0-C_e)/(C-C_e)]\sim t$ 图

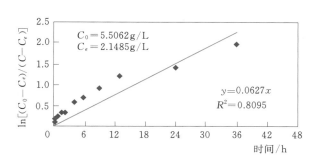

图 8.3-9　中沸石 $\ln[(C_0-C_e)/(C-C_e)]\sim t$ 图

ka 代表在单位时间内，每克沸石所吸附氨的质量，量纲为时间$^{-1}$，称为总传质系数或总速率常数。

本工程在沸石选择试验的基础上，对可能采用的三种不同粒径的沸石进行了 ka 的测定。三种粒径条件下，$\ln[(C_0-C_e)/(C-C_e)]$ 对 t 的线性关系较好（图 8.3-8～图 8.3-10），由斜率可求取总速率常数 ka，再根据沸石表面特征分析结果，计算出吸附速率常数 k，列于表 8.3-5。

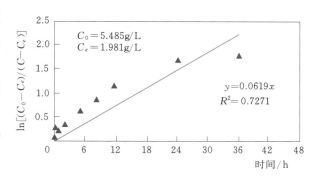

图 8.3-10　粗沸石 $\ln[(C_0-C_e)/(C-C_e)]\sim t$ 图

表 8.3-5　　　　　　　　　　　　沸石氨吸附速率常数

类型	粒径 /mm	比表面积 /(m²/g)	总速率常数 ka /[g(NH_4^+)/g(沸石)·h]	吸附速率常数 k /[g(NH_4^+)/(m²·h)]
细沸石	1.0～3.2	6.6392	0.1038	0.0156
中沸石	4.0～10	5.76*	0.0627	0.0109*
粗沸石	8～15	4.96*	0.0619	0.0125*

* 由于粒径较大，无法直接在仪器中测试，根据小粒径沸石的表面测试结果推算得到。

根据总速率常数值，沸石对氨吸附的速率为：细沸石＞中沸石≈粗沸石，沸石中离子交换吸附的控制步骤是离子的粒内扩散，因此对于小粒径沸石，晶体内阳离子通过孔隙的扩散阻力较小，吸附速率常数较大。

根据总速率常数 ka，可推算吸附尾水中氨氮所需的沸石量，按实际情况假设：氨氮浓度 C_0 为8mg/L，吸附去除率 η 为50%，则处理流量为 Q（m³/h）的尾水，需要的沸石量 M 为

$$M=\frac{QC_0(1-\eta)}{ka}\times10^{-6}$$

分别使用细、中、粗三种粒径沸石，计算得到沸石需要量分别为 $38.6\times10^{-6}Qt$、$64\times$

尾水人工湿地设计与实践

$10^{-6}Qt$ 和 $64.6 \times 10^{-6}Qt$。

8.3.4.3 沸石再生方案

1. 生物再生方案概述

沸石对水中氨氮可以快速吸附（比生物转化速率快很多），可以适应尾水的冲击；但是沸石再生不能沿用常规的化学再生法，可根据尾水的特点，应用生物再生法。

在沸石与溶液体系中，固液两相界面是各种过程最为活跃的场所，这些过程主要包括沸石对溶液中 NH_4^+ 的交换吸附、微生物趋附于沸石表面生长、生物硝化与反硝化反应。沸石表面具有孔径较大的空隙和孔道，使每个过程所需要的基质、所生成的中间产物和最终产物可扩散到沸石内部孔道，但孔道内的扩散阻力较大，特别是微孔扩散速率要比液相扩散速率低 $3\sim4$ 个数量级。沸石的生物再生过程就是沸石所吸附的 NH_4^+ 通过界面发生的生物硝化而解吸的过程。

在沸石生物再生过程中，沸石不仅为生物硝化和反硝化作用提供了营养源，同时还为微生物的生长提供了附着表面，经过一定时间后，沸石表面会形成生物膜。图 8.3-11 表示了沸石生物膜的物质交换过程。

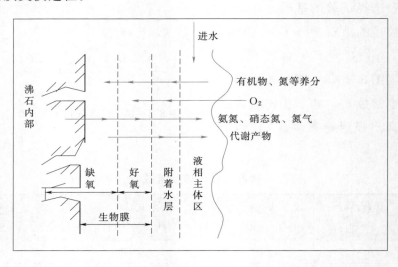

图 8.3-11 沸石/溶液两相界面间生物膜的物质交换过程

在沸石与溶液的固、液相体系中，当沸石表面形成生物膜后，固体表面和液相主体区之间为流速呈梯度下降的附着水层和生物膜，液体中的碳、氮、溶解氧等物质向生物膜内扩散，而微生物代谢产物从生物膜向液相扩散，小分子物质的膜内扩散速率与液相扩散速率具有相同的数量级。

在生物膜中，沸石吸附的 NH_4^+、微生物、由液相扩散进入的物质以及微生物代谢产物等进行着复杂的反应和传递；根据生物膜内溶解氧浓度的分布，生物膜可分为好氧区和缺氧区，可以在膜内实现同步生物硝化和反硝化，吸附大量 NH_4^+ 的沸石正是在这一过程中得到生物再生，恢复其对氨氮的吸附能力。

生物沸石柱的动态模拟运转试验表明：污水中的总氮通过离子交换吸附、同步生物硝化/

反硝化作用得到较好去除，同时沸石氨吸附能力在生物硝化过程中得到动态再生，系统稳定性较好。

为了分析沸石生物再生机理，对生物沸石和脱落的生物膜取样，作显微镜观察、扫描电镜观测、需氮微生物（nitrogen-utilizing microflora）纯培养（pure culture）及其生长特性等试验。

2. 光学显微镜观察结果

在光学显微镜下观察生物沸石的微生物形态，发现构成生物膜的主体是丝状菌，其内部还有大量游离的细菌和线虫等微生物。

沸石表面的生物膜大多以丝状形态攀绕在沸石表面，图8.3－12中白色絮状物是生物膜，黄色背景是沸石。图8.3－13中细丝状物是生物膜，黄色背景也是沸石。从图8.3－14和图8.3－15中可以看出：柱内生物膜在微观形态上比较相似，是由大量丝状菌交织成的菌团；但沿柱高度、丝状菌密度不同，柱底部生物膜的丝状结构最为密实，柱上部的丝状结构较为疏松。

 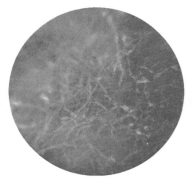 

图8.3－12　生物膜与沸石　　　图8.3－13　生物膜与沸石　　　图8.3－14　柱底层生物膜
　　结合形态（×160）　　　　　结合形态（×640）　　　　　　（×1600）

图8.3－16和图8.3－17为生物膜中其他微生物的形态，分别是在丝状菌表面黏附的细菌，多为杆状，即是在生物膜中游动的微小动物，它具有纤毛，游动性较好。

 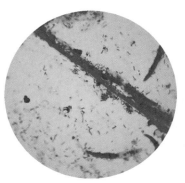 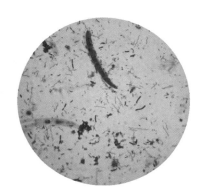

图8.3－15　柱上层生物膜　　　图8.3－16　游动的线虫　　　图8.3－17　生物膜中的
　　（×1600）　　　　　　　　（×1600）　　　　　　　　微小动物（×1600）

生物膜镜相观察结果表明：沸石表面的生物膜是由丝状菌为主的菌群，内部还有大量细菌、线虫，以及其他微小动物。各类微生物的活性很强。正是这些微生物，构成生物沸石的微生态系统，对水体中的碳、氮物质进行分解和转化，并对沸石进行生物再生。

3. 扫描电镜观察结果

扫描电镜更清晰地观察了生物沸石和生物膜的微观形态与组成，如图 8.3－18～图 8.3－21 所示。

图 8.3－18　粗生物沸石表面微生物形态（×3000）　图 8.3－19　细生物沸石表面微生物形态（×5000）

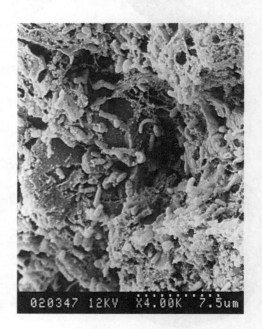

图 8.3－20　生物沸石剖面微生物形态 1（×5000）　图 8.3－21　生物沸石剖面微生物形态 2（×4000）

（1）生物沸石微生物形态与特征。粒径不同的生物沸石表面微生物形态极为相似，有大

尾水人工湿地设计与实践

量丝状菌、孢子体和细菌，形态饱满，说明微生物生长和繁殖状况良好，其中发达的菌丝是构成致密而柔韧的生物膜的主要成分。

粗沸石表面绝大部分被微生物覆盖，丝状菌旺盛，菌丝有的粗而长，有的细而短，附有大量杆状细菌。粗沸石表面具有成群的孢子，大量杆状细菌在其间生长，或附着于孢子表面生长。粗沸石表面凸起处微生物量较少，杆状细菌附着生长在沸石表面的低凹处、沸石孔穴和孔道等不规则处。细沸石表面大量的丝状菌、杆状细菌主要集中在菌丝上。细沸石表面凸起处不易为细菌附着，而低凹处附着大量杆状细菌和孢子。沸石内部只有细菌富集于不规则的低凹处（即孔道和孔穴），沸石内部大孔穴（孔道）里附着大量杆状细菌。

（2）生物膜微生物形态与特征。扫描电镜观察显示（图 8.3-22 和图 8.3-23），沸石表面脱落的新鲜生物膜主要由丝状菌构成，此外还有孢子和细菌，形态饱满，说明膜的活性良好，与生物沸石表面覆盖的膜形态相似。生物膜以丝状菌为主体，有的地方非常致密，有的地方较疏松。生物膜内有大量杆状细菌和孢子，还裹携了沸石表面脱落的颗粒。生物膜丝状菌之间生长有杆状细菌和孢子，菌丝上也有细菌附着生长。

图 8.3-22　脱落生物膜微观形态 1（×5000）

图 8.3-23　脱落生物膜微观形态 2（×5000）

（3）微生物初步分析。根据光学显微镜和扫描电镜观察结果，可以作如下分析：

1）生物膜主要由丝状菌构成，根据菌丝直径分布推测，这些丝状菌可能属真菌和放线菌。

2）观测到的生物膜中的孢子，从形态和大小推断可能是真菌和放线菌繁殖体。

3）生物膜含有大量的杆状细菌，从形态和大小推断可能是硝化菌和反硝化菌，这些细菌可以穿过孔穴到达沸石颗粒内部。

4）按传统污水生物处理理论，生物膜中真菌和放线菌应当主要对水中有机物进行好氧分解，硝化菌对水中 NH_3-N 和 NO_2^--N 进行氧化，反硝化菌对水中 NO_3^--N 进行还原。

5）生物沸石的动态生物再生是通过硝化菌群完成的。这类菌群以真菌和放线菌为主，可能源于天然沸石矿，在试验特定的条件下，逐渐在生物沸石系统中占有优势，可以将沸石吸附的氨氮经缺氧硝化/好氧反硝化直接转化为氮气，从系统中排除，对于沸石实现了生物再生，对于水体实现了最终脱氮。

6）微生物的这一作用是一般所设想的"生物再生"过程，即沸石先快速吸附 NH_4^+，再由微生物吸收和转化沸石富集的氨氮，这种"狭义生物再生"过程是大孔径的吸附材料才可能发生的过程。图 8.3-24 显示了生物沸石系统中生物作用的影响。

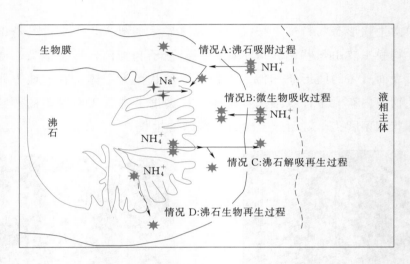

图 8.3-24 生物沸石系统中生物作用的影响

生物沸石的吸附作用与生物作用是相互促进的关系。沸石内由于吸附作用富集了氨氮，为微生物储存了氮源，当水体中营养物不足时，微生物可以全部吸收沸石吸附的氨氮，直接使沸石再生；微生物的生物作用减轻了沸石吸附负荷，可以使沸石在较长时间内保持较高的离子交换水平，同时，生物硝化作用降低了水中 NH_4^+ 的浓度，促进了沸石上 NH_4^+ 的解吸，间接使沸石再生。

4. 再生方案设计

以某工程为例。垂直潜流湿地单元运行方式设计为间歇运行模式，湿地单元交替运行，一次运行 8 个单元，另外 8 个单元不进水，处于落干状态，从而使得沸石填料处于"淹水状态快速吸附—落干状态缓慢再生"的运行模式，当尾水进入运行的单元处理后，利用沸石对 NH_4^+ 的选择性吸附，快速去除尾水中的氨氮，以减少尾水中的总氮负荷；而在落干时，对沸石挂膜，实现同步生物硝化/反硝化，将沸石吸附的氨氮逐渐转化去除，恢复沸石的吸附交换能力，准备下一次运行。

8.3.4.4 沸石现场铺设

沸石主要通过吊机吊装的方式，铺设于垂直潜流人工湿地的滤料层。某湿地工程的沸石铺设现场如图 8.3-25 和图 8.3-26 所示。

图 8.3-25　沸石铺设现场

图 8.3-26　采用吊机铺设沸石

9 防堵塞设计

9.1 堵塞问题

人工湿地系统堵塞是影响其应用和推广的主要因素之一。最早的报道是 20 世纪 60 年代，Seidel 设计建造的 Krefeld 湿地出现堵塞和积水现象。此后，全世界范围内都相继报道了人工湿地的堵塞现象。美国环境保护署（Environmental Protection Agency，EPA）对 100 余个人工湿地进行评估调研后发现，近 50％的湿地系统在运行 5 年后就会形成堵塞现象。国内也有不少针对人工湿地堵塞现象的报道。深圳白泥坑人工湿地在运行初期就出现堵塞现象，云南滇池入河口的大清河口人工湿地也存在堵塞问题，深圳洪湖公园人工湿地在 1997—1999 年间共发生 5 次堵塞。

堵塞是在所有高负荷污水过滤系统中常见的自然效应。湿地堵塞的过程实质上就是有效孔隙率减少的过程。

（1）孔隙率的急剧下降必然会引起湿地过水能力的降低，从而导致大量引入湿地系统的污水直接壅积在湿地表面。

（2）壅水还会阻隔氧气向基质层内扩散，进而降低对污染物的去除效果，使出水指标达不到设计标准，同时缩短了人工湿地的运行寿命。

9.2 成因分析

人工湿地堵塞是一个复杂的过程。国内外专家学者已对人工湿地堵塞的机制进行了专门的研究，认为人工湿地基质堵塞的表现机制分为三个阶段：第一阶段，湿地基质的渗透速率缓慢的下降，下降速率不明显，这一阶段的时间长短不一；第二阶段，基质渗透速率实质性的平稳下降；第三阶段，人工湿地基质处于间歇的系统堵塞阶段直至持续堵塞发生和表面壅水，使人工湿地处于厌氧状态。

堵塞机理大体上可以归结为物理、化学和生物等三个方面。

1. 物理机制

物理机制主要是有机物积累、悬浮颗粒物的沉积作用、淤堵层在水流作用下的机械压缩作用以及细小颗粒物随水迁移等导致的堵塞。

2. 化学机制

一方面，影响基质孔隙几何形状及稳定性的因素有很多，如基质中水相的电解质浓度、有机物组成、pH值、氧化还原电位以及固相的矿物成分、表面特性等，这些因素决定了基质的饱和水力传导系数。另一方面，一些空隙间的化学反应会产生沉淀或者胶体，进而通过絮凝沉积作用导致堵塞。如石灰石基质中的钙会与进水中置换能力强的 H^+、Na^+ 等阳离子发生置换反应，进而与水中的硅反应产生无机凝胶或与硫酸根离子反应生成沉淀从而导致空隙堵塞。

3. 生物机制

湿地中积累的腐殖质与细菌分泌的一些胞外多聚物很容易形成高含水量、低密度的胶状淤泥，造成湿地的堵塞。此外，湿地中硫还原细菌、产甲烷菌以及生物脱氮作用产生的气体所形成的包气带也可能是造成堵塞的原因之一。而植物残体及其分泌物也是人工湿地有机质的重要来源之一，有报道称人工湿地约 27% 的孔隙堵塞源于湿地植物的根与地下茎。

图 9.2 - 1 为实验状态下组合填料（包括鹅卵石、碎石子、瓜子片、细沙等）的孔隙率随人工湿地运行时间的变化情况，由此可以发现，随着运行时间的增加，水平潜流人工湿地和垂直潜流人工湿

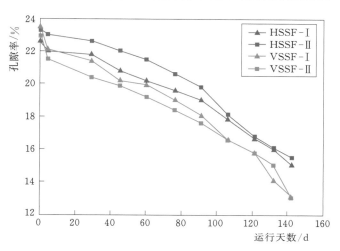

图 9.2 - 1 某人工湿地实验系统填料的孔隙率随运行时间的变化

地的孔隙率均出现显著下降，当运行时间超过 140 天时，产生表面壅水，湿地系统出现填料堵塞的现象，并且垂直潜流人工湿地的堵塞现象更为严重。

9.3 防堵措施

针对人工湿地堵塞的问题目前还没有很好的恢复对策，国外流行的做法是让堵塞后的床体经过几个星期的停床休整以此来部分恢复渗透性，而轮休期的长短则取决于天气条件。为了维持湿地长期稳定高效的净化效果，必须做好预处理措施，同时采用高孔隙率的填料和优良的挺水植物。

针对影响人工湿地填料堵塞的因素，可在湿地的设计与运行中加以考虑以预防堵塞，具体措施如下。

9.3.1 改善填料孔隙率

填料粒径的分布决定了孔隙的大小及水力传导能力。如果孔隙减少 1/3，水力传导率就会下降一个数量级，因此填料粒径是影响填料堵塞的主要因素。粒径较大的基质可以有效地防止堵塞的发生，但过大的粒径会缩短水力停留时间，进而影响净化效果。因此需在保证净

157

化效果和防止堵塞两者之间选择一个最佳平衡点。

以水平潜流人工湿地为例，在人工湿地进水端，由于各种污染物的浓度较高，微生物大量繁殖并进行营养物循环和有机物减量，从而造成各种沉积物在湿地中积累，湿地进水端的堵塞问题要比人工湿地中部、出水端严重得多，进而造成进水端水力传导率的下降。通常工程人员在进行湿地单元设计时，会在进水区选择孔隙率较大的基质，以免造成堵塞，影响水流传导，造成壅水现象。

在施工中，需选用洁净的填料并且填料粒径规格严格按照设计要求进行采购。填料应在技术人员指导下按设计要求分层敷设，避免填料中夹带泥沙或其他杂质，造成湿地堵塞，影响湿地的运行寿命。

相关研究人员还提出了反级配垂直潜流人工湿地，即上部填充大粒径基质，下部填充小粒径基质的概念，并且发现在延缓基质堵塞方面反级配人工湿地有明显的优势。

9.3.2 均匀配水

为了防止人工湿地基质堵塞，可采取多种水力调节措施，如采用上向流布水方式，使得大部分脱落的生物膜沉积在填料层底部，便于冲洗；进水管口采用尼龙网防堵以及采用排空管等设计。而且，潜流湿地进水系统的设计应尽量保证配水的均匀性，通常为铺设在地面和地下的多头导管、与水流方向垂直的敞开沟渠及简单的单点溢流装置等。系统的进水流量可通过阀或闸板调节，过多的流量或紧急变化时应有溢流、分流措施；人工湿地如采用穿孔管进水，穿孔管的最大孔间距不应超过湿地单元宽度的10%。

9.3.3 反冲洗

反冲洗是污水处理工程中解决滤料堵塞问题有效的技术措施。对于常见的下向垂直潜流人工湿地而言，水流经湿地单元底部排水系统反向通过滤床并冲洗填料中的堵塞物质，起到防堵塞的效果，反冲洗要有足够的冲洗强度和水头。若采用气水联合反冲洗，则用气泵将空气泵入反冲洗进水管，形成气液两相流。

相关研究发现，反冲洗措施能够显著改善垂直潜流人工湿地的堵塞情况，反冲洗后随着实际水力停留时间的延长，湿地的水力传导性能得以大幅度提高，COD去除率较反冲洗前也有所提高。实际工程应用中，可通过切换进水阀门的方式改变进水流向，实现下向流和上向流转换，达到与反冲洗类似的防堵塞效果。但由于设置反冲洗设施后会存在运行复杂、能耗较高等问题，与人工湿地生态优先的原则相悖，目前反冲洗设施在人工湿地中的应用仍处于实验阶段，较少开展实际工程应用。

9.3.4 强化预处理

进水中的悬浮物如果含量过高，将会增加系统的悬浮物负荷，从而造成不可生物降解的悬浮物在连续运行的人工湿地中长期积累，这是影响基质堵塞的重要因素之一。因此，预处

尾水人工湿地设计与实践

理是延缓基质堵塞的有效方法，在人工湿地的前端加强预处理措施，可以尽可能地去除污水中的悬浮物等不利于湿地处理的物质，从而减少它们在湿地基质中沉积，防止其堵塞。如采用厌氧水解酸化作为预处理单元时，一方面可去除和截流悬浮固体，避免床体堵塞；另一方面可达到降解有机污染物，提高污水的可生化性，减轻湿地系统处理负荷，达到出水水质稳定的效果。

常见的预处理工艺有格栅、厌氧沉淀、混凝沉淀等。这些措施可以有效推迟基质堵塞发生的时间，却不能完全杜绝基质堵塞的发生，在一定程度上也会增大系统基建投资、日常运行成本以及维护管理难度。

9.3.5 基质的清洗和更换

对于水平潜流人工湿地而言，通常进水端的污染负荷较高，有机沉淀物及水中杂质大多截流在进水前端。

对于垂直潜流人工湿地而言，大量研究表明堵塞部位主要是在基质上层。在堵塞发生之前，上层基质的最小含水量呈指数增长，并最终达到完全饱和状态；下层基质的最大含水量呈下降趋势，这主要是由于上层基质中水的渗透速率不够造成的，这说明基质的堵塞主要发生在上层。

对于堵塞较严重的潜流湿地而言，采用更换部分湿地基质的方法可以有效地恢复人工湿地的功能。但对于大规模湿地而言，基质的更换主要有更换困难、工程量浩大、更换期间湿地需要停床休息且更换耗时较长等缺点。

9.3.6 停床休作与轮休

停床休作指的是人工湿地堵塞后，停止其运行进行休息来恢复基质的孔隙率。轮休是指运行时平行的湿地单元轮流运行和轮流休息。在人工湿地堵塞解决措施中，停床轮休被认为是最有效的堵塞解决措施。长时间连续进水会使系统的基质一直处于还原状态，从而造成胞外聚合物积累，导致逐渐堵塞。厌氧条件加速了系统的堵塞，因此人工湿地间歇运行和适当的湿地干化对避免系统堵塞也是必要的。人工湿地若采取间歇进水会使基质得到"休息"，保证基质一定的好氧状态，避免胞外聚合物的过度积累，防止基质堵塞。

休作与轮休可以从两个方面来改善堵塞状况：一方面是休作与轮休时，基质的大气复氧能力增强，基质中氧水平的提高有利于增强基质中好氧微生物的活性，加快其对沉积污染物的降解；另一方面是湿地系统停止进水，基质中的微生物会因为所需营养物质得不到补充而进入内源呼吸阶段，消耗胞内成分或者胞外聚合物，逐渐老化并死亡。研究结果均表明连续运行的人工湿地最容易发生基质堵塞。当人工湿地系统因有机物质累积引起堵塞时，停止运行约15d，基质的渗透性能可以得到很大程度的改善，可以缓解基质堵塞问题。

不足的是，休作与轮休这两种措施需要建造多个平行湿地，以能保证污水正常的处理水

尾水人工湿地设计与实践

平。这样会大幅度增加湿地系统的投资费用，而且休作与轮休会受到天气因素的限制。

9.3.7　生物修复

　　理论上可以认为，向人工湿地中投加能高效降解污染物的菌种来降解累积物中可生物降解的部分，从而解决由于堵塞物过度积累造成的堵塞，这种措施被认为是行之有效的办法。

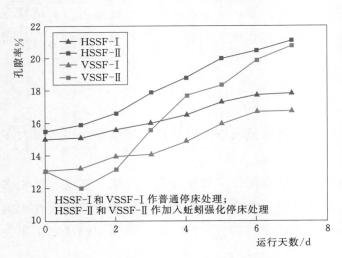

图 9.3-1　某人工湿地实验系统堵塞后停床恢复及加入蚯蚓强化恢复的效果

人为添加的细菌能有效地降解污水中复杂的有机化合物，减少有机物在基质中的累积量，使基质保持较好的通透性。短期使用可以提高有机物的去除率，长期使用能提高基质的通透性，缓解湿地的堵塞。目前这种措施还处于研究阶段，实际的工程应用效果还有待验证。

　　土壤动物在分解有机物中也起到了不可忽视的作用。实验发现，蚯蚓可以清通基质以及清除基质表面的有机沉淀物，从而恢复人工湿地基质的水力传导性能。图 9.3-1 为停床以及蚯蚓处理等防堵塞手段的恢复效果。两种防堵塞手段都具有较好的效果，恢复后的填料孔隙率能够达到初始孔隙率的 80% 以上，其中加入蚯蚓强化处理的恢复速度更快、效果更好。

9.3.8　设计导淤系统

　　将湿地的布水设计与导淤设计相结合，可有效地解决潜流湿地的堵塞，提高湿地使用寿命。导淤系统设置于湿地底部，根据湿地单元的尺寸与构造进行设计，选择不同的导淤填料、粒径和导淤层厚度，选择合理的导淤管分配方式和数量，以及控制导淤周期和时间，同时也要兼顾工程造价因素。导淤系统一般定期开启，利用快速的水流将这些沉积物从湿地排出。对于潜流湿地而言，可布设虹吸排放管，利用虹吸作用将沉积在湿地底层的淤泥及时、不断地虹吸排出，使得污水处理过程中产生的淤积污泥不会长时间累积固化于湿地，有效解决湿地淤积堵塞问题。

9.3.9　加抑制剂和溶脱剂

　　堵塞填料孔隙的物质中有一部分是微生物代谢过程中产生的胞外聚合物。因此，用寻找杀死部分或某种微生物的方法和抑制胞外聚合物大量产生的方法来防止基质堵塞是当前的研究热点。研究表明，用氢氧化钠、次氯酸钠、盐酸、加酶洗衣粉可以使有效孔隙率和渗透系数得到不同程度的增加，其中以次氯酸钠最为明显，可以使渗透系数恢复到原来的 69%；氢

尾水人工湿地设计与实践

氧化钠、次氯酸钠、盐酸三种溶液都对基质中的微生物类群和基质酶产生了伤害，但经过 7 天后可以基本恢复，由此说明化学溶脱法对解决人工湿地的堵塞问题有一定的作用。但人工湿地去除污水中污染物主要依靠的是微生物的新陈代谢活动，这种杀死微生物或抑制其活性的方法来解决堵塞尚需进行更深入的研究。

9.3.10 曝气充氧

厌氧状态是导致基质中胞外聚合物积累的重要原因。污水中溶解氧的浓度高时，局部基质的氧化还原电位 Eh 值也会高，土壤微生物新陈代谢活性就高，有机质中间代谢产物产生的量就低，基质的堵塞情况可以得到一定程度的缓解。因此对污水进行预曝气充氧可以起到一定的预防堵塞作用，曝气可以提高湿地基质中的 DO 值，使微生物的分解作用得以更好地发挥，同时也可防止填料中胞外聚合物的蓄积。曝气充氧分两种：一种是对进入人工湿地的污水进行预曝气来预防基质的堵塞；另一种是运行过程中在基质内进行曝气来预防堵塞。

9.3.11 添加秸秆

湿地大型水生植物（芦苇、香蒲、菖蒲、菰等）往往具有发达的根状茎，尤其是横走根状茎，由此形成的根孔较为粗壮，且在地下可以纵横连片，构成发达的土壤大孔隙网络。此外，植物死亡后的死根孔中通常残留着腐烂或者半腐烂的根皮组织，少数维持较好形态，多数由于土壤压力和地层下陷作用以及机械填充的影响，呈椭圆形或扁圆形，具有较好的通透性。

基于植物根孔在土壤水分流动、物质循环等方面的重要功能，中国科学院生态中心王为东等人通过模拟白洋淀湿地自然的芦苇根孔系统，以人为埋植的植物秸秆作为湿地的填料/介质，有效地改变了湿地土壤亚表层的大孔隙结构，创新性地提出了人工湿地生态根孔技术。在人工湿地生态根孔技术的应用过程中，添加的粗秸秆所形成的粗根孔对土壤中的水分传导和物质疏导起到了至关重要的作用，添加的细秸秆所形成的细根孔对土壤亚表层水分和物质的微循环以及承担土壤大孔隙和土壤基质之间桥梁角色方面起到关键作用，粗根孔和细根孔共同构成了土壤大孔隙网络，模拟了自然芦苇根孔系统，可以有效地改变湿地土壤亚表层的大孔隙结构，还可以通过构筑根孔和自然根孔之间的过渡和湿地根孔的不断更新，实现湿地基质填料/介质的自我更新，从而为有效解决人工湿地基质堵塞问题提供新途径。

嘉兴石臼漾湿地采用生态根孔技术如图 9.3-2 所示。

9.3.12 使用浮动湿地

与传统人工湿地相比，浮动湿地能够直接布设于水体，满足各类水位变化要求，适应不同水深，无需占用土地资源。由于浮动湿地可根据水流条件改变相对位置，水流通过湿地单元时，水条件较好，不易产生死水区，因此具有良好的防堵塞功能。

图 9.3-2　嘉兴石臼漾湿地采用生态根孔技术

10 植物设计

10.1 植物功能

水生、沼生、湿生植物在构建人工湿地生态系统、塑造景观、净化水质、稳固堤岸等方面都发挥了非常重要的作用。

10.1.1 生态效应

绿色植物是生态系统中的第一生产者，是物质循环与能量交换的枢纽。在河流生态系统中，植物是食物链的起点，水生植物通过光合作用产生能量，从而成为这个系统中能量的主要来源。同时植物具有保持水土、改善生境等功能，为当地植物恢复、其他微生物和动物栖息、生存和繁衍创造了条件。不同水生植物在能量固化过程中，对于光的竞争导致了其植物形态的多样性。再配合复杂的岸线、浅滩、岛屿等不同生境，创造出了丰富的空间层次，更为生物提供了多样的栖息空间。水生、沼生、湿生植物不仅促进了河流生态系统能量流动、物质循环的过程，而且也创建了不同物种所需的生存空间，从而形成一个完善的具有多种生态与环境功能的生态系统。对于以丰富物种多样性为主导功能的水生、沼生、湿生植物群落，则应充分考虑生境特征、物种之间、群落之间的竞争、共生等相互关系和作用，科学筛选先锋物种，并充分考虑群落演替的方向（图 10.1-1）。

图 10.1-1 水生植物构建生态系统的功能

10.1.2 塑造景观

以适生的、具观赏价值的水生植物为材料，科学合理地配置水体并营造景观，充分发挥水生植物的姿韵、线条、色彩等自然美，力求模拟并再现自然水景，最终达到自身的景观稳定。对于以塑造景观为主导功能的水生植物群落，则应先明确所需表现的主题，根据主题选择合适的植物种类和配置方式，并注意四季变化以及与周边景观相协调（图 10.1-2）。

图 10.1-2 水生植物塑造景观的功能

10.1.3 净化水质

大量研究表明，水生植物可吸收、富集水中的营养物质及其他元素，可增加水体中的氧气含量，或有抑制有害藻类繁殖的能力，遏止底泥营养盐向水中的再释放，利于水体的生物平衡。对于以净化水质为主导功能的水生植物群落，则应充分调查水体污染物种类、来源及负荷，针对性地选取具有相关污染物消除能力的植物种类，构建水生植物群落（图 10.1-3）。

图 10.1-3 水生植物净化水质的功能

10.1.4 稳固堤岸

水陆交接的岸线区域是一个十分敏感的区域，水对岸线的不断侵蚀与水位的间歇性涨落使得这个区域容易遭受侵蚀，而水生植物的存在，其根系可以固定土壤，减缓水体对驳岸的侵蚀作用。对于以稳固堤岸为主要功能的水生植物群落，则应先对河流的水文状况和堤岸自然地理特征进行调查，主要包括流量、流速、水位、坡度、堤岸结构、侵蚀与淤积、植被、土壤、沉积物等情况，根据上述实际情况，选择合适的植物种类（图10.1-4）。

图 10.1-4 水生植物稳固堤岸的功能

10.2 植物应用

10.2.1 水生植物在净化水质中的应用

我国利用水生植物净化水质的研究始于 20 世纪 70 年代中期，包括静态条件下单一物种及多种植物配置对污染较严重的污水的净化，以及动态方法研究水生植物对污水的处理效果。水生植物在净化水质中的应用情况以及典型水生植物对污染物的去除效果见表 10.2-1 和表 10.2-2。水生植物如图 10.2-1 所示。

表 10.2-1　　　　　　　　　水生植物在净化水质中的应用

类型	使用方式	处理范围	去除机制	植物的种类	研究与应用情况
漂浮（浮叶）植物系统	氧化塘等类似塘系统	污水处理厂二级或三级出水、某些工业废水、暴雨径流、受污染水体	植物的吸收、微生物的代谢	漂浮植物：槐叶萍、凤眼莲、浮萍、水鳖等；浮叶植物：睡莲、荇菜、菱、中华萍蓬草等	设计简单，工程应用较多（生态浮床等）
挺水植物系统	人工或天然湿地	污水处理厂二级或三级出水、某些工业废水、暴雨径流、受污染水体	植物的吸收、微生物的代谢	芦苇、水葱、香蒲、灯芯草、荸荠、鸢尾、水芹、莲、荷花、茭白等	研究和工程应用较多
沉水植物系统	天然水体	受污染水体	对氮磷等营养物质的储存	苦草、金鱼藻、狐尾藻、黑藻、菹草等	操作和实施难度较大

（a）漂浮植物

（b）挺水植物　　　　　　　　　（c）沉水植物

图 10.2－1　水生植物

表 10.2－2　　　　　　　　　　典型水生植物的生长特点及净化能力

植物的种类	生长特点	污染物去除功能	组织的氮含量 /（g/kg 干重）	组织的磷含量 /（g/kg 干重）
芦苇	根系非常发达，生长速度快	去除 BOD_5、氮	18～21	2.0～3.0
香蒲	根系非常发达，生长速度快	去除 BOD_5、氮	5～24	0.5～4.0
灯芯草	根系发达，生长速度快	去除 BOD_5、氮	15	2.0
凤眼莲	根系发达，生长速度快，分泌克藻物质	富集镉；吸收降解酚、氰；抑制藻类生长	10～40	1.4～12.0
大藻	根系发达	富集汞、铜	12～40	1.5～11.5
浮萍	生长速度快，分泌克藻物质	富集镉、铬、铜、硒；抑制藻类生长	25～50	4.0～15.0
槐叶萍	生长速度快，分泌克藻物质	富集铬、镍、硒；抑制藻类生长	20～48	1.8～9.0
狐尾藻	生长速度快	吸收三硝基甲苯、二硝基甲苯等结构相近的化合物	13*	3*

＊　沉水植物的平均值。

10.2.2 植物在湿地中的应用

植物是湿地生态系统的重要组成部分，相应的高等植物在湿地中的分布情况见表 10.2-3。

表 10.2-3　　　　　　　　　　　中国湿地高等植物统计与比较

类别	湿地科数/个	全国科数/个	湿地占全国/%	湿地属数/个	全国属数/个	湿地占全国/%	湿地种数/个	全国种数/个	湿地占全国/%
苔藓植物	64	—	—	139	—	—	266	2200	12.1
蕨类植物	27	52	52	42	204	21	70	2600	2.7
裸子植物	4	10	40	9	34	26	20	193	10.3
被子植物	130	291	45	625	2946	21	1919	24375	7.9
合计	225	353		815	3184		2275	29368	7.7

注　引自郎慧卿等，1999。

湿地高等植物如图 10.2-2 所示。

　　　　（a）苔藓植物　　　　　　　　　　　（b）蕨类植物

　　　　（c）裸子植物　　　　　　　　　　　（d）被子植物

图 10.2-2　湿地高等植物

植物在人工湿地中的作用见表 10.2-4。

尾水人工湿地设计与实践

表 10.2-4　　　　　　　　　　　　植物在人工湿地中的作用

分　类	内　容
根系的物理作用	过滤大粒径颗粒物质
	减缓水流流速，促进沉淀，减弱再悬浮过程
	防止堵塞
	提高水力传递效率
作为介质的作用	为微生物附着提供载体
	释放气体和分泌有机物（碳源）
	强化好氧分解
	增强硝化和脱氮过程
	分泌抗生素、植物营养素和植物螯合素
	根系分泌物促进重金属螯合，增强重金属的去除，减少重金属毒性
植物的吸收作用	吸收和储存营养物质
	重金属的植物修复
	无机盐类的植物修复
植物的蒸腾作用	增加水分流失
调节气候的作用	光衰减作用抑制微生物的生长
	低气温下的保温作用
	隔离太阳辐射
	降低风速
	减少水流对沉积物的侵蚀作用
其他作用	美化人工湿地系统
	定期收割能够产生一定的经济效益
	消除病原体
	臭气控制
	增加生物多样性

湿地中土壤和植物系统的气体交换示意图如图 10.2-3 所示。落干和淹水状态下的气体交换及通气组织形貌如图 10.2-4 所示。

人工湿地中所选用的植物类型主要可以分为水生植物、沼生植物、湿生植物和陆生植物。湿生植物包括湿生草本植物，如芦苇、香蒲、水葱、旱伞草、菖蒲、黄菖蒲、再力花等；湿生木本植物，如水杉、水松、垂柳等。陆生植物包括陆生草本植物（可以适应潜流人工湿地环境的各种耐污、观赏草本植物），如五月菊、金盏菊、香石竹、金鱼草、虎耳草等；陆生木本植物（可以适应潜流人工湿地环境的耐污、观赏木本植物），如夹竹桃、木槿、女贞等。

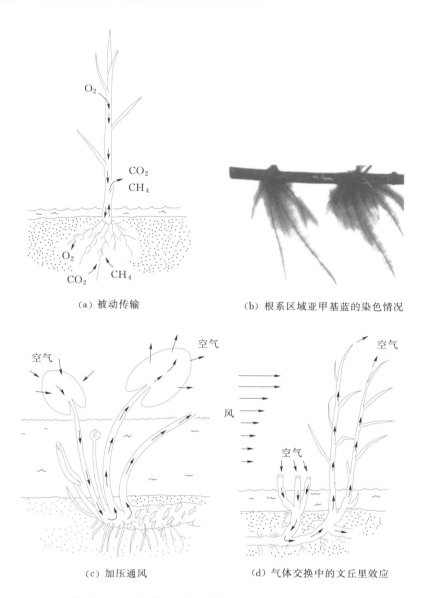

(a) 被动传输 (b) 根系区域亚甲基蓝的染色情况

(c) 加压通风 (d) 气体交换中的文丘里效应

图 10.2 - 3 湿地中土壤和植物系统的气体交换示意图

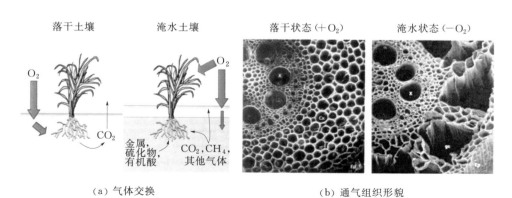

(a) 气体交换 (b) 通气组织形貌

图 10.2 - 4 落干和淹水状态下的气体交换及通气组织形貌

水生植物、湿生植物是人工湿地中应用最多的植物类型，以水生草本植物为主，相比而言，陆生植物的应用很少，仅在潜流人工湿地的景观用途中有少量应用。目前，全世界范围内有超过50种的水生植物在人工湿地中进行使用，但是广泛应用的植物只有十余种类型。表10.2-5中列出了全世界范围内植物在人工湿地中的应用情况。

表10.2-5　人工湿地中所使用的植物类型

污水种类	湿地类型		植 物 类 型				所在地区
	表流	潜流	香蒲	水葱	芦苇	其他植物	
制革废水		√			√		葡萄牙
		√	√				葡萄牙
造纸厂废水		√	√				美国
鱼塘出水		√			√		德国
		√		√			美国
医院废水		√	√				印度
养猪场废水		√	√	√			澳大利亚
洗衣店废水		√	√				泰国
屠宰场废水		√	√				澳大利亚
市政污水		√		√			澳大利亚
		√		√			美国
	√		√	√	√	雀稗、荸荠	澳大利亚
	√		√	√			加拿大
食品废水		√			√		法国
		√			√		意大利
石化废水		√			√		美国
		√			√		中国
		√			√		中国台湾
		√	√				中国台湾
农业径流		√			√		中国
	√				√	茭白	中国
	√		√		√	藕草	德国
垃圾渗滤液		√			√		美国
	√		√	√	√	慈姑、灯芯草	美国
焦化废水		√			√		法国
机场路面径流		√			√		瑞士

污水种类	湿地类型		植 物 类 型				所在地区
	表流	潜流	香蒲	水葱	芦苇	其他植物	
化工废水		√			√		中国
采矿废水	√		√				中国
		√			√		德国
高速公路路面径流		√	√		√		英国
城市径流	√					荸荠、灯芯草、石龙刍	澳大利亚
	√		√		√		英国
污染水体	√		√				中国
		√			√		中国台湾
	√					藕草	日本

注 本表引自参考文献［86］和参考文献［87］。

相关统计表明，表面型人工湿地中香蒲、水葱、芦苇、灯芯草和荸荠是最为常见的五类植物，这五类植物在世界范围内的表流人工湿地中的分布情况如图 10.2-5 所示，由此发现，亚洲和欧洲最为常用的植物种类为芦苇，北美洲最为常用的种类为香蒲。

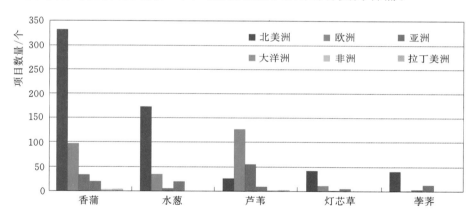

图 10.2-5　主要植物物种在表流人工湿地中的应用情况

此外，大型植物在不同类型人工湿地中的相对重要性见表 10.2-6。

表 10.2-6　　　　　　大型植物在不同类型人工湿地中的相对重要性

项　目	表流	水平潜流	垂直潜流	组合人工湿地
使用面积/（m²/PE）	＞20	10	5	2～5
稳定床面积	+++++	+++++	+++	+++
防止堵塞	/	/	+++++	+++++
减小水流速度	+++	/	/	/
衰减光线	+++++	++	+	+++

尾水人工湿地设计与实践

项 目	表流	水平潜流	垂直潜流	组合人工湿地
保温	+++	+++	+++	+++
附着微生物	+++++	+++	+	+
吸收营养物	+++++	+	/	+
氧气转移和释放	+	++	+	+
野生动植物生活环境	+++++	+++	+	+
美学	+++++	+++++	+++	+++++

注 "＋"越多表示越重要；"/"表示不重要；PE为人口当量。

本表引自参考文献［91］。

目前，植物在人工湿地系统的应用存在一些问题，主要有应用于实际工程的植物种类少、所选用植物的景观价值较低、湿地植物受气温等外界气候因素的影响较大、植物存在二次污染、植物净化机制需要进一步研究等，这些问题在很大程度上限制了人工湿地的发展。针对这些问题，今后的研究与工程实践应该重点关注这几方面：①扩大适用植物的筛选范围，筛选出更多适应性强、净化效果好、景观价值高的人工湿地植物；②构建稳定的人工湿地植物生态系统，包括乔木和灌木的组合、暖季和冷季植物的组合等；③进一步研究植物系统的去污机理，包括植物效应、植物适应机制、污染物在植物体内的转移以及植物收获后的处理等。

10.3 植物选择

在进行植物配置设计时，设计者应该充分预料到各种配置植物的生长期及植物季相变化，防止在栽种后即出现因植株生长未恢复或越冬植物弱小而不能正常越冬的情况。因此，在进行植物配置和设计时，应先确定设计栽种的时间范围，再根据此时间范围并以植物的生长特性为主要依据，进行植物的选择和配置设计。

在进行植物配置时，应遵循的一条重要原则，即应充分利用乡土物种，慎用外来物种，严禁使用入侵种。对于一些"新奇"的外来植物，在配置前应充分了解其在原产地的生长状况，并在引种地进行小面积栽种试验，根据效果再进行选择，防止因盲目引种而造成施工困难和工程损失，或造成物种入侵。

在进行植物工程设计及施工时，至少应遵循以下主要原则：

（1）根据不同的水位深度，选择不同的植物。

（2）根据不同的土壤环境，选择不同的植物。

（3）根据不同的栽植季节，选择不同的植物。

（4）根据不同的地域环境，选择不同的植物。

（5）在进行植物选种配置设计前，应对拟选植物的习性有充分的了解。

影响植物群落构建的因子主要有水位、养分、土壤、酸碱度、温度、光照、栽植方法等。

尾水人工湿地设计与实践

根据各种植物的生境、生态、形态及生理特征，可以分为不同的植物类型。在水生植物群落构建过程中，可以根据需求，选择不同的物种。

10.3.1 受水位影响的植物

根据植物生长的位置，可以将植物分为湿生植物、挺水植物、浮叶植物、浮水（漂浮）植物、沉水植物等。

1. 湿生植物

湿生植物通常是指在水分过剩环境中能够正常生长的植物，包括草本植物和木本植物，此类植物一般耐水湿能力强，能在河岸边生长。代表物种有海芋、水蓼、水杉、池杉、落羽杉、枫杨、柳杉等。湿生植物如图 10.3-1 所示。

（a）海芋

（b）水蓼

（c）水杉

（d）落羽杉

图 10.3-1 湿生植物

2. 挺水植物

挺水植物的根系生长于水底底泥中，叶片和花高挺出水面，适宜水深范围一般为 5～50cm，以不淹没第一分枝或心叶最为适宜。代表物种有荷花、香蒲、芦苇、茭（茭白）、梭鱼草、水葱、再力花、纸莎草、千屈菜、风车草等。挺水植物如图 10.3-2 所示。

3. 浮叶植物

浮叶植物的根系生长于水底底泥中，叶片和花朵出水漂浮于水面，适宜水深范围一般为

图 10.3 - 2　挺水植物

20~80cm，以一片新叶从叶柄开始抽长到叶片出水。代表物种有王莲、睡莲、萍蓬草、竹叶眼子菜、菱、芡实等。浮叶植物如图 10.3 - 3 所示。

4. 浮水（漂浮）植物

浮水（漂浮）植物的根系不入土，全株漂浮生长在水面，随水漂流，对水位要求不严格，一般以 100cm 为宜。代表物种有大藻、凤眼莲、满江红，槐叶萍、水鳖等。浮水植物如图 10.3 - 4 所示。

图 10.3 - 3　浮叶植物

图 10.3 - 4　浮水植物

5. 沉水植物

沉水植物的整个植株完全生长在水中，仅开花时的部分花或花蕾露出水面，适宜水深一般为 5~100cm，一般茎蔓长的耐深水，反之则喜浅水环境。代表物种有黄花狸藻、水韭、菹草、眼子菜、苦草、金鱼藻、黑藻、狐尾藻、茨藻等。沉水植物如图 10.3 - 5 所示。

10.3.2　受养分影响的植物

水生植物的生长对养分的吸收量较大，因此在生态工程中常利用水生植物吸收水体中养

尾水人工湿地设计与实践

分的方法来降低水体的富营养化程度。一般来说，水体中养分含量越高，植株的生长就越旺盛，反之则相反。

大多数水生植物，其生长对养分的需求量是比较高的，如香蒲、水葱、荷花、凤眼莲、茭草等。而沉水植物因完全生活在水中，水质富营养化会导致水体中悬浮物较多，或暴发蓝藻，因而影响其光合作用，因此沉水植物一般喜生长在透明度较高、富营养化程度较低、清洁贫瘠的水体环境中（图10.3-6）。

图 10.3 - 5　沉水植物

10.3.3　土壤

水生、沼生、湿生植物的根系一般较为脆弱，对养分的需求量较高，常生长于疏松肥沃的土壤环境。因此，在工程应用过程中，应注意栽种区域的土壤养分含量情况，并以此来选择该区域的适生性植物品种。土壤养分含量高，保肥能力强的水域栽植喜肥的植物种类，而土壤贫瘠、沙化严重的土壤环境则选择耐贫瘠的植物类型。喜肥的水生植物有茭白、菖蒲、睡莲、萍蓬草等（图10.3-6）。

10.3.4　酸碱度

水生植物对土壤的酸碱度也有一定的选择性。土壤酸碱度是土壤最重要的化学性质，它是土壤各种化学性质的综合反映，它与土壤微生物的活动、有机质的合成和分解、各种营养元素的转化与释放及有效性、土壤保持养分的能力都有关系。土壤 pH 值是重要的限制性因素，大多数湿地植物喜欢酸性或微酸性环境，少数植物喜欢偏碱性土壤，应该根据土壤的酸碱度选择种植湿地植物种类。除少数（耐）酸性土壤植物和（耐）碱性土壤植物可以在酸碱度较为极端的环境下生长，其他水生植物一般适合在 pH 值 5～8 的土壤中生长。耐酸性的水生植物有梭鱼草、穿叶眼子菜等（图10.3-7）。

（a）茭白

（b）菖蒲

（c）睡莲

（d）萍蓬草

图 10.3－6　喜肥的水生植物

（a）梭鱼草

（b）穿叶眼子菜

图 10.3－7　耐酸性的水生植物

耐碱性的水生植物有再力花、大藻等（图 10.3－8）。

10.3.5　温度

与其他陆生植物一样，大多数水生、沼生、湿生植物适宜的生长温度范围一般为 15～25℃。水生植物宿根一般具有一定的耐寒能力，但低温冻害常对植株造成毁灭性的伤害。因此，常采用灌水护苗的方式对水生、沼生、湿生植物进行管护，使越冬水面以下温度高于0℃，以防止冻害发生。耐低温的水生植物有荇菜、水车前等（图 10.3－9）。

（a）再力花 　　　　　　　　　　　　　　　（b）大薸

图 10.3－8　耐碱性的水生植物

（a）荇菜 　　　　　　　　　　　　　　　（b）水车前

图 10.3－9　耐低温的水生植物

10.3.6　光照

1. 光强

根据光照强度划分，水生、沼生、湿生植物可以分为喜光植物和耐阴植物。

（1）喜光植物。大部分水生植物对光照要求较高，喜强光环境，光照越充足、植物生长越旺盛，开花越繁茂，如禾本科、香蒲科、鸢尾科、睡莲科等科属的水生植物基本均为喜光植物（图 10.3－10）。

（a）玉莲 　　　　　　　（b）芡实 　　　　　　　（c）蒲草

图 10.3－10　喜光的水生植物

（2）耐阴植物。部分水生植物对光照的要求较低，适于在稍荫蔽的环境条件下栽种，光照过强时，往往容易发生日灼的现象，如菖蒲等（图10.3-11）。

（a）菖蒲　　　　　　　　　　（b）石菖蒲　　　　　　　　　　（c）金线石菖蒲

图10.3-11　耐阴的水生植物

2. 日照时间

水生植物生长发育对日照时间的要求不同，具体表现在花芽分化上。植物生长发育对昼夜长度要求产生生理反应的现象称为水生植物的光周期现象。根据日照时间划分，水生植物分为长日照植物、短日照植物和日中性植物等。

（1）长日照植物。当只有日照时长超过临界时长（14～17h），或暗期需短于某一时数时，才能完成植株的花芽分化，并形成花芽，否则不会形成花芽而只停留在营养生长阶段的植物类型，称为长日照植物。代表物种有鸢尾科的鸢尾属，睡莲科的睡莲属、莲属、萍蓬草属、芡实属、王莲属，香蒲科、雨久花科的梭鱼草属、雨久花属、凤眼莲属等（图10.3-12）。

（a）鸢尾　　　　　　　　　　　　　　　　　　（b）香蒲

（c）凤眼莲　　　　　　　　　　　　　　　　　（d）雨久花

图10.3-12　长日照植物

（2）短日照植物。只有当每日日照时间少于12h时才能完成花芽分化，并形成花芽的植物类型为短日照植物。这类植物在夏季长日照的环境下只能进行营养生长，不能进行花芽分化，入秋之后，当日照减少到10～11h后才开始进行花芽分化并形成花芽。

短日照植物一般为下半年开花，包括大部分的沉水植物，如眼子菜科、水鳖科的黑藻属，小二仙草科的狐尾藻，莎草科的纸莎草、蘑草属，千屈菜科的千屈菜属等均属于短日照植物（图10.3－13）。

（a）狐尾藻　　　　　　　　　　　　（b）千屈菜

图10.3－13　短日照植物

（3）日中性植物。日中性植物对光照要求不严格，其花芽分化与日照时间无关，如天南星科的海芋属、竹芋科的再力花属、莎草科的莎草属等（图10.3－14）。

（a）海芋　　　　　　　　　　　　　（b）莎草

图10.3－14　日中性植物

10.3.7　栽植方法

不同的水生、沼生、湿生植物的繁殖方式各不相同，大致可分为有性繁殖和无性繁殖。前者主要指利用种子繁殖，苔藓植物和蕨类则利用配子、孢子进行繁殖；后者主要指利用植株的营养体进行繁殖，如利用根、茎、叶等器官或分株进行繁殖等。在栽植水生、沼生、湿生植物时，除进行整株移植外，其余都应注意与植物的繁殖方法协调。

在一般天然河流滨岸区，湿生、沼生、水生可直接将植株、种子或营养体种植在泥底，采用常规栽植方法即可。对于硬化河道，可在河底砌筑种槽，铺一定厚度的培养土后栽入；也可将植物种植在容器中，再将容器沉入水中即可。各种缸、盆、木箱、竹篮、柳条框等均可作为种植容器，尺寸根据植株的大小确定。不同的栽种方式如图10.3-15所示。

（a）常规栽种　　　　　　　　　　　　　（b）陶盆栽种

（c）玻璃器皿栽种　　　　　　　　　　　（d）木盆栽种

图 10.3-15　不同的栽种方式

11 运行管理

11.1 系统运行

11.1.1 启动控制

11.1.1.1 启动周期

人工湿地污水处理系统从启动到成熟及正常运行，一般要经历两个阶段。

第一阶段是启动阶段。在此阶段中，整个系统处于不稳定状态，其中植物的生长、微生物的数量、种类及生物膜的生长都处于逐步发展的阶段。植物的根茎不断生长，其根系不断发育并逐步向填料床深处扩展，微生物的数量不断增多，优势种群逐步形成，此时系统对污水的处理效果及运行稳定性尚处于变化之中。

第二阶段是稳定成熟阶段。在此阶段中，系统处于动态平衡之中。植物的生长仅随季节发生周期性的变化，而年际间则处于相对稳定的状态。此时系统的处理效果充分发挥，运行也比较稳定。

启动期的长短根据系统类型、进水水质以及不同季节而定。表流人工湿地为保证植物更好地生长，满足出水水质要求，需要的启动时间应足够长；而潜流人工湿地并不是主要靠植物来进行污水处理，所以对启动时间的长短要求并不严格。人工湿地系统从启动到成熟所需的时间随各地的情况不同而有所不同，一般要两年左右的时间。

11.1.1.2 日常检查

湿地启动期，管理人员应每周检查数次。检修内容包括湿地植物的生长情况、隔堤等结构稳定情况、水位调节以及蚊蝇滋生情况等。为了避免湿地水流短路，在大面积人工湿地中种植的植物一旦出现死亡现象，应及时予以补种。该时期形成的经验对人工湿地系统成熟期检修频率的确定很有帮助。

11.1.1.3 水位和流量控制

运行期人工湿地中的水位和流量通常是影响一个设计良好的人工湿地处理效果的最重要的变量。

对垂直潜流人工湿地而言，一般建成初期，需要将湿地填料浸水，按设计流量运行到 3 个月后，可将水位降低到填料表层下 15cm，以促进植物根系向深部发展。待根系生长成熟，深入到床底后，将水位调节至填料层下 5cm 处开始正常运行。进入稳定成熟阶段后，系统处于动态平衡，植物的生长仅随季节发生周期性变化，而年际间则处于相对稳定的状态，此时系统的处理效果充分发挥，运行稳定。

对水平潜流人工湿地而言，水在床体内以推流的形式流动，水位控制有如下几个基本要求：

（1）当系统接纳最大设计流量时，其进水端不能出现壅水现象以防发生地表流。

（2）当系统接纳最小设计流量时，出水端不能出现填料床面的淹没现象，以防出现地表流。

（3）为有利于植物的生长，床中水面浸没植物根系的深度应尽可能地均匀。水位变化对水力停留时间、气—水界面大气扩散通量及植物覆盖率都有一定影响。

应对水位的突然变化需要立即进行调查，这一变化可能是由池底漏水、出口堵塞、隔堤溃决、暴雨径流或其他原因引起的。云南九溪湿地可调式进水管和水位控制闸如图 11.1-1 所示。

图 11.1-1 云南九溪湿地可调式进水管和水位控制闸

11.1.2 运行模式

对于表流人工湿地，一般采用连续进水。而对于潜流湿地，有两种运行方式：一种是进水不是连续性的，而是通过水泵间歇性的一天 3～4 次输水；另一种是湿地并联间隔运行，而水泵连续运行。人工湿地的间歇运行和适当的湿地干化期，会使基质得到休息，保证基质一定的好氧状态，避免胞外聚合物的过度积累，从而减缓基质堵塞。

11.1.3 冬季保温

湿地植物在人工湿地去除污染物中所起的作用，主要是通过植物根系吸收污染物与借助通气组织传输的氧气来为湿地微生物提供好氧环境。如果人工湿地所在地区冬季气温低，大部分植物进入休眠状态、枯萎或死亡，造成人工湿地整体的净水效果大幅下降，枯萎植物的残体进入污水会分解出含氮和磷的物质，使湿地负荷增加。

人工湿地中微生物的代谢情况与温度有关，温度降低使微生物活性也降低。如果冬季湿地系统温度和氧含量低造成微生物活性降低，将使微生物分解有机污染物的能力下降，而且低温时硝化作用过程受到影响，硝化细菌的适应温度是 20～30℃，低于 15℃，反应急速下降，5℃几乎停止。反硝化细菌的适宜温度在5～40℃，但低于15℃，反应速度也下降。研究表明，湿地中85％的氮是通过反硝化作用去除的，反硝化作用是人工湿地脱氮的最有效途径，温度过低同样使反硝化作用停止，使污水中氮的去除率降低。

以某湿地工程为例，对工程所在地的全年日均气温进行了统计分析，在最冷月，日均最低气温在2～4℃，对于潜流湿地而言，由于基质有保温作用，一般基质内部水体温度高于最低气温5℃左右，因此，最冷月湿地内部水体温度在5℃以上，可确保发生硝化和反硝化作用，但不可避免的是，反应速率明显减慢。

冬季保温主要包含以下三个措施。

（1）植物防寒保温措施。人工湿地中植物保温的措施通常是将收割的湿地表面枯萎的植物均匀覆盖于人工湿地之上。覆盖材料应具有以下特性：能完全分解而不影响系统正常运行；pH值为中性；结构蓬松，纤维含量高，隔热性好；易使种子在覆盖物上生长；有较好的湿气涵养能力。我国北方人工湿地植物保温多采用湿地表层植物作为越冬的主要覆盖物，如沈阳浑南人工湿地选择炭化后的芦苇屑作为保温措施。根据运行监测数据发现，采用植物保温后，人工湿地床体浅层和中层温度波动幅度不大，温度在7～12℃；床体深层温度较稳定，一般保持在11～13℃，沈阳满堂河人工湿地利用人工湿地在冬季枯败的芦苇等植物作为覆盖保温材料，既经济又使废物再利用，同时获得了良好的保温效果，污水处理率较夏季仅降低10％～15％，可见植物覆盖法可有效地提高人工湿地冬季的处理效果。

（2）冰雪覆盖防寒保温措施。在冬季进行适当的水位调整，这可以阻止人工湿地冰冻。在深秋气候寒冷时，可以将人工湿地水面提升50cm左右，直到表层冻结形成一层冰层。当水面完全冰冻后，通过调低水位，在冰冻层下形成一个空气隔离层，由于上面冰雪的覆盖，可以保持人工湿地系统中具有较高的水温。表流及潜流人工湿地均可以采用这种方法来提高其在冬季的处理效果。同时，在冬季保持最高的运行水位很有必要，因为45cm高流动的水比15cm高的流水冻结的可能性小得多，即表流湿地也可以在整个冬季成功运行而不完全冻结，只有表面上的15cm会结冰（图11.1-2）。

（3）大棚防寒保温措施。可采用农村构筑普通大棚所用的塑料薄膜对人工湿地进行保温，可在植物表面覆盖地膜或修建阳光棚。运行覆盖地膜能使冬季运行的人工湿地微生物活性得到提高，提高污染物的去除率，对NH_3-N和TN的去除效果均有一定改善。目前也有部分湿地工程采用造价相对较高的轻

图11.1-2　表层结冰的表流湿地

型钢结构玻璃顶棚。某湿地工程上盖的轻型钢结构玻璃顶棚如图 11.1-3 所示。

图 11.1-3 某湿地工程上盖的轻型钢结构玻璃顶棚

11.2 生物控制

11.2.1 杂草控制

尾水湿地的水热条件好且富含营养物质,从而造成杂草极易生长。少量天然杂草对人工湿地系统的处理效果影响不大,还有助于提高生物多样性,维系生态系统的平衡,可不必去除。但在最初的两三年中,必须清除人工湿地床中的一些杂草,以防止其危及目标植物幼苗的生长。杂草的过度生长带来许多问题,如春季杂草比湿地植物生长得早,遮住了阳光,阻碍了植株幼苗的生长。实践证明,当植物经过 3 个生长季节,就可以与杂草竞争,尤其芦苇是一种强势种群,一旦生长壮大,就无需再除杂草。

当杂草与湿地植物竞争,危及湿地植物系统正常发育时,可以采用生态灭草法消灭杂草,具体方法为:在春季或初夏,建立植物床的前 3 个月,用高于床表面 5cm 的水深淹没人工湿地床表面,这样可控制杂草的生长。待湿地植物生长良好,占据群落优势时,恢复正常水位(此过程大约半个月),也可对其采用人工或机械等方法进行收割处理。除杂草时,不得使用化学除草剂,不得破坏砂层表面。

11.2.2 藻类控制

藻类在潮湿的环境中普遍存在,它们不可避免地成为表流人工湿地、氧化塘系统的生物组成部分。当藻类成为某个处理系统中的主要成分时,藻类对其处理性能会产生严重影响,因此,在设计时必须要预先考虑藻类的影响。

藻类是由肉眼看不见的孢子在风的作用下传播繁殖的,只要存在较高温度的水体环境、阳光、营养物,它们就能繁殖生长。最常见的藻类有 3 种。绿藻在池塘中最多,具有核细胞,能以单细胞、菌落、菌丝繁殖。水绵就是一种绿藻,春季中密集地浮在水面,形如薄毯。所有形式的蓝藻是无核细胞，泥浆状，导致初夏塘水混浊而呈绿褐色。大多数蓝藻细胞结合在一起，呈细长花丝状。一些藻类能漂在水面或附在各种物体上，一旦附在小溪的岩石上，在流水中也能生存。

藻类是生态系统中非常重要的成分之一，但是藻类的过量繁殖也会产生突出的问题。一般来说，藻类作为生态系统食物链的初始端，对于池塘、湖泊、小溪生态系统十分重要。池塘中的大多数动物都是直接以藻类作为食物，或是以较小的食藻动物为食物。池塘中绝大部分氧气主要依靠藻类产生，当太阳能以光子的形式照射到绿色植物如藻类时，就会产生光合作用，释放氧气。白天的光合作用过程中，植物吸收 CO_2，放出 O_2；而在夜间的呼吸作用中，通过植物的同化作用，消耗 O_2，释放出 CO_2。在水体和陆地之间的湿地生态系统中每天都进行这样的气体循环过程。藻类植物通常成簇状生长在池塘等湿地生态系统的边缘，是这类生态系统氧气的主要来源。

虽然藻类能够提供氧气，并且能吸收水中的磷和氮营养物，但藻类过量繁殖通常是污水处理人工湿地系统中一个突出的问题。在污水处理系统中，藻类死亡后就会沉入水底分解，分解过程将会增大出水的固体有机物以及固体悬浮物的浓度水平，而这些物质的浓度水平是废水处理中需要控制和监测的主要指标。在人工湿地出水口附近的敞水区，也会导致蓝藻水华的季节性暴发，使出水口的悬浮物浓度和颗粒性营养物浓度提高。

一般来说，浮叶植物如睡莲，可以阻挡部分阳光，抑制藻类生长；好氧型沉水植物如伊乐藻一旦生长，就会争夺某些藻类的营养而将其淘汰。实际上，富营养化过程初期很难让这些与藻类竞争营养物质的植物生长，而悬浮的藻类在沉水植物区，将形成遮光层，大大减少沉水植物所需的光照，不仅导致溶解氧水平降低，而且抑制沉水植物生长。

通过种植好氧水生植物与藻类争夺营养，种植睡莲和一些浮水植物遮蔽水面，可以达到减少藻类的目的。蝌蚪和蜗牛以藻类为食，可以适当向水体投入这些生物，通常能有效地控制藻类生长。除了生物除藻外，市场上还可买到许多除藻剂产品，用以控制公园水塘中的藻类植物。应该注意尽量使用生态安全的生物除藻剂，尽量少使用无机除藻剂，尤其是不能使用以硫酸铜为主要成分的除藻剂，这种除藻剂对鱼类与水生生物危害很大，不利于水生生态系统恢复。如鱼池销售商销售的"水体净化物"，它使悬浮藻类缠绕在一起并沉入水底，达到除藻的目的。另外，水体周边的草坪或景观植物园尽量实施精准施肥，防止过多施用的肥料进入水体；养鱼不要超量投放饲料，也是防止藻类过快生长的有效途径。

以某湿地工程为例，其采用砾石床代替沉淀塘，避免污水处理厂尾水见光带来的藻类过度生长的问题，从而降低潜流湿地的堵塞风险。同时，在氧化塘的表面覆盖浮床，种植水生、沼生植物，以减少藻类生长的光照。在潜流湿地部分，通过试运行，及时发现床面凹陷处，及时补充摊铺砾石，避免运行后凹陷处积水见光带来的藻类滋生问题。末端景观塘处，通过增加喷泉，增加水体流动性和溶解氧含量，控制出水藻类的生长。

11.2.3　动物控制

一旦湿地成熟，就会出现许多鸟类、哺乳动物、爬行动物及两栖动物。湿地可能成为许多动物重要的食物来源产地。野生动物通常被视为有益于维护湿地的处理功能，因为它们从湿地植物中获取营养，随后将这些营养物质带走，分布到别处或整体环境中。

图 11.2 - 1　湿地中采用的低压电流驱动物装置

但是有些哺乳动物可能会对湿地带来危害，如麝鼠喜欢在护堤面上打洞，或在表流湿地中取植物枝叶做窝，因此可以通过将堤面坡度设置为 1∶5 或更小，防止护堤面上出现洞口。湿地中的洞窝会影响水流，还可能影响湿地的处理性能。用筛网可以将大型啮齿动物隔离在管路以外，以限制其进入并防止堵塞；为了防止动物打洞和对堤岸等结构的损害，采取诱捕和物理驱除等方法是必要的。湿地中采用的低压电流驱动物装置如图 11.2 - 1 所示。

水鸟的粪便含有高浓度的磷，因此，高密度的水鸟聚集将带来水环境的恶化，适当多种植吸收磷能力强的植物可以减少磷污染。

昆虫也可能对人工湿地正常运行产生影响。蚱蜢的胃口偶尔会增大到足以吞食掉所有的香蒲，这不仅影响人工湿地的污水处理效果，而且还会影响湿地美化环境的景观效果。减少蚱蜢数量的自然控制方式最理想的是利用雀鹰。为雀鹰建造栖息地将吸引这些捕食者，能有效地控制蚱蜢。

由于蚊子能够传染疾病，影响人类的健康，因此控制蚊蝇孳生是表流人工湿地处理系统必须重视的技术问题之一。尤其当人工湿地处理系统离人类居住区较近时，这个问题如果得不到有效解决，会引起附近居民的反感。虽然现在还无法完全做到控制湿地系统中产生的蚊蝇，但通过大量的研究，已经形成了一些比较成熟的控制蚊蝇的方法。

蚊蝇喜欢静水环境，保持人工湿地系统中水体微微流动状态有利于减少蚊蝇数量，可以通过水泵提取或在水面安置机械曝气设备来强化边缘水域的水体流动，从而抑制蚊蝇幼虫的发育，同时会增加水中的溶解氧含量，有利于提高出水水质。也可以在人工湿地系统中设置洒水装置，通过向水面洒水来阻碍蚊蝇向水中产卵，这样不仅可以达到控制蚊蝇的目的，还可以和水景观结合起来增加湿地系统的观赏性。

湿地系统中高大的挺水植物成熟后容易发生弯曲或伏倒在水面上，这种生境易造成蚊蝇的孳生。因此可以通过加强湿地植物的管理来控制蚊蝇，在水边不种植水生植物，或种植低矮的植株并每年进行收割。必要时可以在蚊蝇产卵的季节使用细菌杀虫剂（苏云金杆菌和球形芽孢杆菌）杀死蚊卵，或使用能够导致蚊子幼虫发育衰减的激素来控制蚊蝇。

实践证明，向系统中投放食蚊鱼和蜻蜓的幼虫来控制蚊子也是一种非常有效的方法。这不仅可用在气候温暖的地域，也可用于气候寒冷的地方。在寒冷的北方，也可以使用食蚊鱼，不过由于其无法越冬，来年需要重新投放。有时候植物的叶片堆积的过于密集，食蚊鱼可能

尾水人工湿地设计与实践

无法达到湿地的所有部分，当出现这种情况时可以适当稀疏植被。同时结合其他的自然控制方法，如造蝙蝠穴和构筑燕巢引来蝙蝠和燕子来控制蚊虫也非常有效。

11.2.4 植物控制

植物管理的主要目的在于维持人工湿地需要的植物种群。通过稳定的预处理、偶尔小幅度的水位变化、定时植物收割等可达到这个目的。如果植被覆盖率不足，还需要采取包括水位调节、降低进水负荷、植物杀虫、植物补种等补救措施。

11.2.4.1 水位调节

水生植物（沉水、漂浮、浮叶、挺水植物）、沼生植物和湿生植物生长习性各不相同，不仅对水深的要求各异，而且不同生长期对水量需求也不同。漂浮植物生境应保证一定的水深使其植物体自由漂浮于水面；沉水植物生境水深应超过植株高度，从而使茎叶自然伸展；浮叶植物生境应根据茎蔓的长度调整水位，使叶片能以自然状态漂浮于水面上；挺水植物生境应保持植株的茎叶挺出水面；沼生植物生境应该为地表有一定深度积水，年内水位有一定波动；湿生植物应保证土壤中的水分含量较高或处于近饱和状态。

11.2.4.2 分株、疏除

对于分蘖能力较强的水生植物，应根据植株的密度及时分株，作为其他工程的种苗使用；对同一水面栽植的各类植物，应定期疏除繁殖速度过快的种类，防止因植株密度过高影响其他植物的生长；浮叶植物叶片相互遮盖时，应适当疏除。

11.2.4.3 病虫害防治

除采用常规的喷洒农药的方式进行病虫害防治，还特别重视采用各种绿色防治方法，以减少引入新的污染源。病虫害绿色防治方法主要有以下方面。

（1）生物防治。在进行植物配置时，充分考虑某些害虫天敌的栖息环境，保护各种益虫，必要时可直接引入天敌，通过生物群落间的食物链关系达到防治害虫的目的。另外，通过合理配置不同植物的搭配，以及利用病毒制剂等可以减少各种病虫害的大面积发生。

（2）色板诱杀或趋避害虫。如利用黄色板可诱杀蚜虫、白粉虱；白色板可诱杀蓟马；银色板可避蚜虫等。

（3）生长调节剂。如利用灭幼脲、优乐得等使害虫不能正常生长和发育，可以影响幼虫蜕皮、延期或提早化蛹、蛹畸形、成虫小型、卵不孵化等，造成生理障碍而死亡。

（4）性外源激素。如可以利用人工合成小地老虎等害虫的性外源激素，干扰害虫交配，使害虫不能正常繁殖后代。

（5）清除病虫害中间寄主。对各种病虫害的中间寄主，应及时进行移除、隔离等处理措施，隔断病虫害生长、繁殖条件，降低病虫害危害。

11.2.4.4 收割

对于利用水生、沼生、湿生植物净化水质的工程，应适时对植株进行收割和残体处理。

植物生长最旺盛的阶段也是其净化水质效率最高的时期。根据水生植物的生长特点，植株生长达到一定的生长时期和生长量时，其生长即停止，此时对水质的净化效率开始降低。因此，为了促使植株形成二次生长高峰，继续保持较高的水质净化效果，必须对植株进行收割和处理。在收割过程中，随植株的去除同时去除了植物从水体中吸收的 N、P 等元素。

不同的水生、沼生、湿生植物，其收割方式也不同。对于挺水植物，一般采用地上部分收割的方式进行管理，留下必要的生存根茎，保证翌年春季的发芽。沉水植物、浮叶植物通过茎、叶可吸收水中的营养盐，但主要是通过根系吸收底质中的 P，然后分配到茎、叶中，最后通过植物活体释放或死亡腐烂后释放到水体中。因此，对沉水植物应选择其在旺盛生长期进行不间断收获和打捞，冬季和夏季休眠前进行全面收获。浮水植物中的凤眼莲、大藻等生长迅速，生物量大，夏季营养盐吸收能力高，繁殖速率高，因此，可在此阶段进行及时的收割和清捞，保持一定的植物密度以维持净化效果。对于不能在露天环境下越冬的区域，在冬季前应对凤眼莲等漂浮植物进行全面打捞，除部分移入温室保苗越冬外，其余全部进行残体处理。

11.2.4.5 资源化利用

水生植物除了具有较大的生态效益、社会效益，其衍生物或产品还具有很高的经济效益。

1. 用作切花或干花

蒲棒的叶子可作为切叶用，具有较好的观赏效果（图 11.2-2）；再力花的叶片有质感、韧性强的特点，可作为切叶在插花作品中应用（图 11.2-3）；花叶水葱的叶片称为斑太蔺，为著名的切叶植物（图 11.2-4）；野姜花的花序为著名的切花类型，具有很好的插花应用效果（图 11.2-5）；纸莎草的叶型飘逸，为著名的切叶植物品种（图 11.2-6）；荷花为我国传统的切花材料，具有悠久的插花历史和极好的插花效果。

2. 用作药材、蔬菜

蒲黄、泽泻、灯芯草、石菖蒲等均为常见的中药材；豆瓣菜又称西洋菜，为特色野生蔬菜品种；香蒲的嫩芽、嫩梢被称为草芽、蒲菜，在我国入菜历史悠久；芦苇的嫩芽、荷花的嫩芽、茭草的嫩茎均为风味独特的食用蔬菜；芦蒿、水芹菜和薏苡一道被称为"洞庭三珍"，为著名的特色蔬菜。

用作药材、蔬菜的水生植物，应特别注意其生长的土壤、水质情况，对在含有影响人体健康污染物的水体中生长的水生、沼生与湿生植物，不能用作药材和蔬菜，以免造成不良危害。

3. 生产工艺品类

灯芯草、水葱、香蒲、莞草为传统草席的编制原料，针蔺、莞草为编制草帽的主要原材料（图 11.2-7），芦苇为工业造纸的主要原料。

4. 堆制有机肥

收割的水生植物残体均可作为生物有机肥的堆置原料，已经用于堆置有机肥的水生植物

尾水人工湿地设计与实践

图 11.2 - 2　蒲棒的叶子　　　　图 11.2 - 3　再力花的叶片　　　　图 11.2 - 4　斑太蔺　　　　图 11.2 - 5　野姜花
　可用于切叶　　　　　　　　　可用于切叶

图 11.2 - 6　纸莎草

主要有美人蕉、香蒲、风车草、皇竹草、菱草、凤眼莲等。另外，还可以水生植物残体加工制作边坡生态修复用的种子饼、植生盘、植生杯等产品进行产业化应用。如云南今业生态建设集团将人工湿地植物残体资源化利用和高速公路及矿区生态修复产业相链接，目前已取得初步成功。

5. 用作饲草饲料

凤眼莲和大薸最初作为饲料引入我国，水芹菜、芦蒿、皇竹草和菱草等在一些地区也经常作为饲草植物，用于饲养畜禽和鱼类。

图 11.2-7　莞草编织的工艺品

11.3　HSE 管理

11.3.1　恶臭控制

异味通常来源于 H_2S，而 H_2S 产生于低级的水生环境，通常是一个没有水流进出的完全封闭缺氧的环境。正常条件下，人工湿地不会出现这种情况，因为不停地有水注入，并且湿地中的植被能把氧气输送到底层根系区。如果人工湿地设计得当，一般不存在臭味问题。

恶臭一般发生在人工湿地系统前部，特别是夏季高温有风情况下，当湿地系统不能有效去除水体中像硫化氢等易挥发性物质时，在系统出水口用于曝气的跌水和明渠水跃位置，这部分气体会释放出来，产生臭味，对环境影响较大。这些恶臭可通过有效措施进行控制，如薄膜覆盖、降低污染负荷、强化预处理等。如在氧化塘采用人工曝气措施，避免尾水停留引发的臭味问题，同时在氧化塘的表面覆盖浮床，表面种植水生植物，以降低臭味影响。

对于潜流人工湿地而言，因为污水在基质层内运行，地表一般不会有什么气味。表面流人工湿地污水在地表运行，如果进水负荷过高，会释放出难闻的污水气味，尤其是水体静止状态下更是如此。因此，可在空间布局上将进水点布设在表流人工湿地凹岸处，以推动凹岸水流运动。

11.3.2　安全保障

表流人工湿地或氧化塘的安全因素之一是合理设计好表流人工湿地或氧化塘的边缘带，包括种植、安全台阶和湿地边坡坡度的设计等，人工湿地外坡的坡度一般应小于 3∶1，并且可在边缘设计建造有 0.6m 深的水面之下的安全台阶。另外，还建议在深水区和危险区设置安全警告牌，且字迹清楚，并且确保在附近的街道、人行道或小路上能看到其中的一块警告牌。如果人工湿地水域面积较大，需要在其周围建造 2.0m 宽的安全带。在非暴雨期，安全带内水位不得超过 0.7m。并特别建议，在安全带内种植一些挺水植物如香蒲，并禁止居民与游人入内。当人工湿地边坡是垂直墙体，则需在人工湿地边坡墙体处建设篱笆或栏杆。

11.3.3　护堤维护

护堤是绝大多数人工湿地工程中一个基本工程设施部分。应该经常观察护堤，看看砂砾层或水面以下护堤的外部斜坡面是否有渗水现象。过多的或颜色异常暗绿的植被生长是出现渗漏的症状。生长在护堤附近的树木根系很有可能会穿透隔水层衬垫，应该注意检查，及时发现，及时处理。

以某湿地工程为例，其通过种植多种类乔木，构建富有层次的绿地景观。设计方案中将潜流人工湿地单元的基准面与乔木处于同一水平面，以防止乔木根系对人工湿地防渗层造成破坏。对于表流人工湿地，采用了膨润土毯作为防渗层，通过加大覆盖土层来避免植物根系破坏防渗层。

11.3.4　堵塞与清淤

人工湿地系统的堵塞在前面章节已经进行了详细地分析。此外，还应注意配水系统的堵塞，如配水管道出口、出水孔口等堵塞，应定期维护（图 11.3 - 1）。若人工湿地工艺中设置了氧化塘单元，应定期将氧化塘内的沉淀污泥用移动式污水泵抽出，残留污泥可保留在池底，厚度约 10cm。也可根据污泥液位高度确定清理时间，采用此方法需要配置污泥液位测量装置。液位测定既可以使用专门的液位测定仪（如超声波测定仪、光电测定仪等），也可以使用简易的污泥液位测定仪进行测定。

图 11.3 - 1　人工湿地进水管处堵塞

11.3.5　出水消毒

根据以往的经验，利用已有仪器设备对水质进行定期检验，是解决水质安全问题最合理的方法。大量检测结果已经表明，设计合理、维护得当的人工湿地出水中大肠杆菌的浓度符合相关标准，在这些系统中也从未发现有任何致病病毒。但是以大肠杆菌为衡量指标，如果进水水质差时，设计的人工湿地面积远大于以常规 BOD_5、N、P 等为设计指标设计的人工湿地面积，因此，应综合用地面积因素，一旦用地面积不够，出水又有严格要求时，另外的安全措施是根据国家规定要求，出水在排放到公共水体前，应该经过氯化作用、紫外线照射或其他先进的技术方法进行消毒。

对于尾水人工湿地而言，进水已经经过了污水处理厂的消毒单元，由于《城镇污水处理厂污染物排放标准》（GB 18918—2002）中的一级 A 和一级 B 标准中的大肠杆菌指标已经满足《地表水环境质量标准》（GB 3838—2002）中的 IV 类和 V 类标准，即尾水湿地进水水质中大肠杆菌指标已满足出水水质要求，因此可不再设置出水消毒装置。

11.4 系统监测

对系统各环节的进出水进行监测，监测项目主要应包括水位、pH 值、BOD_5、COD、TSS、NH_3-N、硝酸盐、磷酸盐、电导率、大肠杆菌等。监测频率宜为水位和 pH 值每周 1 次，电导率每三个月 1 次，其他指标每月 1 次。各监测项目应按国家标准检测方法、相关标准和规定进行。北京黑土洼人工湿地太阳能在线监测设备如图 11.4 - 1 所示。

图 11.4 - 1　北京黑土洼人工湿地太阳能在线监测设备

湿地生态监测内容从根本上说是湿地生态系统结构和功能的观测，其变化过程和趋势是通过结构和功能参数随时间的变化来实现的。而结构和功能的表征值需要通过一系列的数据及其相关的关系来体现，这些参数主要包括植物的个体特征，种群、群落特征，水化学特征，水环境特征，水生态特征，小气候特征，水文特征，土壤特征，沉积物特征，动物个体、种群、群落特征以及人类活动表征指数等。

11.5 应急管理

人工湿地运行期间而对水量变化、水质变化、供电线路故障等因素进行应急管理，相关应急情况及其处理措施说明如下。

1. 水量变化

进水为污水处理厂尾水，流量在进入污水处理厂时已经调节过，但受处理工艺和实际运行情况看，出水流量仍有一定波动，因此，应在配水泵设置时考虑一定的变化系数，对进水设备进行选型和管路系统设计。同时，进水泵房也对来水具有一定的流量调节作用，一般情况下应满足尾水流量波动。

2. 水质变化

尾水人工湿地进水按照《城镇污水处理厂污染物排放标准》（GB 18918—2002）设计，但是污水处理厂受进水波动影响，仍存在出水水质不能稳定达标的风险，可增加预处理单元，在进水总体达到《城镇污水处理厂污染物排放标准》（GB 18918—2002）、而部分指标（如 NH_3-N 和 SS）存在一定波动的前提下，仍然能够保证出水达标排放。同时，设置进水在线监测设施，一旦进水水质超标，对人工湿地处理系统进行预警，及时通报污水处理厂。

3. 供电线路故障

应根据项目重要性决定是否采用二级供电，确保供电安全性，应设置尾水排放通道，在供电线路故障等特殊情况下，保障尾水能够顺利排出。

4. 场地防洪

湿地作为天然的蓄水系统，具有控制洪水、调节径流和均化水位的功能，因此人工湿地的设计和建设可结合蓄滞洪区建设和水资源综合利用开展。对于区域防洪而言，人工湿地可作为调蓄体承纳区域内的部分洪涝水，成为江河防洪体系的重要组成部分，是保障重点防洪安全、减轻灾害的有效措施。在此情况下，可适当降低人工湿地的总体防洪标准，但是重点建（构）筑物等仍具有较高的防洪要求，因此可根据不同功能分区域设定不同的防洪标准。

11.6　成本分析

11.6.1　不同类型人工湿地投资运行费用

如图 11.6-1 所示，我国人工湿地建设投资费用差距较大，表流人工湿地的吨水投资均值为 2410.82 元，但最小吨水投资仅为 223.25 元，最大吨水投资为 9880.00 元。表流人工湿地吨水投资费用与处理污水类型有关，处理养殖废水的表流人工湿地因预处理及延长水力停留时间等原因，吨水投资费用较高。水平潜流、垂直潜流及复合流人工湿地的吨水投资均值分别为 2324.65 元、4392.06 元及 1475.64 元，但是其波动幅度较大，分别为 333.50～5312.50 元、222.00～22060.00 元、962.45～2480.00 元，可能与预处理及征地费用有关。对于农村生活污水处理，需要在人工湿地前设置水解酸化、厌氧水解、接触氧化等预处理工艺，同时规模小，大大增加了人工湿地投资成本。

我国水平潜流人工湿地运行费用最高，均值为 0.80 元/t，表流、垂直潜流、复合流人工湿地运行费用均值分别为 0.32 元/t、0.27 元/t、0.17 元/t。不同人工湿地的运行费用差距较大，变化范围为 0.05～5.32 元/t，这与人工湿地处理规模、是否采用泵站提升及预处理工艺等有关。

11.6.2　处理不同类型污水人工湿地投资运行费用

如图 11.6-2 所示，处理养殖废水的人工湿地吨水投资和运行费用最高，分别为 6340.50 元/t 和 2.36 元/t；处理城镇生活污水与农村生活污水的吨水投资费用次之，分别为 3746.00 元/t、5227.64 元/t；由于处理河水、湖水、尾水、农业退水一般无需进行预处理设备投资，吨水投资均值小于 1500.00 元/t。

城镇生活污水与农村生活污水的平均运行费用分别为 0.27 元/t 和 0.29 元/t，而河水、湖水、农业退水、尾水的运行费用小于 0.20 元/t。

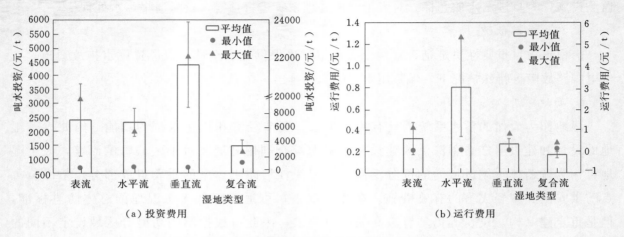

图 11.6-1　不同类型人工湿地的投资及运行费用分析

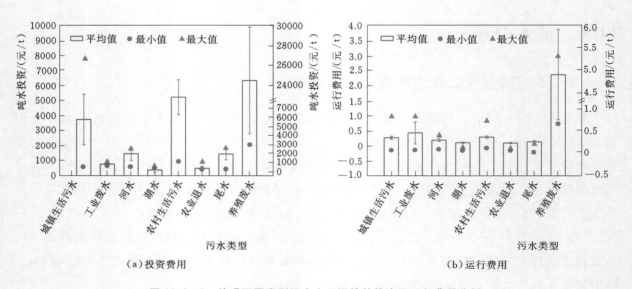

图 11.6-2　处理不同类型污水人工湿地的投资及运行费用分析

案 例 篇

12 返璞归真·义乌案例

12.1 项目背景

12.1.1 义乌市概况

义乌市位于浙江省中部，地属金华市，位于金衢盆地东部，东邻东阳市，南接永康市、武义县，西连金东区、兰溪市，北接浦江县和诸暨市。义乌市区位优势明显，经济发展强劲，是全球最大的小商品集散中心，被联合国、世界银行等国际权威机构确定为世界第一大市场。福布斯发布 2013 年中国最富有的 10 个县级市中义乌市荣登榜首。义亭镇位于义乌市西南部，是义乌市西部政治、经济和文化中心，辖区面积 54km²，是浙江省教育强镇和卫生强镇、金华市中心镇和文明镇、全国环境优美乡镇。

12.1.2 必要性分析

义乌市的水体污染程度在逐年加重，水体水质恶化，对义乌市未来的环境质量和城市发展造成了影响。为此，义乌市近年来在全市范围内实施了截污纳管和污水集中治理工程，新建了诸多污水处理厂，大幅削减污染物排放总量，以缓解环境压力。为了保护义乌江水质及流域下游居民的生产生活用水安全，义亭镇已建设了义亭污水处理厂，起到了污染减排作用。在此基础上，仍需对义亭污水处理厂出水进行深度处理，减小尾水对义乌江水质的影响。为此，实施了尾水人工湿地工程。

图 12.1-1 项目实施前场地状况

12.1.3 场地原状

拟建区域内有一定的高差，属河漫滩，地势狭长，原状多为荒地，整体呈南高北低走势，但由于存在较多不规则水塘和部分土方堆弃场，因此地形起伏较大（图 12.1-1）。拟建区域外围有宽幅 20～30m 的江堤，防洪体系相对封闭。

12.2 污水处理厂概况

义乌市义亭污水处理厂傍义乌江而建，一期建设占地 4.75hm²，一期处理规模为 3.5 万 m³/d，

尾水人工湿地设计与实践

196

采用"曝气沉砂池＋多模式 A/A/O＋辐流式沉淀池"工艺处理，出水达到一级 A 标准，尾水通过加压泵送至义乌江上游半月湾处排放。

12.3 工艺论证

12.3.1 设计进出水水质

本工程进水水质按一级 A 标准考虑，出水主要水质指标达到地表Ⅳ类水标准，进出水水质指标见表 12.3－1。

表 12.3－1   设计主要进出水水质指标

项　　目	COD	BOD₅	TN	NH₃－N	TP	SS
进水水质/(mg/L)	50	10	15	5 (8)	0.5	10
出水水质/(mg/L)	30	5	10	1.5 (2.5)	0.3	5
去除率/%	40	50	33	70	40	50

注 每年 12 月 1 日至次年 3 月 31 日执行括号内的排放限值。

12.3.2 工艺流程

本工程的工艺流程设计为：尾水→多级强化生物膜系统（弹性填料区）→多级强化生物膜系统（仿生填料区）→多级强化生物膜系统（碳纤维填料区）→营养盐集约式植物资源化系统（挺水植物表流区）→乔灌草截污净化系统（滨岸带模拟区）→复合生态滤池系统（多介质滤床区）→高效自净水生态系统（稳定塘区）→义乌江。工程工艺流程如图 12.3－1 所示。

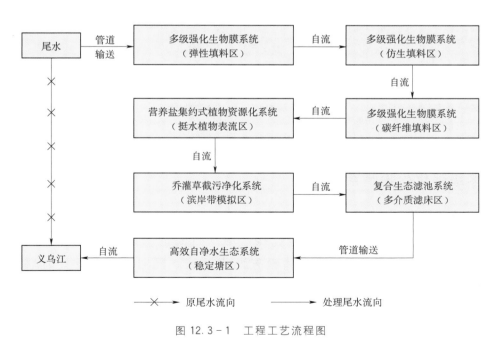

图 12.3－1 工程工艺流程图

12.4 工艺设计

12.4.1 分区设计

尾水生态湿地工程总占地面积 13.2hm² (图 12.4-1), 处理规模为 3.5 万 m³/d, 总容积为 7.6 万 m³, 设计总停留时间为 2.2d。按功能区可划分为多级强化生物膜系统、营养盐集约式植物资源化系统、复合生态滤池系统、乔灌草截污净化系统、复合生态滤池系统和高效自净水生态系统等。

1 多级强化生物膜系统 (生物塘+填料)　　2 营养盐集约式植物资源化系统 (挺水植物表流区)　　3 复合生态滤池系统

4 乔灌草截污净化系统 (滨岸带模拟区)　　5 多介质滤池区 (复合生态滤池系统)　　6 高效自净水生态系统

图 12.4-1　工艺总平面布置图

12.4.2 多级强化生物膜系统

12.4.2.1 系统功能说明

在义亭污水处理厂西侧, 通过管道连接, 尾水自流进入该系统。该系统以浮床、浮岛植物种植为主体, 为便于检修, 总体设置两组并联, 同时各组设多个池体串联运行, 由于尾水经多级池体内植物—微生物共同作用后, 水体逐渐得到净化, 因此其相应挂膜的难度也逐级增加, 进而对膜的生物亲和性要求逐级提高 (弹性填料→仿生填料→碳纤维填料)。

主要功能：①污水处理厂常规生化工艺处理的尾水经二级沉淀出水，尚残留数毫米至 $10\mu m$ 不易沉降的生物絮体和未被凝聚的胶体颗粒，还存在难以快速降解有机物质，通过本单元载体及附着微生物膜吸附有机物质，增加分解时间，促进 BOD、COD 的进一步降解，并有效解决后序功能区内的积泥问题。②上覆浮床植物能吸收尾水中的氮、磷等营养物质，合成植物体；有毒有害重金属、难分解有机物也经吸收作用积累到植物中，通过定期移除植物带出污染物，同时植物根系也是微生物附着的特殊载体，根系分泌的酶促进污染物降解。③污水处理厂处理工艺中有好氧曝气环节，尾水中溶氧较高，因此尾水中的氨氮可通过强化附着硝化菌群进一步氧化转变成硝态氮，便于后续功能区的反硝化脱氮。④经过生物膜接触氧化和水生植物的共同作用，残留污泥变得易于沉降，在稳定塘中沉积，可定时排出，从而起到除磷的作用。

12.4.2.2 主要参数说明

该系统总面积为 $4284m^2$，平均水深为 1.85m，总水容量为 $7925m^3$，设计停留时间为 5.4h。设置两组并联系统，每组系统有 4 个池体串联运行，中间隔墙打断，单个池体规格为 $17m\times28m\times2m$。此外，在进水端设置调节池 1 座，规格与处理池一致。

12.4.3 营养盐集约式植物资源化系统

12.4.3.1 系统功能说明

该系统设多级串联表流湿地，以生物量较大的植物满铺种植，通过植物生长，大量吸收营养盐。

主要功能：①大型牧草、花卉生物量大，生物积累量高，太阳能利用率高，能快速大量吸收氮、磷等营养物质，转化合成植物体；②植物根系发达，根区到达深度大，吸肥量大，根区微生物作用大，具有一定的降解难分解有机物的能力，可进一步降解 BOD、COD；③具有一定促沉作用，促使磷等矿物盐沉淀输出。

12.4.3.2 主要参数说明

该系统设多级串联表流湿地，由于该区域原为砂石厂堆料区，需铺设土工膜防渗，并在其上回填种植土，作为水生植物耕作层。该系统为薄层过水复氧区，水深 0.3～0.5m，总水面面积 $13000m^2$，平均水深以 0.35m 计，设计总水容量 $4550m^3$，停留时间为 3.1h。

营养盐集约式植物资源化系统实景图如图 12.4-2 所示。

12.4.4 乔灌草截污净化系统

12.4.4.1 系统功能说明

该系统以回流式生态沟为主体，主要通过在沟底区种植净化效率高的沉水植物如苦草、伊乐藻等，并放养具有净化水质作用的水生动物（如河蚌、螺蛳等），同时在边坡种植多类型挺水植物，通过植物根、茎、叶和微生物的协同作用，以及水生生物食物链的逐级积累，强化对氮、磷及有机污染物的吸收、同化、氧化作用等，达到进一步降低污染物浓度、深度净化水质的效果。此外，由于该系统具备边坡特性，使得有条件种植特异超积累植物（此类植物对水位变化较敏感，表流区域难以种植），以吸附重金属、难分解有机物及部分营养盐，形

尾水人工湿地设计与实践

图 12.4-2 营养盐集约式植物资源化系统实景图

成高浓度的区域（如东南景天对 Cd 的吸收比普通植物高上万倍，海州香薷吸收 Cu 的能力是普通植物的几千倍等），从而通过移除植物残体达到脱毒的目的。

12.4.4.2 主要参数说明

该系统以生态沟为主体，阶梯状种植相应净化植物。生态沟以 U 形断面、边坡系数 1.5 布置，底部为原河流溪道，边坡回填种植土。生态沟宽度 4～6m，平均水深 1.0m，面积 6972m²，则设计总水容量 6972m³，停留时间为 4.8h。

乔灌草截污净化系统实景图如图 12.4-3 所示。

12.4.5 复合生态滤池系统

12.4.5.1 系统功能说明

由于周期性变化的冷暖季对植物生态系统处理效能的影响，因此增设物理性滤床可保障整个工程出水的稳定性。

主要功能：①潜流湿地是一个生物反应器，能有效降解耗氧有机物；②湿地植物可以吸收氮、磷物质；③潜流湿地也是硝氮反硝化的理想场所；④残余磷也能被填料吸附；⑤该系统具有与潜流湿地类似的功能，但它的表面积更大，过滤和反硝化作用更强，后置在出水系统无污泥堵塞现象。

12.4.5.2 主要参数说明

该系统为两级串联多介质滤床，单个池体规格为 17m×14m×2m，池体中间设置隔墙，分为四组并联，总面积为 952m²，平均水深为 1.5m，孔隙率为 30%，总水容量为 1428m³，

图 12.4-3　乔灌草截污净化系统实景图

设计停留时间为 1.0h。

12.4.6　高效自净水生态系统

12.4.6.1　系统功能说明

　　该系统有稳定塘、人工河等多种型式，通过挺水与沉水植物镶嵌设计，把水体净化、保护坡岸和截流陆源污染物功能相结合，通过植物吸收、根茎叶-微生物协同转化等作用，去除水体中氮、磷等营养盐，同化水体中微量有机污染物，达到净化水质的目的。此外，本功能区水通量较大，相应阻力小，水头损失小，因此该功能区还可作为地形较窄地带的连通区域，连接其他功能区。

　　主要功能：经前四个系统净化，水中的污染物质已大为降低，本系统是为了进一步深度净化难分解有机物，通过植物茎秆、根区生物膜降解，将残存氨氮、亚硝氮基本转化去除。硝态氮、无机磷等营养物质再次经大型挺水、配合沉水的植物作业得以去除，在水生生物共同作用下，通过建立具有自我净化能力的生态系统，真正使污水还原成类似地表水，使其具有相对的安全性。

12.4.6.2　主要参数说明

　　该系统设计为多个稳定塘和将其串联的人工河（需设置不间断开放水面，以便行船），其中稳定塘面积约 24877m²，平均水深 1.4m，人工河面积约 26434m²，平均水深 0.8m，合计总水容量 55975m³，停留时间为 38.4h。

　　高效自净水生态系统实景图如图 12.4-4 所示。

图 12.4-4　高效自净水生态系统实景图

12.5　景观设计

12.5.1　总体设计

  本工程依据规划区功能的不同，未进行专门景观设计，但由于有灌草等单元，易于设计为仿自然型。工程鸟瞰效果图如图 12.5-1 所示。人工湿地中水域面积为 7.6hm²，占总面积的 57.7%，陆域面积为 5.6hm²，占总面积的 42.3%，其中园路占地面积为 0.8hm²，占总面积的 6.4%；停车坪占地面积为 0.3hm²，占总面积的 2.3%；绿化占地面积为 4.4hm²，占总面积的 33.7%。湿地公园景色如图 12.5-2 所示。

图 12.5-1　工程鸟瞰效果图

图 12.5-2　湿地入口及内部实景图

12.5.2　交通设计

　　由于湿地工程为典型的植物工程，因此需相应的养护管理，需配套必要的园路、操作通道建设，供管理养护人员通行。由于不同功能区块作用各有差异，因此在园路建设中也应分别对待。由于主功能区随着植物的生长，会产生一定的生物质，主路考虑以管理车辆单向通行为建设要求，宽3.5m，内部联通，外部与原村道相连，其余辅道以田埂路和游步道为主，宽0.8～1.6m，以满足人员单向通行为建设要求。

12.5.3 空地绿化

由于场地地势起伏较大，即使进行适当的地形改造也无法使其完全平整，同时相对平缓区域都将建成处理功能区，空余区域大多为斜坡，需种植固坡植被，既防止水土流失，又可通过多品种植物的搭配，增加景观效果。

12.5.4 辅助工程设计

（1）秸秆处理设施。在义亭污水处理厂厂区内的空地上建设植物资源转化场，主要包括临时秸秆堆场、生物转化反应器等成套设施，将生物质简单转化后作为基质供当地农户使用。

（2）其他辅助工程。随着湿地的建设，人居环境将得到改善，进入湿地的人流量将增加，污染物带入量也会相应增加，因此在园路的边上设置一定数量的垃圾箱。同时，作为尾水深度处理的示范工程，在各功能区边树立指示牌和宣传牌。

13 水景博览园·大同案例

13.1 项目背景

13.1.1 大同市概况

大同市位于山西省北部，东与河北省张家口市、保定市相接；西、南与省内朔州市、忻州市毗连；北隔长城与内蒙古自治区乌兰察布市接壤。大同市南北长约 189km，东西宽约 136.9km，总面积为 14176km²，占全省面积的 9.1%，人口 342.19 万人（截至 2016 年年底）。大同市是中国首批 24 个国家历史文化名城之一、中国九大古都之一、国家新能源示范城市、中国优秀旅游城市、国家园林城市、全国双拥模范城市、全国性交通枢纽城市、中国雕塑之都、中国十佳运动休闲城市。

13.1.2 流域概况

御河发源于内蒙古自治区丰镇市，由北向南进入大同市境内，于大同县吉家庄乡汇入桑干河。内蒙古境内称饮马河，进入山西境内称作御河，全长 148km，流域面积 5016km²，山西大同境内河道长 77km，流域面积 2612.7km²。十里河是御河的一级支流，发源于山西省左云县马道头乡，由东南向西北汇入御河，流域面积 1277km²，大同境内面积 1221km²。

13.1.3 必要性分析

御河作为海河水系永定河干流桑干河的主要支流，其流域位于北京市备用水源地官厅水库上游，所以御河生态环境的好坏将对下游水源产生较大的影响。御河流域当时存在的主要问题是河道污染严重、点源污染突出、湿地退化、河道坍塌、垃圾淤积，生态环境恶化，严重影响该区域的环境质量，影响流域内居民正常生活生产。根据《御河流域生态修复与保护规划》，全面综合治理御河流域，改善流域生态环境质量，恢复河流水体功能，有效控制进入桑干河以及永定河、海河的污染负荷，对促进流域生态环境逐步实现良性循环，实现流域社会经济可持续发展，具有重要的意义。

13.1.4 场地原状

本工程位于大同市南部御河与十里河交汇口处，距市区约 8km，范围北起京大高速，南至大秦铁路；西起大运高速，东至御河东路，区域总面积为 16km²，治理河道包括御河、十里河两部分河段，其中御河治理河段长约 3.8km，十里河治理河段长约 4.6km，河道治理实施红线范围为 5.57km²。工程用地现状示意图如图 13.1-1 所示。

图 13.1-1 工程用地现状示意图

项目区河道基本处于未治理状态，河流沿岸乡村、粮食生产基地的防洪设施少，两岸基本以自然河流为主，现状河道宽度：御河为 30～450m，十里河为 20～320m。两河交汇处西北方向与河床高差 10 余米，十里河南岸局部河床与河岸高差较大。河岸边以外的其他区域，大部分地势平坦，局部有起伏。

13.2 整体思路

本工程设计思路如下：

（1）多功能结合。通过对河道进行综合整治，改善环境，满足防洪需求；同时，通过打造滨水景观，为周边居民提供休闲游憩、科普教育的场所；并利用污水处理厂尾水作为主要补水来源，项目区通过建设功能湿地实现尾水资源化利用。

（2）工程景观化。工程规划设计 12 种水景类型、36 个水景景观、54 个水面，三者结合形成动静相宜、大小有别、形态各异、丰富多样的"水景园"；同时，配套建设满足游客活动需求的附属设施和园林小品，如访客中心、瀑布、亭廊、雕塑、驳岸、码头、桥梁、餐厅等。

（3）原生态设计。整个项目遵从"宁拙勿巧、返璞归真"的设计理念，减少过多的人工痕迹，使现代建筑"低调"地融入到生态环境中去，呈现自然、野趣的生态原貌。

（4）产业化。全面推进"生态产业化、产业生态化"战略，把御河流域综合治理与旅游、农业等产业发展有机结合，努力实现生态效益、社会效益、经济效益多赢。

13.3　污水处理厂概况

东郊污水处理厂位于御河上游，处理工艺为奥贝尔氧化沟，经 2013 年提标扩容，处理能力达到 10 万 m^3/d，出水按一级 A 标准执行。东郊污水处理厂处理出水除一部分供给大同二电厂再生水厂作为中水回用外，剩余出水排入御河。

西郊污水处理厂位于十里河上游，处理工艺为奥贝尔氧化沟，经 2014 年提标扩容，处理能力达到 10 万 m^3/d，出水按一级 A 标准执行。西郊污水处理厂处理出水除一部分供给大同一电厂、二电厂再生水厂作为中水回用外，剩余出水排入十里河。

13.4　工艺论证

13.4.1　区域来水分析

项目区来水主要为上游径流，东、西郊污水处理厂尾水及区域内产流。通过表 13.4－1 水量平衡计算可知，项目区生态需水量为 1852.40 万 m^3，丰、平、枯典型年项目区总来水量分别为 7966.74 万 m^3、7657.74 万 m^3、5573.74 万 m^3。御河流域属于典型半干旱季风气候区，四季分明，夏季多暴雨，集中在七八月，由于暴雨强度大、极值高、地形陡峻、汇流极快等原因，每遇暴雨则发生洪水，陡涨陡落，洪水历时仅数小时，具有历时短、强度大的特点，大多数径流量为过境水量，难以给项目区提供稳定的水源，而西郊污水处理厂现状可利用日均尾水量 2.8 万 m^3/d、东郊污水处理厂现状可利用日均尾水量 3.8 万 m^3/d，两个污水处理厂尾水补水比较稳定，可以满足项目区全年的生态需水要求。

表 13.4－1　　　　　　　　　　　水 量 平 衡 计 算 详 表

月份	总来水量/万 m^3						生态需水量/万 m^3				余水/万 m^3		
	上游径流量			西郊污水处理厂补水	东郊污水处理厂补水	产流量	水面蒸发量	水面渗漏量	植被耗水量	生态基流量	丰水年	平水年	枯水年
	丰水年	平水年	枯水年										
1	62	62	62	86.8	117.8	0.42	2.43	9.87	4.32	3.85	246.55	246.55	246.55
2	56	56	56	78.4	106.4	0.64	4.21	9.87	7.49	5.77	214.09	214.09	214.09
3	62	62	62	86.8	117.8	2.14	9.56	9.87	17.01	19.44	212.87	212.87	212.87

| 月份 | 总来水量/万 m³ | | | | | | 生态需水量/万 m³ | | | | 余水/万 m³ | | |
| | 上游径流量 | | | 西郊污水处理厂补水 | 东郊污水处理厂补水 | 产流量 | 水面蒸发量 | 水面渗漏量 | 植被耗水量 | 生态基流量 | 丰水年 | 平水年 | 枯水年 |
	丰水年	平水年	枯水年										
4	60	60	60	84.0	114.0	4.07	18.14	9.87	32.28	36.96	164.81	164.81	164.81
5	62	62	62	86.8	117.8	6.42	26.57	9.87	47.27	58.32	130.99	130.99	130.99
6	883	208	715	84.0	114.0	10.28	24.95	9.87	44.39	186.72	825.35	150.35	657.35
7	2310	2840	572	86.8	117.8	20.99	22.19	9.87	39.49	381.13	2082.91	2612.91	344.91
8	1500	1347	1245	86.8	117.8	18.21	18.14	9.87	32.28	330.70	1331.81	1178.81	1076.81
9	300	289	68	84.0	114.0	11.15	14.74	9.87	26.23	202.50	255.81	244.81	23.81
10	60	60	60	86.8	117.8	4.49	12.80	9.87	22.77	40.81	182.84	182.84	182.84
11	60	60	60	84.0	114.0	1.51	5.35	9.87	9.51	13.67	221.11	221.11	221.11
12	62	62	62	86.8	117.8	0.42	2.75	9.87	4.90	3.85	245.65	245.65	245.65
合计	5477	5168	3084	1022.0	1387.0	80.76	162.00	118.44	288.23	1283.73	6114.34	5805.34	3721.34

13.4.2 设计水量

本工程处理对象为御河、十里河上游段汇流来水，其中御河上游汇流来水主要为东郊污水处理厂排入御河尾水；十里河上游汇流来水主要为西郊污水处理厂排入御河尾水。

由于本工程御河、十里河上游来水进入项目区距离约 4km，项目区十里河、御河来水上游分别建设水质净化系统。

根据《大同市城市总体规划（2006—2020 年）》（2015 年修订）对于再生水回用率的要求，至 2020 年，大同市再生水回用率将达到 40%，东郊、西郊污水处理厂处理能力为 20 万 m³/d，因此两个污水处理厂排入河道的水量为 12 万 m³/d。

根据以上分析，工程设计总处理水量确定为 12 万 m³/d，其中御河上游来水处理量为 5.6 万 m³/d；十里河上游来水处理量为 6.4 万 m³/d。

13.4.3 设计进出水水质

1. 污水处理厂出水水质

根据 2015 年 1—12 月东郊、西郊污水处理厂排河水质监测数据，污水处理厂尾水稳定达到一级 A 标准，其中 COD、BOD_5、NH_3-N 指标达到或优于地表水 V 类标准，TP 指标接近地表水 V 类标准。东郊污水处理厂出水水质见表 13.4-2，西郊污水处理厂出水水质略。

尾水人工湿地设计与实践

表 13.4 - 2　　　　　　　　东郊污水处理厂出水水质统计表

年份	月份	尾水水质/(mg/L)						
		COD	BOD₅	SS	NH₃ - N	TN	TP	pH
2015	1	27.9	7.8	5.5	0.24	13.49	0.31	7.8
	2	28.6	7.8	6.0	0.83	13.41	0.29	7.9
	3	30.3	7.9	6.9	0.91	13.37	0.30	8.1
	4	31.1	7.9	7.6	0.55	13.56	0.33	8.1
	5	25.7	7.9	7.7	1.02	13.69	0.31	8.2
	6	23.0	7.8	7.5	0.54	13.36	0.34	8.3
	7	19.7	7.8	7.0	0.27	11.19	0.33	8.2
	8	20.8	6.9	6.3	0.87	10.75	0.30	8.2
	9	22.0	7.0	5.4	1.62	10.70	0.30	8.2
	10	23.3	7.0	5.6	1.35	11.02	0.29	7.7
	11	22.2	7.1	5.2	0.33	11.02	0.32	7.2
	12	22.4	7.0	5.1	0.99	11.01	0.34	7.2
月均值		24.8	7.5	6.3	0.80	12.20	0.31	7.9

2. 河道上游来水水质

根据《大同市环境质量报告书》2015 年水环境监测数据中红卫桥、小南头两断面水质数据和东郊、西郊污水处理厂 2015 年 1—12 月水质月均值数据对比（表 13.4 - 3），本项目东郊、西郊污水处理厂出水排入御河、十里河以后，除 TP 指标外，进入本项目区后，水质指标均有不同程度的恶化，可知项目区上游来水还受到部分点源、面源污染影响。

表 13.4 - 3　　　　　　　2015 年御河、十里河水质数据对比表

河道	断面/来水	水质/(mg/L)							
		pH	DO	COD	I_Mn	BOD₅	NH₃ - N	TN	TP
十里河	西郊污水处理厂	—	—	31.8	—	3.1	0.9	13.7	0.40
	红卫桥	8.1	6.5	42.7	7.8	7.2	4.1	15.0	0.36
御河	东郊污水处理厂	7.6	—	24.5	—	8.0	1.1	11.3	0.42
	小南头	8.1	6.7	46.3	7.8	6.8	2.8	9.5	0.38

3. 工程设计进出水水质

结合本项目治理河道上游沿岸截污纳管进度安排，为保证项目区水质在进水水量及水质最差时能达到设计目标，本工程来水水质按一级 A 标准考虑，其中 SS 指标参考项目区河道来水实际情况进行设定。

本工程设计出水水质主要指标达到地表水 Ⅳ 类标准要求，工程设计进出水水质见表 13.4 - 4。

表 13.4-4　　　　　　　　　　　　　　工程设计进出水水质

水质指标		水质/(mg/L)					
		pH	SS	COD	BOD₅	NH₃-N	TP
本工程进水	十里河上游来水	6~9	≤60	≤50	≤10	≤5.0	≤0.5
	御河上游来水	6~9	≤60	≤50	≤10	≤5.0	≤0.5
本工程出水		6~9	≤10	≤30	≤6	≤1.5	≤0.3

13.4.4　工艺流程

根据来水水质特点和场地用地条件，本工程设计采取预处理＋人工湿地组合工艺进行来水水质净化。十里河人工湿地水质净化工艺流程如图13.4-1所示，御河人工湿地各流程略。

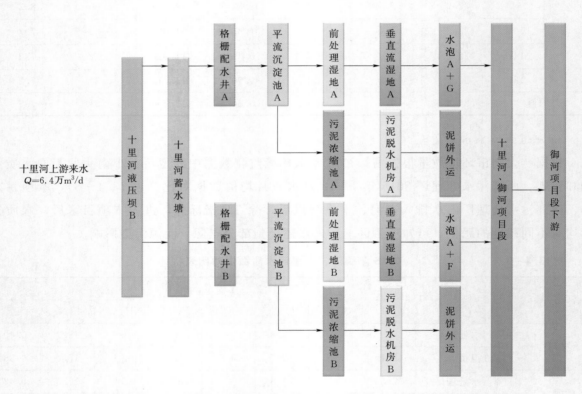

图13.4-1　十里河人工湿地水质净化工艺流程图（A～F为单元编号）

13.5　工艺设计

13.5.1　分区设计

根据本工程御河上游来水量及工程总平面用地情况，本工程功能湿地总占地面积为30.6hm²，功能湿地分为4个分区，每处分区均为一套独立的水质净化系统，4处功能湿地占地面积见表 13.5－1。

表 13.5－1　　　　　　　　　　功能湿地分区统计表

河道	分区名称	地理位置	占地面积/hm²	河道	分区名称	地理位置	占地面积/hm²
十里河	功能湿地 A	十里河南岸	10.2	御河	功能湿地 C	御河东岸	11.2
	功能湿地 B	十里河北岸	5.7		功能湿地 D	御河西岸	3.5

本工程处理来水为项目区御河、十里河汇流上游来水，根据前文分析，本工程总处理水量为 12 万 m³/d，其中御河上游来水处理量为 5.6 万 m³/d；十里河上游来水处理量为 6.4 万 m³/d。

为了使水量均衡分配，各功能湿地分区按各占地面积比例分配水量，见表 13.5－2。

表 13.5－2　　　　　　　　　　功能湿地处理水量分配表

河　道	分区名称	处理水量/(万 m³/d)	占地面积/hm²
十里河	功能湿地 A	4.0	10.2
	功能湿地 B	2.4	5.7
御河	功能湿地 C	4.3	11.2
	功能湿地 D	1.3	3.5
合　　计		12.0	30.6

以下以功能湿地 A 为例，介绍各工艺单元设计。

13.5.2　配水井

在进水渠上装一台回转耙式机械细格栅。

（1）功能：去除污水中较小悬浮物及漂浮物，防止后续湿地堵塞。

（2）设计参数：

设计流量：$Q＝1667 m³/h$。

设备宽：$B＝1400 mm$。

栅条间隙：$b＝5 mm$。

栅条宽度：$s＝10 mm$。

（3）主要工程内容。格栅渠采用钢筋混凝土结构，与配水井合建。格栅安装角度为 75°，功率为 1.1 kW。

（4）运行方式。根据格栅前后水位差或按时间周期自动控制清渣，也可在机旁手动控制清渣。

13.5.3　平流沉淀池

（1）功能：去除水中的悬浮物及部分有机污染物。

（2）设计参数：

设计流量：$Q＝1667 m³/h$。

沉淀池形式：平流式。

水力表面负荷：0.53m³/(m²·h)。

有效沉淀面积：525m²。

有效水深：2.7m。

尺寸：$L×B×H=50.0m×10.5m×3.0m$。

数量：6座。

液下刮泥机：$N=7.5kW$。

13.5.4　前处理湿地

（1）功能：利用人工介质、植物、微生物的物理、化学、生物三重协同作用，对污水初步净化处理，除去水中残余SS，保证后续垂直潜流湿地稳定运行。

（2）人工湿地结构型式：垂直潜流，钢筋混凝土墙体＋防渗膜底。

（3）设计参数：

设计流量：1667m³/h。

填料孔隙率：35％。

表面水力负荷：$q=7.3m³/(m²·d)$。

人工湿地面积：$A=Q/q=5498m²$。

人工湿地池深：1.40m。

保护超高：0.10m。

水力停留时间：1.5h。

（4）湿地的单元。为了布水均匀，结合场地现状高程，将总占地面积为5498m²的人工湿地分为13块，采用高位水渠方式对每小块前处理湿地进行配水，水渠内的水流速度设计较小，以减少水头损失使配水均匀，并在进水主管端设置阀门加以进水调节控制，利于布水和管理，出水采用水渠排水，各块前处理湿地出水汇集后经水渠排入垂直潜流湿地。

13.5.5　垂直潜流湿地

（1）功能：利用土壤、人工介质、植物、微生物的物理、化学、生物三重协同作用，对污水进行进一步处理，除去水中有机物及氮、磷，实现达标排放。

（2）人工湿地结构型式：垂直潜流，钢筋混凝土墙体＋防渗膜底。

（3）设计参数：

设计流量：1667m³/h。

填料孔隙率：35％。

表面有机负荷：91.3kg（COD）/hm²。

人工湿地面积：$A=Q(C_0-C_1)/q_{BOD_5}=87638m²$。

表面水力负荷：$q=0.46m³/(m²·d)$。

人工湿地池深：1.40m。

保护超高：0.10m。

水力停留时间：1.0d。

（4）湿地的单元。人工湿地面积大，为了布水均匀同时方便整理场地高程，将总占地面积为87638m²的人工湿地分为46块，采用高位水渠方式对每小块垂直潜流湿地进行配水，水渠内的水流速度设计较小，以减少水头损失使配水均匀，并在进水主管端设置阀门加以进水调节控制，利于布水和管理，出水采用水渠排水，各小块垂直潜流湿地出水汇集后经管道排入湿地外水泡。

功能湿地A总平面布置图如图13.5-1所示。

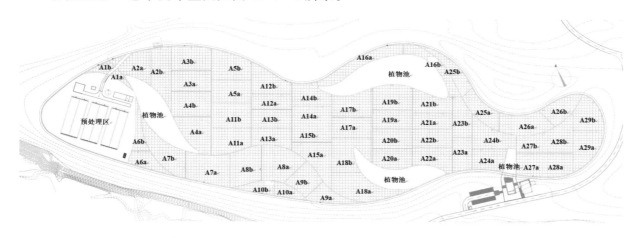

图 13.5-1　功能湿地A总平面布置图

（5）功能湿地植物设计。功能湿地A水生植物种植平面布置图如图13.5-2所示，其植物种植见表13.5-3。功能湿地植物在平面分布上，需结合场地整体景观效果需要，呈带状组团式种植，同时在功能湿地分区中预留部分场地植物岛，种植景观效果较好的乔灌木，在保证净化效果的同时，提升科普观赏效果。

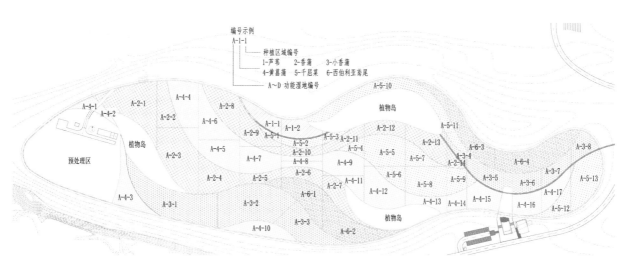

图 13.5-2　功能湿地A水生植物种植平面布置图

表 13.5 - 3 功能湿地 A 水生植物种植表

编号	栽植品种	种植面积/m²	种植密度/[株(盆)/m²]	工程量/株(盆)
A-1-1	芦苇	806	25	20150
A-1-2		895	25	22375
A-2-1	香蒲	2881	36	103716
A-2-2		1135	36	40860
A-2-3		2923	36	105228
A-2-4		1577	36	56772
A-2-5		593	36	21348
A-2-6		760	36	27360
A-2-7		1113	36	40068
A-2-8		1519	36	54684
A-2-9		1304	36	46944
A-2-10		524	36	18864
A-2-11		722	36	25992
A-2-12		843	36	30348
A-2-13		1336	36	48096
A-2-14		300	36	10800
A-3-1	小香蒲	3812	36	137232
A-3-2		3747	36	134892
A-3-3		1994	36	71784
A-3-4		317	36	11412
A-3-5		1175	36	42300
A-3-6		812	36	29232
A-3-7		734	36	26424
A-3-8		737	36	26532
A-4-1	黄菖蒲	290	36	10440
A-4-2		207	36	7452
A-4-3		1396	36	50256
A-4-4		1738	36	62568
A-4-5		1834	36	66024
A-4-6		1572	36	56592
A-4-7		1485	36	53460
A-4-8		684	36	24624
A-4-9		1379	36	49644
A-4-10		1126	36	40536

尾水人工湿地设计与实践

编号	栽植品种	种植面积/m²	种植密度/[株（盆）/m²]	工程量/株（盆）
A－4－11	黄菖蒲	559	36	20124
A－4－12		1855	36	66780
A－4－13		743	36	26748
A－4－14		515	36	18540
A－4－15		1116	36	40176
A－4－16		607	36	21852
A－4－17		832	36	29952
A－5－1	千屈菜	172	36	6192
A－5－2		501	36	18036
A－5－3		235	36	8460
A－5－4		376	36	13536
A－5－5		1798	36	64728
A－5－6		683	36	24588
A－5－7		772	36	27792
A－5－8		1778	36	64008
A－5－9		814	36	29304
A－5－10		2502	36	90072
A－5－11		353	36	12708
A－6－1	西伯利亚鸢尾	1762	36	63432
A－6－2		2232	36	80352
A－6－3		2007	36	72252
A－6－4		2684	36	96624
合计		69166		2471265

13.5.6 污泥浓缩池

（1）功能：连续浓缩较稀的污泥，存储浓缩污泥。

（2）设计参数：

有效表面积：38m²。

深度：5.0m。

有效容积：120m³。

尺寸：$D \times H = \phi 7.0\text{m} \times 5.0\text{m}$。

数量：1座。

13.5.7 设备房

（1）功能：用于放置污泥脱水设备及加药设备等，并进行污泥脱水。

（2）设计参数：

面积：140m²。

尺寸：$L \times B \times H = 20.0\text{m} \times 7.0\text{m} \times 5.0\text{m}$。

数量：1座。

13.6 景观设计

13.6.1 总体设计

本工程依据规划区在生态修复建设工程中的不同功能，划分出六个区。工程总平面布置如图 13.6-1 所示，工程鸟瞰图如图 13.6-2 所示。

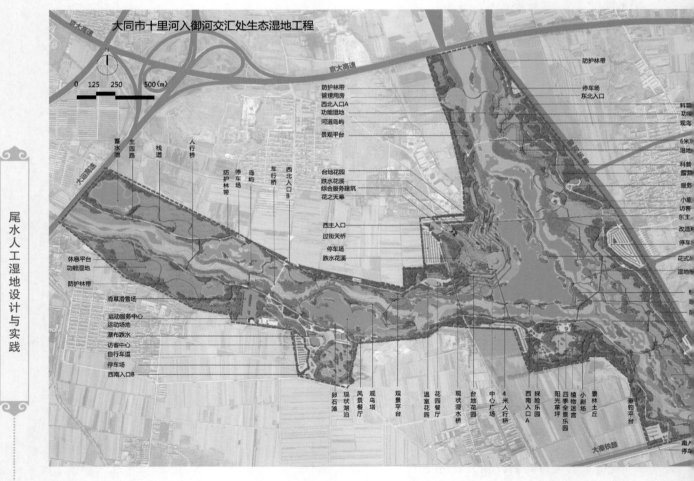

图 13.6-1 工程总平面布置图

尾水人工湿地设计与实践

图 13.6-2　工程鸟瞰图

工程总规划用地平衡见表 13.6-1。

表 13.6-1　　　　　　　　　　　工程总规划用地平衡表

用 地 名 称	规划面积/hm²	比	例/%
公园	5569991	总面积	100
水体	1780983	占总面积	31.97
陆地	3774076		68.03
园路及铺装	245970	占陆地面积	6.51
管理建筑	1346		0.04
游览、休憩、服务建筑	13586		0.36
绿地	3513174		93.09

13.6.2　节点设计

1. 中心景观区

中心景观区位于场地中部，东侧有输灰桥，沿御河东路进入；南侧现有的县级道路，未来高速路辅路延长将取而代之。中心景观区就处在这两条交通要道相交的节点之上，现状三角地上为一体量庞大的灰土堆，最高点距水塘水面约 13m；其余部分位于输灰桥的北侧，最高点距离水塘水面约 14m，由建筑垃圾堆放构成。中心景观区平面布置图如图13.6-3所示。

因该区域的体量与高程，可以形成主要的视线节点；而其类似高原的边缘陡峭、中央平缓的地形特点，又有助于布局视线良好的观景点。因此借助现有的基底条件，结合堤防的改

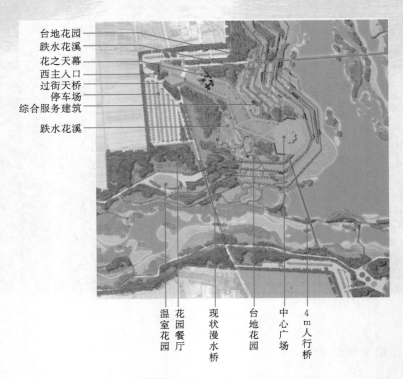

台地花园
跌水花溪
花之天幕
西主入口
过街天桥
停车场
综合服务建筑
跌水花溪

温室花园
花园餐厅
现状漫水桥
台地花园
中心广场
4m人行桥

图 13.6-3 中心景观区平面布置图

造与加固，以对现状的最小干预获得最大的生态效益，同时最大限度地利用了现有的地势形成良好的景观。

台地中心点建造综合服务建筑，建筑面积约 3000m²，自西北至东南贯穿台地形成中心广场轴。台地西南侧为农田，中间夹杂了石灰厂的堆灰处，土壤条件复杂。为了简单高效地处理不利的土壤条件以及对现存农田的充分利用，把整块区域规划成特色植物园区，设置温室花园和花园餐厅。借助河岸的堤坝工程所需的护坡及挡墙，对现状的高地峭壁进行多层级的台地式处理，形成台地花园，并增加水景元素的使用，丰富台地的景观界面，形成跌水花溪。场地西侧工厂与沙场的基址之上设置停车场。

2. 御河生态湿地修复区

位于园区北侧，通过 14.7hm² 的人工湿地，净化园区上游河道的水质，并结合亲水休闲设施和科普宣教标牌，包括大部分修建在水面之上的人行栈道和休憩场所，向游客展现人工湿地景观及净化与修复机制，宣传教育湿地的生态修复功能。

3. 十里河生态湿地修复区

为净化河水和方便雨洪管理，因地制宜考虑功能湿地的位置，将功能湿地布置在十里河河道的上游位置，即整个园区的西侧，河道的两侧位置。雨洪径流汇集于此并得到净化，河水流经功能湿地降解污染后流入下游。功能湿地面积达 15.9hm²，其中河流北侧功能湿地为 10.2hm²，河流南侧功能湿地面积为 5.7hm²。功能湿地同时结合人行栈道，布置湿地教育展示空间 2 处、休憩空间 4 处，打造荒野自然景观、自然生态而不缺乏趣味性和参与性。

尾水人工湿地设计与实践

4. 科普乐园

该地块场地平坦，视野开阔，区域交通便利，规划设计为科普乐园，为儿童提供更优质的亲近大自然的活动乐园。主要设计内容有四季全景乐园、植物迷宫、亲亲小剧场、儿童探险树林、青少年拓展基地、鸟乐园等。

5. 十里河南岸运动区

运动区场地是落差30m的黄土丘陵，现状有断崖、陡坡、沟壑、草甸等地貌。通过适当改造，合理利用现有复杂地形，增加植被覆盖率，改善生态环境，因地制宜布置运动、休闲空间，实现趣味性、参与性的自然生态观光环境，提供动感、激情、精彩纷呈的运动体验。

6. 东侧入口区

东侧入口东临城市主干道御河东路，与东西方向现状大桥形成交汇，来往人流较为频繁，且处于整体项目东侧居中位置，场地通达性较好。该区域南北通向科教及功能湿地区域，西侧通过现状大桥直指园区核心区域，利于快速进入湿地公园核心。

设计将以现状大桥为该区域视觉中轴线，向御河东路打开长约120m左右的园区入口展示面，南北两侧地势较高，依据现状条件形成生态密林，两侧绿化围合入口，给游客以自然生态的情景印象。

入口场地与现状大桥的过渡地带根据现状条件形成视野开阔的环抱式生态绿地，线状铺装延续到生态绿地之中，缓解单线条造成的局促感，形成视野上的疏密对比。对约800m长的现状大桥进行了局部改造，以20m间隔为单位设置高架结构，以缓解场地过度日晒，提升内部及外部环境的视觉感受。通过大桥可观赏到原有河道及改造后的功能湿地，是连接园区入口与核心场地的重要交通通道，同时与自然环境互相协调，成为生态环境中的有机组成部分。

13.6.3 交通设计

园区道路与周围主要道路衔接，连接园区各功能区块，满足机动车、电瓶车、非机动车及人行交通的要求。园区道路系统分为主园路、次园路和其他园路。

主园路：宽6m，可满足水利防洪检查、功能湿地运营等需求，通行机动车、电瓶车、非机动车，以及人行。采用沥青路面或透水混凝土路面。

次园路：宽3m，可通行机动车、非机动车，以及人行。采用多种类型的路面材料，诸如露骨料、混凝土砖、青石板等。

其他园路：宽约1.5m，人行。采用卵石、砖、圆木、青石板等材质。

工程交通规划图如图13.6-4所示。

13.6.4 竖向设计

本工程竖向设计上尽量维持现状地形，局部区域因防洪或者造景需要，会对现状地形进行改造。

工程场地竖向规划设计如图13.6-5所示。

尾水人工湿地设计与实践

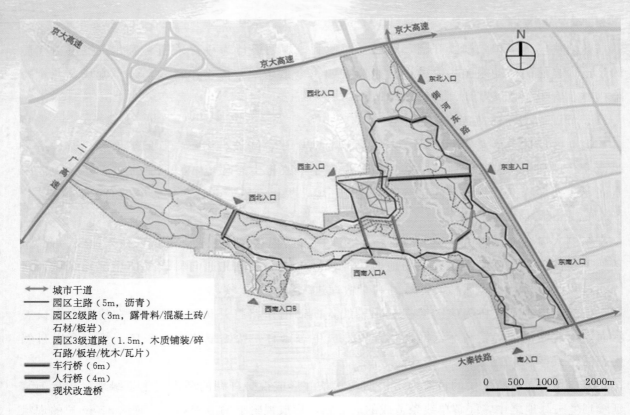

图 13.6－4　工程交通规划图

图例：

→　城市干道
──　园区主路（5m，沥青）
──　园区2级路（3m，露骨料/混凝土砖/
　　　石材/板岩）
┈┈　园区3级道路（1.5m，木质铺装/碎
　　　石路/板岩/枕木/瓦片）
━━　车行桥（6m）
━━　人行桥（4m）
━━　现状改造桥

0　500　1000　2000m

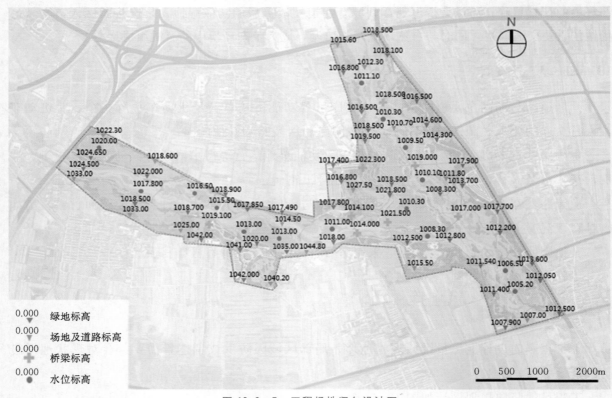

0.000　绿地标高
0.000　场地及道路标高
0.000　桥梁标高
0.000　水位标高

0　500　1000　2000m

图 13.6－5　工程场地竖向设计图

13.7　水利设计

13.7.1　总体布置

本工程首先要确保防洪安全,在服从流域统一规划的前提下,立足河道现状,结合两岸自然地形条件,在尽可能多保留河段槽蓄功能的情况下对重要保护对象做好重点防护,使河段整体防洪标准达到50年一遇,同时通过河坎、河滩、河岸防护,使主河槽在5年一遇洪水时保持相对稳定,为河滩地利用提供有利条件。

13.7.2　堤防与护岸工程

新建堤防总长度为9.28km,其中御河左岸新建堤防3.8km,御河右岸新建堤防1.07km;十里河左岸新建堤防3.26km,十里河右岸新建堤防1.15km。

根据生态修复及功能湿地布置的要求,为了保证20年一遇洪水时湿地工程的安全,在御河及十里河功能湿地与河道主槽中间布置湿地保护隔堤,具体布置结合地形及生态修复园路,新建隔堤总长度6km。御河左岸新建隔堤1.77km,御河右岸新建隔堤1.14km;十里河左岸新建隔堤1.63km,十里河右岸新建隔堤1.43km。新建湿地保护隔堤总长度为5.97km。

御河右岸护岸868m,其中粉煤灰围堤加固段432m;十里河左岸护岸516m,全部为粉煤灰围堤加固;十里河右岸护岸3070m。护岸总长度为4454m,其中粉煤灰围堤加固长度为948m。

13.7.3　河道疏浚工程

结合清淤对河道主槽进行疏挖,对主槽坡防护,形成稳定的中水河槽,维持河势稳定,为河滩地利用提供有利条件。御河主河槽拓宽至90～220m,十里河主河槽拓宽至60～130m,主河槽边坡坡比不陡于1:3,结合地形设置主河槽及开挖边坡,避免形成均一化、人工化断面,为生物多样性创造条件。御河主槽疏挖4.0km,十里河主槽疏挖4.7km。

13.7.4　拦蓄构筑物工程

根据水利、水环境治理与生态修复的需要,本工程布置拦蓄建筑物共3座,采用2座液压坝及1座溢流坝。

14 绿洲白鹭·嘉兴案例

14.1 项目背景

14.1.1 嘉兴市概况

嘉兴市位于全国经济最发达的长江三角洲南翼，地处浙江省北部、杭嘉湖平原东部，东北紧邻上海市，北接苏州市，西连杭州、湖州两市，东南濒临钱塘江与杭州湾。嘉兴市国土面积为3915km²，人口352.12万人（截至2016年年底），地处北亚热带南缘，属东亚季风区，雨水丰沛，日照充足，具有春湿、夏热、秋燥、冬冷的特点，年均降雨量1179mm。

14.1.2 必要性分析

嘉兴市区全部污水纳入管网后排入嘉兴联合污水处理厂，集中处理后排海，随着污水量的快速增长，外排系统和联合污水处理厂已逐渐饱和。在此情况下，需在嘉兴市区建设污水处理厂，就近分流处理一部分污水。为此，新建城东再生水厂及湿地公园。

嘉兴市城东再生水厂及湿地公园的建设是推进嘉兴市"五水共治"和"海绵城市"建设的重要举措，城东再生水厂的建成及运行对减轻附近水域的水质污染，实现嘉兴市水环境水质达标都将起到积极的作用，具有较好的环境效益，也能有效降低污水长距离输送所产生的能耗。湿地及活水公园为尾水湿地，具有深度处理污水处理厂尾水的功能，湿地净化后的出水作为景观用水重新排入平湖塘。

14.1.3 场地原状

本项目位于嘉兴市南湖区三环东路以西。一期建设场区以北临近S07省道，以西靠近燃气站，场区南侧为平湖塘，东侧为铁水港。场地内部原状为荒地和林地，栽种有部分樟树、松树、银杏等乔木。区域内部除了中心区有几栋低矮砖房外，无其他建筑物和构筑物。场地地面高程较周边区域略低，整体呈北高南低的走势。场区内部有一条南北向沟渠向南汇流入平湖塘，设计出水口设置于该沟渠旁，出水流入平湖塘（图14.1-1）。

该区域建设条件较好，场地内部无大量

图14.1-1 项目位置示意图

尾水人工湿地设计与实践

拆迁工作量，且建设区与城区距离较近，周边交通便利、水源丰富、电力充足，有利于整个项目的建设。

14.2 污水处理厂概况

嘉兴市城东再生水厂一期工程处理规模为 4 万 m^3/d，二期工程处理规模为 8 万 m^3/d，主要处理城中片及湘家荡南片区域的部分生活污水。结合工程实际情况，城东再生水厂一期工程的土建规模按照 8 万 m^3/d 一次性实施，设备先按一期 4 万 m^3/d 规模配置，二期再增加 4 万 m^3/d 规模的设备。再生水厂采用一体化半地下全覆盖的布置形式，用地面积约 $3hm^2$。

嘉兴市城东再生水厂的设计出水水质按《地表水环境质量标准》（GB 3838—2002）中的 V 类水标准执行，处理工艺采用"MSBR＋超滤"工艺，污泥处理工艺采用"机械浓缩脱水"，脱水至含水率小于80％后外运处理处置。再生水厂水处理工艺流程：进水→粗格栅→进水泵房→细格栅→曝气沉砂池→MSBR 反应池→超滤膜车间→消毒池→出水泵房→外排湿地。污泥处理工艺流程：剩余污泥→储泥池→机械浓缩脱水→外运。

14.3 工艺论证

14.3.1 设计进出水水质

本工程湿地及活水公园进水水质主要指标为《地表水环境质量标准》（GB 3838—2002）的 V 类水标准。设计出水水质达到 IV 类水标准出水排入南侧平湖塘。进出水水质指标见表 14.3－1。

表 14.3－1　　　湿地及活水公园设计进出水水质主要控制指标　　　单位：mg/L

项目	总体控制	COD	BOD$_5$	TN	NH$_3$-N	TP
进水水质	V 类水	40	10	—	2	0.4
出水水质	IV 类水	30	6	—	1.5	0.3

14.3.2 工艺流程

湿地公园一期设计处理规模为 4 万 m^3/d，总占地面积约 $16hm^2$。工艺采用"折流式水平潜流人工湿地＋表流人工湿地＋后置稳定塘"。城东再生水厂尾水经水厂尾水泵站提升后首先进入折流式水平潜流人工湿地中，对主要污染物进行净化处理；再进入后续的表流人工湿地中，在表流人工湿地中进一步净化污染物；然后表流人工湿地出水全部进入后置稳定塘中，最终稳定塘出水排放进入南部平湖塘。

14.4 工艺设计

14.4.1 总平面设计

湿地及活水公园分一期工程和二期工程，其中一期工程占地面积约 $16hm^2$，二期工程占地面积约 $18hm^2$。本项目湿地及活水公园建设为一期工程，二期工程另行考虑。

结合场地四周高、中南部低的现状，水流流向采用场地周边流向中心，折流式水平潜流人工湿地布置在场地四周，然后向中心布置表流人工湿地区，在南侧靠近平湖塘布置后置稳定塘以方便排水。

湿地公园的平面布置主要分为前段"湿地处理核心区"和后段"湿地公园生态区"两部分。其中湿地处理核心区包括折流式水平潜流人工湿地和表流人工湿地，主要以再生水厂尾水深度净化处理为目标，通过湿地内部填料、微生物、植物等协同净化处理，将再生水厂排放尾水净化处理，达到景观补水的标准要求。湿地核心处理区位于场区北侧、西侧和东侧，分为6个区域，包括3个潜流湿地区和3个表流湿地区，采用并联运行方式。

湿地公园生态区以后置稳定塘为主，后置稳定塘区内部通过人工水系进行沟通连接，外围道路和公园道路（园路及栈道）错落布置在湿地及活水公园中。本区位于场区的南侧。核心处理区的湿地净化出水通过渠道分散多点流入湿地公园生态区。出水区通过闸门控制以保证湿地内部能形成一定的水域，最终出水口位于场区南侧，汇流入平湖塘中。湿地工艺平面图如图14.4-1所示。

图例
■ 后置稳定塘
■ 水平潜流人工湿地
■ 表流人工湿地

图 14.4-1 湿地工艺平面图

尾水人工湿地设计与实践

14.4.2 潜流湿地

14.4.2.1 湿地单元

1. 单元面积

水平潜流人工湿地为本项目中核心处理单元，面积设计考虑最大污染负荷与水力负荷，按照污染负荷与水力负荷分别进行计算，取两种设计理论计算结果的大值。

（1）根据水力负荷计算。本项目中水平潜流人工湿地水力负荷按照 $0.6m^3/(m^2 \cdot d)$ 取值，一期处理规模 $Q=40000m^3/d$。设计处理面积 A_1 为 $66666m^2$。

（2）根据 COD 污染负荷计算。本项目综合现状自然环境条件，水平潜流人工湿地的 COD 污染负荷按 $10g/(m^2 \cdot d)$ 取值，计算处理面积 A_2 为 $40000m^2$。

（3）根据氨氮污染负荷计算。本项目综合现状自然环境条件，水平潜流人工湿地氨氮表面负荷按 $1g/(m^2 \cdot d)$ 取值，计算处理面积 A_3 为 $20000m^2$。

综上确定，水平潜流人工湿地有效处理面积为 $66700m^2$，合约 100 亩。水力负荷 q 为 $0.6m^3/(m^2 \cdot d)$，COD 表面负荷为 $6g/(m^2 \cdot d)$，氨氮表面负荷为 $0.3g/(m^2 \cdot d)$。

2. 单元尺寸

水平潜流人工湿地的长宽比近似为 3：1，长度 60～80m，宽度 20～30m，填料床层深度为 1.00m。

3. 水力停留时间

基质主要为粒径 10～40mm 卵石，孔隙率近似为 0.35～0.47，平均水力停留时间约为 0.50d，合 12h。

14.4.2.2 集配水系统设计

湿地来水通过管道由南部再生水厂向北引入，环绕场区配水，湿地处理区进水通过进水总管上接三通后布水，向每个潜流湿地小单元分别配水，出水再通过渠道收集溢流入表流人工湿地。

每个单元的布水采用穿孔花墙，穿孔花墙宽度与湿地单元宽度相同，穿孔花墙高度与湿地填料高度相同。穿孔花墙上开孔大小为 120mm×55mm，开孔率为 50%。在湿地前端和后端设置进水区和集水区，由粒径为 50～70mm 的大块砾石填充，作为布水和集水缓冲区域，避免堵塞。水平潜流湿地实景图如图 14.4-2 所示。

14.4.3 表流湿地

14.4.3.1 湿地单元

表流人工湿地与水平潜流人工湿地串联运行，污染物负荷较低，主要作为潜流湿地出水后硝化反应区，设计平均水深为 20～50cm。以水力负荷计算表流人工湿地面积，水力负荷取 $q=2m^3/(m^2 \cdot d)$，过流水量 Q 为 $40000m^3/d$，计算处理面积 A_4 为 $20000m^2$。在表流湿地中，除了水面外，同时构建一些小型岛屿、斑块、沟槽等，以营造一定的植物、水位梯度。故实

尾水人工湿地设计与实践

图 14.4-2 水平潜流湿地实景图

际表流湿地区面积比例按 30000m² 设计。表流人工湿地下部不填充填料，让水流在湿地表面形成深 20～30cm 的水面，然后利用表流湿地植物的物理化学和生物作用进行净化处理，表流人工湿地设计水力停留时间为 0.17d，合 4h。

14.4.3.2 集配水系统设计

    表流人工湿地进出水通过闸门和人工堆砌碎石控制其水流形态，以保证水流能整个经过处理区，避免出现短流和死水区。表流湿地实景图如图 14.4-3 所示。

图 14.4-3 表流湿地实景图

14.4.4　后置稳定塘

本项目中，后置稳定塘承担一小部分污染物去除的功能，主要作为湿地生态区进行建设，起生态修复与景观展示功能。按照一期建设总面积考虑，后置稳定塘区面积为 30240m²。后置稳定塘水深控制在 1.50～2.00m，主要是考虑其能够实现沉水植物的种植，发挥沉水植物的生态净化功能。

后置稳定塘按照平均水深 1.5m 计算，除去岛及景观建设区之外，其他基本为深水区，其相应的水力停留时间约为 0.5d，合 12h。后置稳定塘实景图如图 14.4－4 所示。

图 14.4－4　后置稳定塘实景图

14.5　景观设计

14.5.1　总体设计

通过人工湿地工艺单元，串联场地中的田、洲、生命、水等元素，描绘一幅生机盎然、绿洲白鹭的生态画卷。

按照本项目功能定位，将湿地公园建设区分为三个功能区：

（1）湿地核心处理区。主要以再生水厂尾水深度净化处理为目标，通过湿地内部填料、微生物、植物等协同净化处理，将尾水净化处理后达到地表水环境Ⅳ类水标准，满足景观补水的要求。

（2）湿地公园生态区。主要以生态建设为主，通过场地塑形打造适宜湿地动植物和微生物生存的多种斑块。在进行湿地生态修复、水生植物构建、缓冲带构建等同时，增强湿地活动体验、水上湿地探幽等活动。

（3）附属功能区域。湿地公园是公园的一种类型，除了具有的湿地特征和功能外，还应考虑旅游观光、科普宣教、生态绿道等功能，故需要配套建设设施，主要包括湿地出入口、停车场、管理用房、公厕、景观亭廊、科普宣教中心、观鸟亭等。

湿地及活水公园平面布置图如图14.5-1所示。

1. 北入口广场
2. 访客中心
3. 科普宣教中心
4. 管理用房
5. 中心休息室
6. 观鸟亭
7. 停车场
8. 潜流湿地
9. 表流湿地
10. 稳定塘生态区
11. 道路
12. 木栈道

图 14.5-1　湿地及活水公园平面布置图

14.5.2　节点设计

根据确定的"田、洲、山"总体设计元素，将各个湿地工艺单元赋予不同的景观内涵。湿地一级处理区（主要为潜流型湿地区）为田园之洲，营造意向图如图14.5-2所示。湿地二级处理区（主要为表流人工湿地区）为生态绿洲，营造意向图如图14.5-3所示。湿地三级处理区（主要为后置稳定塘生态区）为生命之源，营造意向图如图14.5-4所示。

14.5.3　竖向设计

湿地及活水公园作为再生水厂尾水深度处理区，尾水经一次提升后在湿地中依次经过折流式水平潜流人工湿地、表流人工湿地、后置稳定塘等工艺流程后排放进入平湖塘。在再生水厂进行一次提升后，水流在湿地中通过自然地形高差实现重力流，避免二次提升。

按照各单元水位分析，南侧平湖塘排水的水位为2.30m，场地道路高程为3.50m。故需要结合现状地形特征，营造场地地形。场地路面高程确定为3.50m，构筑物和建筑物地坪高

北入口广场

访客中心

林荫大道

水平潜流湿地

西南入口
管理用房

图 14.5 - 2　田园之洲营造意向图

表面流湿地

主园路

中心休息室

木栈道

观鸟亭

图 14.5 - 3　生态绿洲营造意向图

木栈道

亲水平台

次园路

稳定塘生态区

科普宣教中心

主园路

图 14.5-4　生命之源营造意向图

程为 3.80m。潜流湿地北侧进水端水头为 3.20m，相应的潜流湿地池底起端高程设计约 2.00m。本区现状地形高程约 1.70～3.50m，潜流湿地池底高程基本上与现状地形高程一致，经过场地平整后即可作为湿地场地，然后上部铺筑湿地填料。湿地墙体及进出水渠道、阀门井等构筑物基础采用砂石回填做法。潜流湿地出水端水头为 2.90m，相应的潜流湿地池底末端高程设计约 1.70m，单个水平潜流人工湿地单元的水头差约 0.30m。

　　潜流人工湿地出水重力流流入表流人工湿地，内部形成一定的跌水充氧。表流人工湿地进水端水头为 2.80m，池底高程设计随植物水深要求而不同，下层采用回填土素土夯实，内部营造微地形和向出水端倾斜的缓坡。表流湿地出水区通过闸涵控制出水流向后置稳定塘，表流人工湿地出水水头为 2.60m。

尾水人工湿地设计与实践

后置稳定塘区结合现状一条水沟进行改造，进行内部挖填，在局部范围内进行人工回填，以营造岛屿。后置稳定塘从表流湿地出水处接入后水头为 2.60m，平均水深约 0.8～1.5m。在南侧进入平湖塘前水位为 2.30m，可以基本保证在常水位下正常出流进入平湖塘。

本项目防洪等级按照 10 年一遇洪水位考虑，平湖塘 10 年一遇水位为 2.28m，而湿地出水水位为 2.30m，满足 10 年一遇洪水下湿地正常排水要求。

工程鸟瞰效果图如图 14.5-5 所示。

图 14.5-5　工程鸟瞰效果图

15　师法自然·东阳案例

15.1　项目背景

15.1.1　东阳市概况

东阳市位于浙江省中部，为金华所属县级市。总面积 1739km²，辖有 6 个街道、11 个镇和 1 个乡，总人口 83.95 万人（截至 2016 年年底）。区域地貌类型以丘陵和盆地为主。气候属亚热带季风气候区，全年温和，雨量充沛，空气湿润，四季分明，光照充足。年平均气温17℃，年平均日照 2002h，年均降雨量 1351mm。

15.1.2　必要性分析

东阳市境内主要河流为东阳江，为钱塘江的一级支流，发源于磐安县龙鸟尖，干流全长165.5km，东阳市境内长 57km，流域面积 855.5km²（图 15.1-1）。2008 年，东阳江流域被列入第二轮"811"省级环境保护重点监管区，于 2010 年 10 月通过浙江省重点流域监管区"摘帽"验收。

图 15.1-1　东阳江水系示意图

东阳江干流 3 个省控断面（横锦水库、横锦水库出口、义东桥）在项目实施前水质情况见表 15.1-1。监测数据表明，横锦水库、横锦水库出口水质较好且稳定，能够达到 Ⅱ 类水质；义东桥污染较为严重，NH_3-N、TN 和 COD 均超标。结合东阳江 9 个断面的监测结果，东阳江中满足水功能区要求的河段长度为 29.8km，仅占河段总长的 27.9%，总体呈现出中度污染，其中 NH_3-N 是首要污染物。

表 15.1-1 东阳江监测断面水质情况

监测点位	监测指标	监测结果 c_i /(mg/L)	功能区目标水质 c_0 /(mg/L)	单项污染指数 c_i/c_0
横锦水库	BOD_5	1.24	3（Ⅱ类）	0.41
	COD	3.56	15（Ⅱ类）	0.24
	TP	0.02	0.1（Ⅱ类）	0.20
	TN	0.37	0.5（Ⅱ类）	0.74
	NH_3-N	0.10	0.5（Ⅱ类）	0.20
横锦水库出口	BOD_5	1.22	3（Ⅱ类）	0.41
	COD	4.66	15（Ⅱ类）	0.31
	TP	0.01	0.1（Ⅱ类）	0.12
	TN	0.37	0.5（Ⅱ类）	0.74
	NH_3-N	0.09	0.5（Ⅱ类）	0.18
义东桥	BOD_5	2.27	4（Ⅲ类）	0.57
	COD	20.30	20（Ⅲ类）	1.05
	TP	0.16	0.2（Ⅲ类）	0.79
	TN	4.30	1（Ⅲ类）	4.30
	NH_3-N	2.82	1（Ⅲ类）	2.82

根据《国务院关于印发水污染防治行动计划的通知》（国发〔2015〕17 号）、《浙江省水污染防治行动计划》（浙政发〔2016〕12 号）和浙江省"五水共治"的要求，到 2017 年，浙江省全省水环境质量明显改善，目标责任书中 103 个地表水考核断面Ⅰ～Ⅲ类水质比例达到 70% 以上；到 2020 年，该比例提高到 80% 以上，并且八大水系基本达到或优于Ⅲ类水质；设区城市建成区全面消除黑臭水体；全面消除劣Ⅴ类水质断面。在达到国家"水十条"考核目标的基础上，根据浙江省"水十条"的要求，2016 年年底前义东桥河流考核断面水质达到Ⅴ类水质，2017 年年底前该处断面水质达到Ⅳ类水质，实现该目标，任务艰巨，时间紧迫。

本工程地处东阳江畔，主要用于处理东阳市第一污水处理厂一期、二期工程尾水，出水口位于东阳市与义乌市交界断面上游 200m 处。项目处理规模 6 万 m^3/d，总占地面积为 15.16hm^2，处理工艺采用"生态氧化池＋生态砾石床＋复合人工湿地"，设计进水水质标准为《城镇污水处理厂污染物排放标准》（GB 18918—2002）的一级 B 标准，设计出水水质标准为《地表水环境质量标准》（GB 3838—2002）的Ⅴ类标准，后由于污水处理厂扩建提标，实际进水水质标准为《城镇污水处理厂污染物排放标准》（GB 18918—2002）的一级 A 标准，相应处理出水水质主要指标要求提高为《地表水环境质量标准》（GB 3838—2002）的Ⅳ类标准。

15.1.3 SWOT 分析

本工程选址东至八华南路，西至南田路，南至江滨南街，北至东阳江水域地带，该场址具有如下优点：

（1）符合城市总体规划及江滨景观带规划要求（图 15.1-2 和图 15.1-3）。

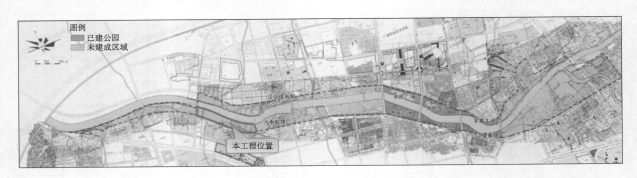

图 15.1-2　工程在东阳市江滨文化景观带规划中所处的位置

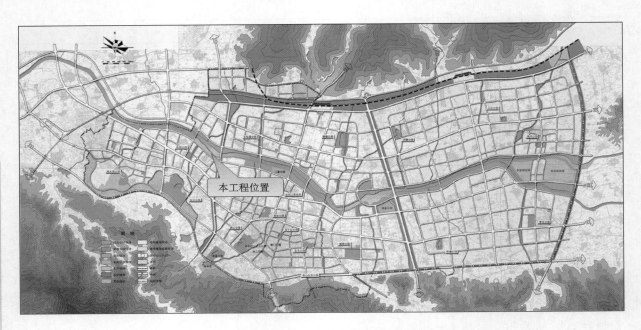

图 15.1-3　工程在东阳市城市绿地系统规划中所处的位置

（2）建设条件好。交通便捷，多条城市主干道从四周经过，东有八华南路，西有南田路，南有江滨南街。工程周边与城市干道相连，有成熟市政管网，给水、雨水、污水、电力、电信、燃气可就近接入（图 15.1-4）。

（3）不占用基本农田，拆迁量小。本工程位于东阳江南侧，场地形态为长条状，实际可用面积 15.16hm²。场地右侧为煤气站，场地北侧临江堤，高程为 70.00～71.00m。建设前该场地多为荒地及池塘，场地内最高标高为 78.07m，最低标高为 65.35m，最大高差为

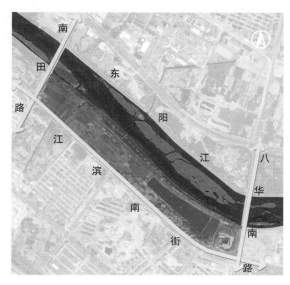

图 15.1-4 工程位置示意图

12.72m。工程实施前现场状况如图 15.1-5 所示。

（4）处于污水处理厂和受纳水体的旁边，进、出水管的工程量小、投资省。本工程距离东阳市污水处理厂西侧 600m，区域周边的主要水体为东阳江。本湿地工程排水口设置在湿地公园西侧靠近山口大桥的位置，山口大桥下游约 120m 拟建一座橡胶坝，橡胶坝蓄水后常水位 66.5m，橡胶坝下游约 90m 处为东阳—义乌交接断面。

（5）工程选址区域排水条件良好，水淹概率很低。

根据东阳江干流综合整治规划，现状场地北侧为在建东阳江堤，防洪标准为 50 年一遇，湿地起点（临江大桥）至终点（山口大桥）工况各频率设计水位情况见表 15.1-2。

（a）临江大桥下游段建筑渣土堆放

（b）场地内水塘农田1

（c）场地内水塘农田2

（d）山口大桥上游段现状

（e）沿线排污口1

（f）沿线排污口2

图 15.1-5 工程实施前现场状况

表 15.1-2　　　　　　　　人工湿地起终点工况各频率设计水位情况表

位置	桩号	规划工况各频率设计水位/m				现状工况各频率设计水位/m			
		2%	5%	10%	20%	2%	5%	10%	20%
临江大桥	31+500	68.97	68.69	68.15	67.59	69.92	69.65	69.12	68.56
山口大桥	32+740	68.34	68.07	67.53	66.94	69.25	69.02	68.55	68.06

按照规划工况，规划后 50 年一遇水位为 68.34～68.97m，现状水位为 69.25～69.92m，规划水位比现状水位下降 0.91～0.95m。现状江堤高程 70.00～71.00m，维持现状即可达到 50 年一遇防洪标准，满足东阳江干流综合整治规划要求，并比规划 50 年一遇洪水位高出 1m。根据东阳江堤设计单位提供的资料，山口大桥下游约 120m 为拟建橡胶坝，橡胶坝蓄水后本段常水位为 66.50m。

在进行考察和初步了解后，设计单位讨论了工程在自然资源、空间、经济、社会文化等方面的优势、劣势、机遇和挑战，分析内部、外部的影响因素（SWOT 分析），相关结果见表 15.1－3。

表 15.1－3　　　　　　　　　　SWOT 分析结果

优　势	劣　势
建设条件好，有成熟的市政管网、电力等设施； 不占用基本农田，拆迁量小； 项目处于污水处理厂和受纳水体旁，给排水工程量小； 选址区域有良好的排水条件； 区位条件好，交通便利	湿地系统进水量大、污染负荷高，水质处理难度大； 沿线有多处排污口，周边及场地内的水体污染； 人工痕迹明显，场地无自然湿地基底
机　遇	挑　战
东阳市经济发达、文化底蕴深厚、旅游资源丰富； 项目属于重点工程，各级政府扶持力度大； 对东阳江水质改善具有一定的效果； 位于江滨景观带上，打造景观功能，建成后可以作为城市名片	土方平衡处理； 进水水量、水质的变化对处理效果的影响； 气候条件对湿地系统中植物的影响； 填料层堵塞的问题； 景观需求对项目投资、设计的影响

将 SWOT 分析所得到的各因素按照水及生态环境、景观以及管理建设运营三个工作类别进行归纳，见表 15.1－4。

表 15.1－4　　　　　　　　　　SWOT 分析结果（按工作类别分类）

工作类别	分　析　结　果
水及生态环境	项目处于污水处理厂和受纳水体旁，给排水工程量小
	选址区域有良好的排水条件
	湿地系统进水量大，污染负荷高，水质处理难度大
	沿线有多处排污口，周边及场地内的水体受到污染
	人工痕迹明显，场地无自然湿地基底
	进水水量、水质的变化对处理效果的影响
	对东阳江水质改善具有一定的效果
景观	位于江滨景观带上，打造景观功能，建成后可以作为城市名片
	景观需求对项目投资、设计的影响

尾水人工湿地设计与实践

工 作 类 别	分 析 结 果
管理、建设、运营	建设条件好，有成熟的市政管网、电力等设施
	不占用基本农田，拆迁量小
	区位条件好，交通便利
	东阳市经济发达、文化底蕴深厚、旅游资源丰富
	项目属于重点工程，各级政府扶持力度大
	土方平衡处理
	气候条件对湿地系统中植物的影响
	填料层堵塞的问题

15.1.4　项目定位

由 SWOT 分析可知，本工程是在原有荒地及池塘上建设的人工湿地系统，建设场地不存在原生湿地基底，其首要功能是深度处理东阳市第一污水处理厂出水，减少东阳江入水的污染负荷，提升东阳江的水质，以满足考核断面达标需求。但是，由于工程位于东阳市江滨景观带上，周边大部分为居住区，具有景观与休闲的需求，同时，按照东阳市绿地系统规划、东阳市江滨景观带建设规划等要求，工程如定位于单一功能的水质处理型人工湿地，显然与上述相关规划要求是相偏离的，无法满足当地的社会需求。因此，工程中也需要重点打造景观及休闲功能，使其具有湿地公园的属性。综合上述分析，本工程的定位是首先满足人工湿地的水质处理的功能；其次，重点考虑工程的景观功能，形成多功能有机结合的人工湿地型的城市休闲类湿地公园。

15.2　污水处理厂概况

东阳市第一污水处理厂一期工程设计规模为 4 万 m^3/d，已经建成投产，采用的是二级生物处理（CAST 工艺），在满足出水水质要求的前提下，一期实际处理规模约 4 万 m^3/d。现有污水处理厂工艺装置如图 15.2-1 所示。由于进水中工业废水含量较高，且不能按照纳管水质标准达标排放，东阳市第一污水处理厂一期工程废水处理达标率较低，因此，东阳市污水处理有限公司对一期工程进行改造，并新建污水处理二期工程，以减少企业非达标排放废水对污水处理厂的冲击，提高污水达标排放率。二期工程建成后处理规模为 2 万 m^3/d。一期、二期工程处理污水总量为 6 万 m^3/d。

东阳市第一污水处理厂一期改造及二期新建工程于 2012 年 10 月已进入调试及试运行阶段。运行后出水执行《城镇污水处理厂污染物排放标准》（GB 18918—2002）中一级 B 标准，直接排入东阳江。尾水直接排入东阳江，将增加东阳江污染负荷。

分析污水处理厂出水指标，技术改造后出水水质（尤其是氨氮指标）去除率提高。根据对污水处理厂的现场走访，由于受进水水质的影响，下半年有个别月份进水水质有较大

（a）现有污水处理厂一期工程曝气单元　　　（b）现有污水处理厂一期工程沉淀单元

（c）现有污水处理厂一期工程过滤单元　　　　（d）现有污水处理厂排放口

图 15.2-1　现有污水处理厂工艺装置

波动，造成污水处理厂出水指标超出一级 B 标准，其中悬浮物在日常监测值中超标 3 次，色度超标 31 次。因此，需要进一步重视人工湿地处理工艺的前处理，以减轻人工湿地处理负荷。

从出水流量分析，污水处理厂出水日变化系数为 0.68～1.09，小时变化系数为 0.92～1.09。出水有一定波动，需在人工湿地设计中充分考虑进水流量变化带来的冲击。

15.3　工艺论证

15.3.1　设计进出水水质

本项目进水水质执行《城镇污水处理厂污染物排放标准》（GB 18918—2002）一级 B 标准要求，人工湿地污水深度处理系统出水的主要水质指标按照《地表水环境质量标准》（GB 3838—2002）中的 V 类水质标准进行控制，具体进出水水质指标详见表 15.3-1。

表 15.3-1　　　　　　　　　　设计进出水水质指标　　　　　　　　　　单位：mg/L

指标	SS	COD	BOD_5	$NH_3 - N$	TP
进水水质	20	60	20	8	1
出水水质	8	40	10	2	0.4

对进出水水质指标分析可知，污染物去除的难点是氨氮，由于污水处理厂进水水质波动，可能会带来出水水质氨氮偏离一级 B 标准，这将给人工湿地出水氨氮达到 V 类标准增加难度和风险。

根据环境影响评价的批复，本工程尾水排放受纳水体为东阳江；2012 年度《金华环境状况公报》显示东阳江主要污染物指标为氨氮，水质总体评价为中度污染。2013 年上半年东阳江出境断面义东桥水质监测月报（表 15.3-2）显示，东阳江水体主要污染物指标为氨氮。

表 15.3-2   东阳江义东桥断面水质监测数据表

监测时间	COD/(mg/L)	NH$_3$-N/(mg/L)	TP/(mg/L)	水质类别
2013 年 1 月	18	2.2	0.17	劣 V 类
2013 年 2 月	19	3.6	0.171	劣 V 类
2013 年 3 月	17	0.854	0.178	Ⅲ 类
2013 年 4 月	18	1.11	0.173	Ⅳ 类
2013 年 5 月	18	1.40	0.19	Ⅳ 类
2013 年 6 月	17	1.32	0.151	Ⅳ 类

15.3.2 工艺比选

15.3.2.1 人工湿地处理组合工艺比选

人工湿地处理组合工艺的选择应根据设计进出水水质目标要求、用地面积和工程规模等多种因素进行综合考虑。每种工艺都有一定的适用条件，应视工程的具体条件而定。选择合适的组合工艺，不仅可以保证系统出水水质，还可以降低工程投资和运行管理费用。四种人工湿地组合工艺塘—表、塘—床、（塘）—床—表和强化预处理工艺的比选情况见表 15.3-3。

表 15.3-3   湿地处理组合工艺比选

工　艺	优　点	缺　点	适用范围
塘—表组合工艺	景观效果好； 不容易堵塞； 投资较省	去除负荷不如潜流人工湿地	低浓度废水
塘—床组合工艺	处理效果较好； 占地较省	不易打造景观效果； 投资相对较大	中、低浓度废水
（塘）—床—表组合工艺	处理效果较好； 景观效果好	占地面积相对较大； 投资相对较大	中、低浓度废水
强化预处理组合工艺	处理效果较好； 不容易堵塞	投资相对较大； 涉的工艺单元较多	中、低浓度废水

基于处理水质、景观要求以及工艺比选结果等方面的考虑，本工程选择强化预处理人工湿地工艺与（塘）—床—表工艺耦合的组合工艺，具体为强化预处理—床—表组合工艺。

15.3.2.2 单元工艺比选

1. 人工湿地预处理单元

由于传统的氧化塘存在水力负荷和污染物负荷较小、占地面积较大、停留时间较长等劣势，本工程不宜使用传统氧化塘作为预处理单元，因此本节主要比选曝气生物滤池和接触氧化法两种工艺。

曝气生物滤池利用微生物降解污染物，同时具有吸附、截留的过滤作用，因此出水水质好于一般工艺，但是与污水处理厂现有工艺相重复。接触氧化和生物滤池工艺对处理氨氮、总氮、COD等污染物的效果区别不大，但曝气生物滤池截留SS能力更好。

两个方案投资中接触氧化工艺设备量较少，管理方便；曝气生物滤池池子深，结构处理费用高。因此就总投资而言，接触氧化法较曝气生物滤池要节省20%～30%。从景观效果上来看，接触氧化法需要设置氧化池和二沉池，占地面积比生物滤池大，但可做成景观塘的形式，贴合本工程生态定位的基调。

曝气生物滤池和接触氧化法的详细对比见表15.3-4。

表15.3-4　　　　　　　　　　　　预处理单元工艺比选

项　目	接　触　氧　化　法	曝　气　生　物　滤　池
投资	较低，相比曝气生物滤池，成本减少约20%	较高，成本约为1600万元
停留时间	4～6h	20min
去除效果	与曝气生物滤池差不多，但去除SS的效果稍差，需要进一步串接沉淀或过滤单元	去除SS效果稍好
场地布置及占地	无地上部分，地下部分池深3m，占地面积为4200m²左右，占整个场地面积（15.16hm²）的2.8%。考虑到本工程的场地面积以及水质、生态等需求，可以采用氧化塘工艺	地上部分高9m，地下部分深6m，占地面积为500m²左右，由于深开挖需要基坑维护，结构处理费用高，不便于布置在煤气站与江堤间狭长地带，需要布置在场地开阔处。此外，由于地上部分高达9m，将对整体景观造成影响。由于目前场地的使用面积较大，曝气生物滤池负荷高、占地省的优势并不明显
运行费用	增加0.015元/m³	增加0.05元/m³
主要设备	主要设备功率为200kW，相比于生物滤池工艺，工作总容量可以减少270kW，相应变压器可由800kV·A减小到500kV·A，电气设备费相比曝气生物滤池较低	主要设备功率为478kW，主要设备包括反冲洗风机75kW、反冲洗水泵55km、滤池提升泵300kW、反冲洗排水泵22kW、空气压缩机7.5kW、曝气风机18.5kW·A（均为同时备用1组），占工作总容量720kW的2/3；配电房照明10kW
运行管理程度	主设备为3个类型8台套，包括鼓风机、轴流风机、吸泥车；运行管理简单，但有排泥问题，需要定期清塘	主设备为6个类型15台套，包括风机、压缩机、水泵等；运行管理复杂
景观适宜性	如布置在入口处，不影响整体景观	如布置在东侧入口处，由于滤池上部建筑高达9m，很难处理，对湿地公园整体景观影响较大
生态性	贴合本工程生态定位的基调	不贴合本工程生态定位的基调；与现有污水处理厂曝气生物滤池工艺重复

基于以上考虑，本工程选择氧化塘与接触氧化池耦合的生态氧化池工艺作为预处理单元的工艺技术。

2. 预处理排泥单元

预处理排泥单元工艺比选见表 15.3-5。

表 15.3-5   预处理排泥单元工艺比选

项　目	沉淀池	生态砾石床
投资	可采用土坑铺膜方式，土建资金 50 万元，为防止藻类孳生，需设置一定面积浮床，设备采购及安装费 100 万元，总计 150 万元	采用钢筋混凝土形式，土建资金 200 万元，砾石采购及安装费 100 万元，总计 300 万元
停留时间	2h	36min
去除效果	通过沉淀原理去除氧化池后脱落的生物膜，去除 SS 效果一般	通过过滤原理去除氧化池后脱落的生物膜，去除 SS 效果较好
场地布置及占地	占地面积 2000m²，沉淀塘有效水深 2.5m，总容积 5000m³	长 50m，宽 30m，占地面积 1500m²，砾石床深 2.5m，总容积 3750m³，孔隙率按 40% 计，有效容积为 1500m³
运行费用	无	无
主要设备	无	无
运行管理程度	容易产生浮泥现象，夏季易爆发藻类，对后续潜流湿地造成不利影响	需预计砾石床的堵塞风险
景观适宜性	塘系统不影响景观，但如果产生浮泥和藻类，将对景观造成不利影响	类似潜流湿地，表层种植水生植物后，可形成生态景观
生态性	贴合本工程生态定位的基调	贴合本工程生态定位的基调

本工程选择生态砾石床作为氧化预处理单元的排泥单元。

3. 人工湿地单元

针对污水处理厂出水氨氮浓度变化波动较大的情况，单种类型的人工湿地受限于溶解氧的分布，无法同时满足去除氨氮和硝态氮的效果，因此常使用组合人工湿地系统强化氮的去除过程。从去除氨氮的效果来看，组合人工湿地与单个垂直潜流人工湿地的效果相近 [2.13～2.48g $(NH_3-N)/(m^2 \cdot d)$]，高于水平潜流人工湿地 [0.83g $(NH_3-N)/(m^2 \cdot d)$]；从去除总氮的效果来看，各类组合人工湿地的处理效率相似 [2.31～4.24g $(TN)/(m^2 \cdot d)$]，显著高于单个人工湿地 [1.13～1.85g $(TN)/(m^2 \cdot d)$]。

组合人工湿地主要可以分为垂直潜流—水平潜流、水平潜流—垂直潜流、多级复合流等，其中垂直潜流—水平潜流人工湿地的数量较多，应用情况见表 15.3-6。一般情况下，水平潜流人工湿地常处在厌氧或者缺氧环境下，这有利于反硝化过程的发生；而垂直潜流人工湿地的间歇式进水会使氧气进入床体，从而产生好氧环境以促进硝化过程。

表 15.3－6 垂直潜流—水平潜流人工湿地的应用情况

组合湿地类型	废水种类	地　区	占地面积/m²
垂直潜流—水平潜流	市政污水	De Pinte，比利时	750（垂直潜流）～1500（水平潜流）
		Pervijze，比利时	2250（合计）
		Ieper，比利时	1080（合计）
		Bierbeek，比利时	660（合计）
		Paistu，比利时	216（垂直潜流）～216（水平潜流）
		Joogar，突尼斯	121（垂直潜流）～207（水平潜流）
		Gran Canaria，西班牙	150（垂直潜流）～300（水平潜流）
		中国	1280（垂直潜流）～3179（水平潜流）
	垃圾渗滤液	Ljubljana，斯洛文尼亚	41（垂直潜流）～270（水平潜流）
	酿酒厂废水	Pontevedra，西班牙	50（垂直潜流）～300（水平潜流）
水平潜流—垂直潜流	市政污水	Sarbsk，波兰	1610（水平潜流）～520（垂直潜流）
		Florence，意大利	160（水平潜流）～180（垂直潜流）
		深圳，中国	4800（水平潜流）～4640（垂直潜流）
下向垂直潜流—上向垂直潜流	市政污水	郑州，中国	0.6（下向垂直潜流）～0.6（上向垂直潜流）
	农业废水	中国	320（合计）

注　引自 Vymazal J 等，2011。

　　垂直潜流—水平潜流组合人工湿地中废水先进入垂直潜流人工湿地进行硝化过程，氨氮在好氧条件下氧化为硝态氮；既而进入水平潜流人工湿地进行反硝化过程，废水中的硝态氮还原为 N_2 或者 N_2O 而去除。

　　水平潜流—垂直潜流人工湿地中硝化过程主要发生在末端的垂直流阶段，而该系统若要获得较好的硝态氮去除效果，则需要将出水回流至前端水平潜流床体，利用进水中较为充足的碳源进行反硝化过程。出水的回流能够显著提升水平潜流—垂直潜流人工湿地系统的反硝化效果，但是由于回流泵及管路选型、安装和维护等方面的限制，这种方式在实际工程中的应用还较少。

　　垂直潜流组合人工湿地由两个垂直潜流湿地（下向流、上向流）组成，自底部连接，从而产生饱和条件，出水从第二级单元的顶部流出，在此情况下产生了类似于水平潜流湿地中的厌氧/缺氧环境。由图 15.3－1～图 15.3－3 可以发现，垂直复合流人工湿地系统对有机物、氮以及磷等污染物的去除效果主要集中在下向流阶段。

　　因此，本工艺前端保留复合垂直潜流人工湿地中的下向流部分，强化系统对有机物、氨氮的去除能力，工艺后端串联水平潜流湿地，强化系统的反硝化过程以增大除总氮的能力。

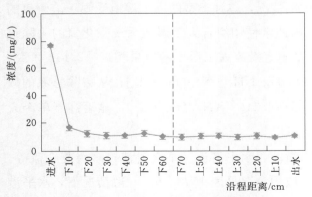

图 15.3－1　垂直复合流人工湿地系统中
沿程有机物浓度示意图

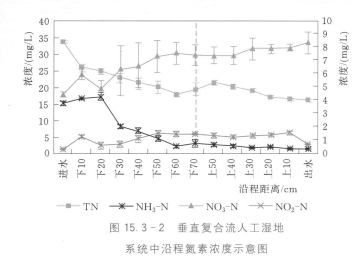
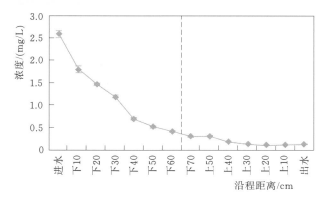

图 15.3-2　垂直复合流人工湿地
系统中沿程氮素浓度示意图

图 15.3-3　垂直复合流人工湿地
系统中沿程磷素浓度示意图

　　潜流人工湿地出水后进入表流人工湿地，深度去除氮、磷。由于藻类、沉水植物等的光合作用，表流人工湿地的水流中含有较高浓度的溶解氧，从而促进了硝化过程的发生，而反硝化过程常在底部腐殖质层中发生。植物和藻类较强的光合作用会导致系统碱度的增加，从而使得氨氮以挥发的方式去除。此外，表流人工湿地系统较大的水面面积增强了公园的亲水性和湿地特质。

　　基于以上考虑，本工程选择了垂直潜流—水平潜流—表流组合人工湿地系统。

15.3.3　工艺流程

　　根据上述分析，确定本工程工艺流程及高程设计图如图 15.3-4 所示。

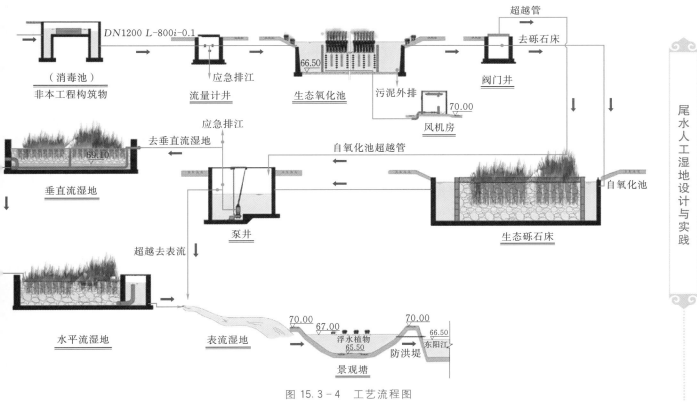

图 15.3-4　工艺流程图

15.4 工艺设计

15.4.1 总平面设计

湿地总体方案遵循原有地形地势，首先考虑满足工程的生产工艺流程要求，使其更加优化、合理、高效、节能。在满足其功能性要求的同时考虑预留园林绿化用地，美化环境，为城市居民提供良好的生活环境和接近自然的休憩空间，让人能够观赏、体验，并能达到科普及科研的目的，促进人与自然的和谐相处。因此本项目主要分为预处理区、潜流湿地区和表流湿地区三个区域（图15.4-1）。

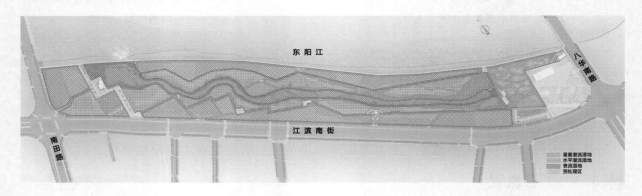

图 15.4-1 工艺功能分区图

1. 预处理区

预处理区由生态氧化池、生态砾石床、鼓风机房、提升泵井构成。预处理区单独布置于场地东侧，不影响湿地公园整体效果并方便进水。预处理后通过水泵分别供水至南北两侧潜流湿地。

2. 潜流湿地区

潜流湿地区由水平潜流湿地和垂直潜流湿地组成，对称布置于场地南北两侧，并将南北两侧各设计为两级台地，依次布置垂直潜流湿地、水平潜流湿地，便于水重力自流，同时便于形成错落有致的湿地景观。作为整个湿地区的水处理核心区，潜流湿地区占地面积为 8.76hm²，出水排至表流湿地。

3. 表流湿地区

表流湿地区位于场地中间，贯穿场地东西向，形成景观水轴，将潜流湿地出水导入场地西侧景观塘，再排入东阳江。表流湿地进水为南北两侧潜流湿地出水，该区域占地面积为 1.2hm²。

4. 其余区域

其余区域主要是边坡、景观绿地、道路等，是整个湿地的外围区域和边界。

15.4.2 竖向设计

为实现湿地处理系统的顺利运行，各处理系统之间采用管道或渠道等方式贯通，各处理

尾水人工湿地设计与实践

构筑物之间需留足水力高差，保障水力条件，使整个系统水流顺畅，完成湿地处理工艺的流程要求。

根据本工程实际情况，各部分高程根据水力流程要求，设计高程见表 15.4-1。

表 15.4-1　　　　　　　　运 行 水 位 一 览 表

项　　目	氧化池	砾石床	垂直潜流湿地	水平潜流湿地	表流湿地	景观塘
正常运行水位高程/m	69.50	69.00	70.50	70.00	67.00~68.50	67.00

15.4.3　进水管道

15.4.3.1　设计水量

平均污水流量：$Q_{ave}=6$ 万 m^3/d。

工程总变化系数：$K_z=1.20$。

15.4.3.2　工艺描述

采用重力流进水方式，自污水处理厂消毒池至本工程流量计井，再进入预处理区；根据污水处理厂一期、二期工程设计资料，本次设计按照消毒池水面高程 70.80m，至湿地公园预处理区生态氧化池水面高程 69.50m 进行设计。

15.4.3.3　设计参数

进水管道管径：$DN1200$。

进水管道管材：钢筋混凝土管。

进水管道总长：629.8m。

管道坡度 i：0.001。

15.4.4　生态氧化池

15.4.4.1　工艺描述

生态氧化池是一种活性污泥法与生物滤池复合的生物膜法，由浮动湿地、下挂填料、底部曝气系统等组成。生态氧化池主要借助浮动湿地植物根系、下挂填料的吸附能力、对浮游生物提供栖息场所等优势，构建生态体系，提高水体自净功能，并通过在生态氧化池内充氧，利用池中好氧菌和硝化菌分解有机物，并将氨氮转化为硝态氮，从而达到净化水体的目的（图 15.4-2）。

15.4.4.2　池体设计参数

设计流量：$Q_{ave}=2500m^3/h$。

有效水深：3.5m。

有效停留时间：6.8h。

有效容积：17150m^3。

（a）施工现场　　　　　　　　　　　（b）运行后景象

图 15.4－2　生态氧化池现场

15.4.4.3　主要设备配置

1. 浮动湿地

类型：天然植物纤维浮床。

面积：2940m²。

2. 充氧设备

类型：管膜式曝气器。

数量：1344 套。

供气量：≥6m³ 气/（h・m）。

参数：$L=1m$。

15.4.4.4　生态氧化塘曝气系统

尾水本身污染浓度不高，接触氧化为膜法工艺，采用底部曝气系统，硝化菌为自养菌，工艺产泥量很少。参照设计规范，去除 1kg BOD_5 产生 0.35～0.40kg 干污泥，污泥含水率为 96%，如在氧化塘中沉积，沉积密度为 1.03～1.04，底泥含水率为 90%，残存系数 0.60～0.65。按照上述参数计算，氧化塘年沉积为 691m³，塘面积为 2500m²，沉积厚度为 0.276m，按照塘的清理周期，一般 0.3～0.5m 时清理一次，则本工程 2 年清塘一次。

15.4.5　生态砾石床

设计参数如下：

设计流量：$Q_{ave}=2500m^3/h$。

有效停留时间：45min。

数量：1 座。

单座尺寸：30.9m×54.6m×3.05m（H）。

砾石粒径设计：采用四级滤料，粒径分别为 40mm、60mm、80mm、120mm。

15.4.6 提升泵池

15.4.6.1 工艺描述

用于提升预处理后的尾水，实现水量的调节，同时满足后续流程水力高程衔接的要求。

15.4.6.2 设计参数

设计流量：$Q_{ave} = 2500 m^3/h$。

有效停留时间：20min。

数量：1座。

单座尺寸：12.6m×22.9m×4.7m（H）。

15.4.6.3 主要设备配置

主要设备为水泵。

数量：2用2备（分2组进行配水，每组中1用1备，其中1台变频）。

流量：$1500 m^3/h$。

扬程：10m。

功率：75kW。

15.4.7 潜流湿地

15.4.7.1 工艺描述

人工湿地是本工程的核心处理部分，由垂直潜流、水平潜流和表流人工湿地复合而成，是一个独特的填料植物微生物生态系统。其中垂直潜流湿地采用间歇运行，床体处于交替充水和排水状态，提高了氧的传递速率和处理效率；水平潜流湿地采用连续运行，床体处于饱和状态，有利于反硝化脱氮；表流湿地进一步吸收营养物质，并形成场地景观水轴，提供宜人的滨水空间。

15.4.7.2 湿地单元

1. 面积分配

场地可用潜流湿地面积约8.76hm²，表流湿地面积约1.2hm²。潜流湿地采用串联布置形式，前端为垂直潜流湿地，面积为4.48hm²；后端为水平潜流湿地，面积为4.28hm²。

2. 单元配置

垂直潜流湿地每个单元控制面积为2500～3200m²，划分为16个单元。

水平潜流湿地划分为9个单元。

3. 水力负荷

垂直潜流湿地面积为4.48hm²，水力负荷为1.32m³/(m²·d)，水力停留时间18h。

水平潜流湿地面积为4.28hm²，水力负荷为1.40m³/(m²·d)，水力停留时间14h。

表流湿地面积为1.2hm²，水力负荷为5m³/(m²·d)，水力停留时间7.2h。

4. 污染负荷校核

根据设计进出水水质，计算出湿地负荷 BOD_5 为3g/(m²·d)，COD为6g/(m²·d)，均在人工湿地设计规范值以内。

15.4.7.3 集配水系统设计

1. 垂直流配水系统

本工程均匀配水是设计需要重点解决的问题,核心问题是如何将 6 万 m^3/d 来水平均分配到垂直潜流湿地表面,同时在垂直潜流湿地底部集水后均匀通过水平潜流湿地。

垂直流布水采用穿孔管道,设计每个垂直潜流湿地单元(面积 2500～3200m^2)分别采用 $DN400$ 干管–$DN350$ 支干管–$DN150$ 支管–$DN75$ 毛管配水系统,$DN75$ 管道穿孔,孔径 10mm,间距 150mm,错向 45°开孔。

图 15.4-3 为垂直潜流人工湿地布水管的现场铺设情况。图 15.4-4 为布水管道铺设中

图 15.4-3 布水管的现场铺设情况

所使用的闸阀井。

(a)闸阀井外部 　　　　　　　　　　　　　　(b)闸阀井内部

图 15.4-4 闸阀井

2. 垂直流集水系统

本工程垂直潜流湿地采用穿孔管进行集水。

3. 水平流配水系统

水平流采用两级布水,一级采用堰配水(图 15.4-5),二级采用穿孔墙配水(图 15.4-6)。

4. 水平流集水系统

本工程水平潜流湿地采用穿孔管进行集水。

15.4.8 表流湿地

15.4.8.1 工艺描述

尾水从表流湿地呈推流式前进,在流动过程中与土壤、植物及植物根部的生物膜接触得到净化,表流湿地进一步吸收营养物质,并形成场地景观水轴,提供宜人的滨水空间。

15.4.8.2 平面布置

表流湿地采用 30cm 黏土后铺设 GCL 膨润土毯防渗,防渗层铺设后覆盖 40cm 种植土,

尾水人工湿地设计与实践

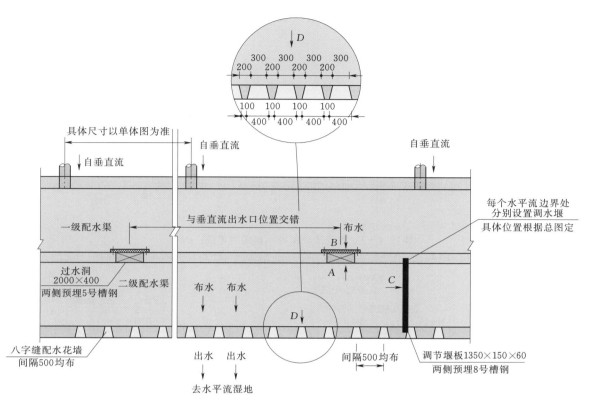

图 15.4-5 水平流布水系统平面示意图（单位：mm）

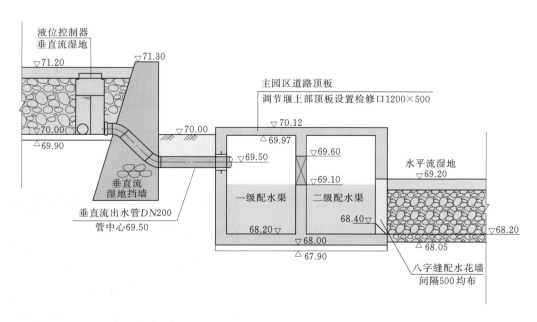

图 15.4-6 水平流布水系统剖面示意图（高程单位：m；尺寸单位：mm）

两侧与水平潜流湿地形成缓坡连接，两岸种植挺水植物，河道中心最深控制 1.5m，种植沉水植物。表流湿地总长 870m，末端汇入景观塘。表流湿地剖面和跌水示意图分别如图 15.4－7和图 15.4－8 所示。

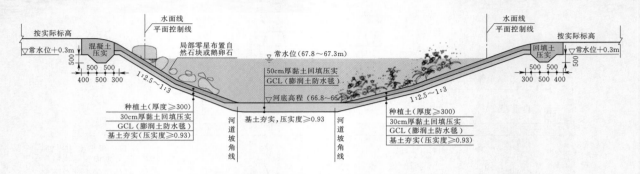

图 15.4－7　表流湿地剖面示意图（单位：mm）

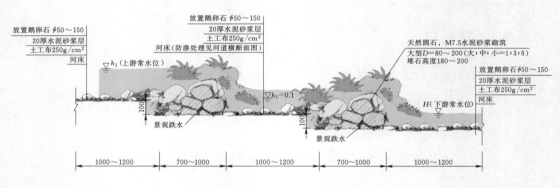

图 15.4－8　表流湿地跌水示意图（单位：mm）

15.4.9　鼓风机房

15.4.9.1　工艺描述

鼓风机房用来安置鼓风机及其相关设备，鼓风机为生态氧化池中的微生物提供氧气，同时能够搅拌污泥，促进污泥与污水的混合接触。鼓风机房立面图及效果图如图 15.4－9所示。

图 15.4－9　鼓风机房立面图及效果图

15.4.9.2　设计参数

数量：1 座。

尺寸：20m×6m×5.4m（H）。

15.4.9.3　主要设备配置

1. 空气悬浮离心鼓风机

数量：2 用 1 备，其中 1 台变频。

风量：65m³/min。

风压：49.0kPa。

功率：75kW。

2. 壁式轴流风机

数量：4 台。

风量：6000m³/h。

功率：0.37kW。

15.5 景观设计

15.5.1 设计目标

项目定位是以污水资源化利用为基础，以生态保护和生态修复为目标，以湿地教育展示为亮点，以地域文化元素符号打造为手段，以湿地生态景观休闲游憩为特色。具体设计目标如下。

1. 功能目标

根据处理工艺的要求，交通体系应结合人工湿地工艺单元的高程进行布置，栈道与常规园路要有机结合；结合科普教育活动的开展，充分考虑观赏人群对场地的需要，在节点处放大其空间尺度，保证其活动及文化元素的展示空间；按照规范要求，设置高栏杆及警示说明，保证安全游览的需要；从整个城市的角度出发，保证城市休闲、旅游、生态、交往、科普教育等功能。

2. 景观目标

充分利用工艺营造的生态环境，发挥现状场地肌理，增加景观元素，丰富湿地景观风貌，结合眺望东阳江滨景观，布置望江台等；丰富工艺湿地单元的绿化形式，表流湿地丰富植物品种，并结合景观设施把绿化的表现形式延伸到立面空间；利用表流湿地水系，通过亲水平台及滨水园路的布置，拉近人与水的距离。

15.5.2 总体设计

1. 景观体系的建立

以"模拟自然的河流"为设计理念，通过模拟降雨先垂直入渗河岸，再水平流动，最后汇集到河道的自然过程，分级设置了垂直潜流人工湿地、水平潜流人工湿地、表流人工湿地三级湿地处理系统，构成复合流人工湿地（图15.5-1），并以此为基础实现设计目标中的功能性目标，再以此为基底，实现设计目标中的景观目标。

2. 文化的融合

结合尾水处理工艺以及水流形式，融入东阳民俗传统文化——板凳龙灯的舞动造型，提取其折线形式作为场地空间布置基本形式。

尾水人工湿地设计与实践

251

（a）侧向图

（b）正向图

图 15.5 - 1　设计构思示意图

3. 建筑文化的体现

以建筑文化中典型的木雕文化为表现元素，通过景观小品等景观设施来整体烘托，并结合东阳古民居内部的台架关系作为栈道搭接的基本关系。

4. 总平面的形成

根据场地的特点及需求，结合垂直潜流、水平潜流、表流人工湿地的布置，形成完整的交通体系，内部路网串联起各个景点，并通过功能性景观建筑的融入，打造集生态、景观观赏、科普教育等多种功能为一体的人工湿地景观。

15.5.3　总体布置

根据整体功能布局，景观设置望江台、悦湖亭、溪滨小道、听水台、立交盒、林荫广场、捕风捉蝶、入口广场、科普广场等多个景点，以及湿地展览馆、综合服务中心、中控室等建筑（图15.5-2）。

湿地公园的整体鸟瞰图如图15.5-3所示。

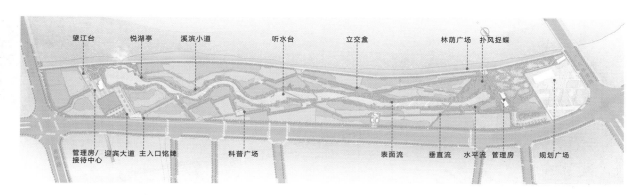

图15.5-2　景观总体布置图

图15.5-3　整体鸟瞰图

15.5.4　节点设计

主入口由两个大的部分组成，第一部分为入口铭牌雕塑，从材料和形式上统一公园整体风格，材料主要以石笼和石材贴面构成，形式以直线构成；从表现内容上分为上部分建筑内部台架结构的运用，下部分石笼表面结合木雕的运用展示公园的名称及湿地生物的内容（图 15.5－4）；第二部分为迎宾大道，由中间的小动物展示带和两侧的景观灯柱展示带组成，其两侧下沉式的潜流湿地的组合形式在入口处可以更好地体现整个公园的风貌。

图 15.5－4　入口方案

近水台节点反映的是表流湿地内涓涓细流的景观风貌，两侧丰富的水生植物景观及远处立体交通的穿插，营造多空间、多层次、多视角的景观风貌；空间的布置也体现多重性。左侧自然的碎石路面可以悠闲游憩，右侧间隔布置的木平台提供闲情赏景，远处的高栈道在提供高观景视角之余，其栏杆本身高低错落，不仅增加游憩的趣味性，而且栏杆内间隔出现的木雕形式，也增加了文化氛围，立交盒的位置在满足交通便捷的同时，又可以感受到垂直绿化的魅力（图 15.5－5）。

立交盒从上层栈道视角观景，此角度可以直观地反映立交盒位置上、下交通的关系及湿地单元与水系的关系；上层栈道栏杆结合铁艺雕刻的处理，流露出木雕的影子，栏杆的上、下起伏设计，在增加外观视线跳跃感的基础上，也对古建筑的台架形式进行了演绎；栏杆采用两层扶手的设计也出于儿童游览时的安全考虑；立交盒本身采用石笼及铁艺编制而成，虚实结合，其上垂直的布置也将周边绿化的布置形式进行了丰富。立交盒景观整体展现出强烈的纵深感和交错关系（图 15.5－6）。

图 15.5 - 5　近水台节点图

图 15.5 - 6　立交盒节点图

悦湖亭节点位于整个场地的中心水面区块，也是场地内水体经过生物净化进入东阳江的入水口，水质较好，也适合人群的集中活动，场地四周以水生植物布置，营造湿地公园的氛围，中心区块布置栈道及悦湖亭，提供游人驻足观景之所（图15.5-7）。

图 15.5-7　悦湖亭节点图

溪滨小道节点位于中间表流人工湿地的北侧，亲水性较好，滨水园路的布置，满足场地内不同环境的体验效果（图15.5-8）。

图 15.5-8　溪滨小道节点图

15.5.5 交通设计

本项目设置 1 个主入口，5 个次入口，高程与江滨南街合理衔接，停车区于主入口及右侧次入口各设置 1 处。公园内园路体系分为 3 种形式，主园路宽 3.5m，围绕场地及中间布置，满足工艺植物的收割要求；次园路宽 2m，位于滨水区块，打造宜人的滨水漫步道；栈道形式作为整体场地大部分的交通形式，宽 2m 和 1.5m，高程总体上高出地面 0.5m，局部 2 条栈道高出地面 3m，形成立体交通，通过立交盒进行过渡。交通分析图如图 15.5-9 所示。

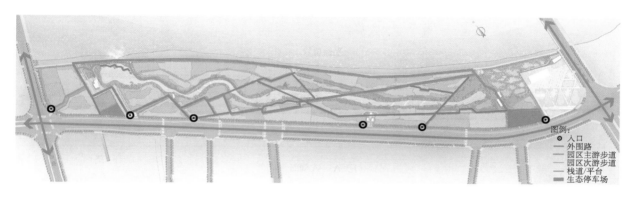

图 15.5-9 交通分析图

15.5.6 竖向设计

15.5.6.1 高程设计

本项目以功能、经济、合理、便捷、美观为原则，在原有地形基础上对场地进行地形改造。在规划中的江滨南街和江堤高程为 70.00m 的基础上，边界合理过渡作为基本原则，在垂直潜流和水平潜流湿地单元交错的区块，原则上栈道高出其 0.5m，局部高出 3.0m，形成立体交通，中间表流的高程为 68.00～69.50m，结合水系底部高差的处理，形成涓涓细流的意境。高程分析图如图 15.5-10 所示。

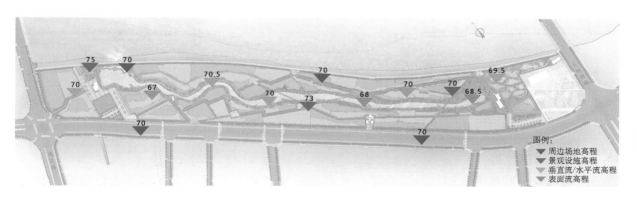

图 15.5-10 高程分析图（单位：m）

15.5.6.2 剖面设计

结合高程设计,对本项目场地进行剖面分析,具体如图15.5-11所示。

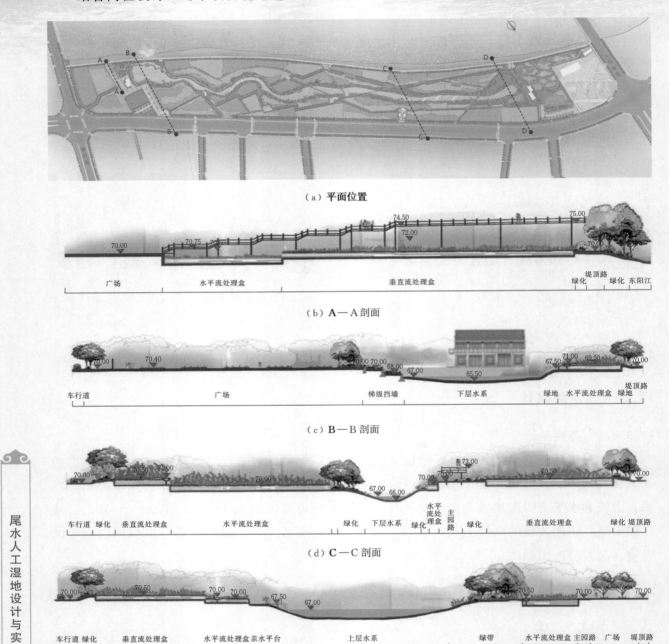

(a)平面位置

(b)A—A剖面

(c)B—B剖面

(d)C—C剖面

(e)D—D剖面

图15.5-11 剖面分析图(单位:m)

15.5.6.3 视线分析

景观视点主要集中在望江台、小平台和部分垂直流景观栈道上。北部平台以眺望东阳江景观为主,其中以望江台为最高点,视域范围最广;其他景观平台、栈道视域范围主要集中于园区内部,以观赏小空间景观为主。视线分析图如图15.5-12所示。

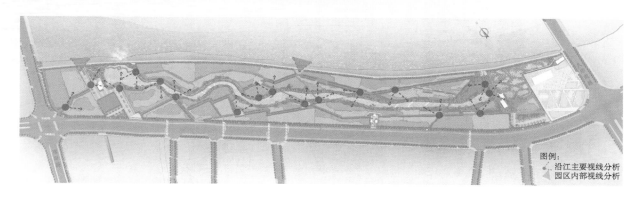

图例：
沿江主要视线分析
园区内部视线分析

图 15.5 - 12　视线分析图

15.5.7　细部设计

15.5.7.1　城市家具设计

本项目的城市家具设计主要包括座椅、指示牌、照明灯具等。设计构思基于公园大的形式及材料运用，结合家具本身的功能要求，在其醒目位置借鉴木雕手法，采用简洁雕刻形式，点缀"湿地动物"——鹤，通过其剪影的装饰，烘托整体湿地氛围（图 15.5 - 13）。

家具设计体现以下四个特点：

（1）特色性。家具整体风貌体现湿地生态风貌、形式与总体布置统一。

（2）文化性。木雕的文化载体通过点缀的方式进行醒目展示，呼应场地文化氛围。

（3）生态性。家具设计的材料及色彩与环境融合。

（4）人本性。在功能性的基础上增加趣味性，更充分地考虑到人的使用要求。

15.5.7.2　景观小品设计

湿地公园中景观小品设计主要包括景观廊架、景观亭、栏杆、情景雕塑小品等，另外根据服务需求还设置了管理房（图 15.5 - 14）。

设计构思从四个方面出发：①基本功能以场地整体风貌为基础；②设计造型充分考虑场地的仿生效应；③表现内涵与当地文化相融合；④建造材料统一采用木材与石笼的风格。

15.5.7.3　铺装设计

铺装结合场地特征，以体现生态性、美观性、经济性为主，其中入口广场和主园路铺地主要采用高湖石粗凿面，收边采用东阳青石，次园路以碎石铺地为主；为了防止湿地潮湿的空气造成腐烂，栈道采用防腐樟木松铺设。

15.5.8　照明设计

15.5.8.1　照度分析

根据项目定位、景观功能及夜景照明的特点，将场地分为三个区：主、次入口区、园内道路区和滨水绿地区。

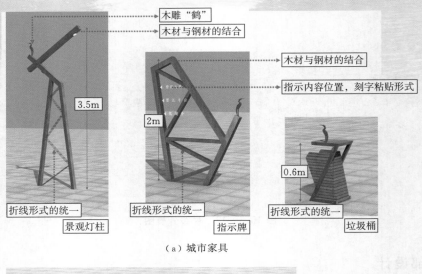

木雕"鹤"
木材与钢材的结合
木材与钢材的结合
指示内容位置，刻字粘贴形式

3.5m
2m
0.6m

折线形式的统一
折线形式的统一
折线形式的统一

景观灯柱
指示牌
垃圾桶

（a）城市家具

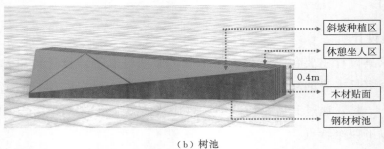

斜坡种植区
休憩坐人区
0.4m
木材贴面
钢材树池

（b）树池

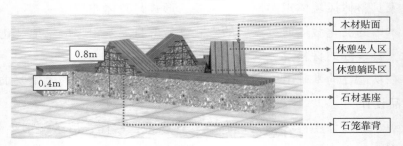

木材贴面
0.8m
休憩坐人区
休憩躺卧区
0.4m
石材基座
石笼靠背

（c）坐凳

图 15.5-13　家具设计图

1. 主、次入口区——一级照度区

入口区是湿地公园与城市连接的区域，夜景照明设计以基本功能照明为主、氛围渲染照明为辅的方式，采用庭院灯结合地埋射灯、投射灯、小品灯，对场地和建筑等进行多光色、多角度的渲染，凸显出门户气势。

2. 园内道路区——二级照度区

公园园路是连接整个湿地公园的纽带，夜景照明以庭院灯、线条灯等照明工具，强化照明的功能性，满足夜间出行要求。

3. 滨水绿地区——三级照度区

滨水绿地区是公园中相对安静的区域，夜间人流不多，活动较少，因此在夜景设计中属于整个公园的背景区，照明以沿河的大型乔木、水系等景观元素为主，以营造一个合适的夜间景观环境。

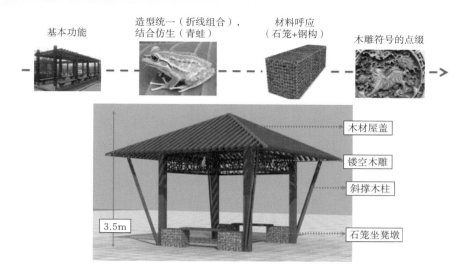

基本功能　　造型统一（折线组合），　　材料呼应　　木雕符号的点缀
　　　　　　结合仿生（青蛙）　　（石笼+钢构）

木材屋盖

镂空木雕

斜撑木柱

3.5m

石笼坐凳墩

（a）景观亭、廊

木材顶面

镂空木雕

3.5m

石笼坐凳墩

（b）景观廊

木材扶手

铁艺雕刻

1.1m　1.3m

0.6m

儿童扶手区

（c）栏杆

（d）实景效果

图 15.5－14　景观小品设计

15.5.8.2　灯具布置说明

主、次入口区域以及公园的主园路采用庭院灯照明，灯具布置间距20m。此外，在主入口区设置局部的地埋射灯对乔木进行照明，同时设置植物小品灯进行广场周围的景观装饰照明。植物照明按每棵乔木一盏灯具的密度，植物小品灯布置间距5m。

园内次要道路一级栈道等处，设置庭院灯或者线条灯结合栏杆的照明手法，庭院灯布置间距20~25m，线条灯布置间距15m。

中央绿化带为三级照度区，主要采用投射灯对植物进行照明，并控制灯具布置密度，营造幽静的氛围。

15.5.8.3　灯具选型

灯具选型原则如下：采用光效高、功率小、控光性好的光源和灯具，在满足效果的前提下最大程度地节约能源；科学选择照明灯具，力求灯具与景观或建筑物融为一体，通过隐蔽安装和灯具表面色彩隐蔽等手段，做到"见光不见灯"的效果；合理布局照明灯具，控制光线方向，避免出现光线对使用者产生光干扰和光污染；针对人可触及的灯具，要求控制在安全电压（36V以下）范围内。

15.5.9　绿化设计

15.5.9.1　设计原则

绿化设计基于以下原则：

（1）适应性原则。植物选择在适地适树的基础上，以净化能力强、根系发达、具有一定抗性、可充分发挥东阳当地特色的水生、沼生和湿生植物为主。

（2）生态性原则。从湿地的健康生态系统出发，建立完好健康的植物群落，以发挥原生湿地的生态效益。选择的植物应不对场地的生态环境构成威胁，具有生态安全性。

（3）景观性原则。人工湿地处理系统中常会出现因冬季植物枯萎死亡或生长休眠而导致功能下降的现象，因此，应注意选择冬季常绿的水生植物，并在木本植物中增加常绿乔木树种和观花、观叶树种，以丰富植物景观。

（4）季相性原则。充分考虑植物的季相变化，做到四季均有景可观，并丰富每个季节景观的色彩与观赏性。

（5）经济性原则。尽量选取抗性较强、生长旺盛、生物量较大、抗病虫害能力较强的植物品种，以减少管理养护费用。

15.5.9.2　设计构思

1. 整体构思

场地主要体现湿生和水生植物景观。沿下层水系局部通过墨西哥落羽杉、水杉、池杉等形成密林或疏林草地空间；沿道路主要以规则式种植常绿乔木香樟、浙江楠、桂花等为主，通过绿色屏障的建立作为缓冲带，保护和分隔出湿地内部空间。通过木本植物群落的建立围合出多个空间，每个空间体现不同观赏性的湿地植物景观，体现传统园林中以小见大的造景手法，以避免大面积的草本植物带来的单调感和场地局促感。

湿地单元上草本植物主要选择适合潜流湿地生长、具有景观价值及对氮、磷等有吸收作用的植物。由于游人活动主要集中于栈道，而对大部分绿地植物群落主要通过远观，所以滨水绿地通过开合多变的空间结构，使游人在栈道上看到滨水丰富的天际线和轮廓线，体验自然的湿地景观。

在竖向上，形成丰富的景观层次。沿水系的植物群落以上层乔木—小乔木—地被、上层乔木—地被为主；沿外部道路和堤顶路植物景观体现上层乔木—小乔木—灌木—地被植物群落，以便形成湿地的绿色屏障。垂直潜流、水平潜流处理单元上以种植水生、湿生草本植物，其中在垂直潜流景观单元上以长势较高的水生植物为主，以增强地势。

图 15.5 - 15　湿地植物

由于适合东阳（处于北亚热带）种植的常绿水生植物有限，所以种植常绿木本植物来弥补冬季景观的不足，并通过多种树种的配置形成春花、夏荫、秋实、冬绿的四季景观（图 15.5 - 15）。

2. 分区构思

植物景观分区图如图 15.5 - 16 所示。

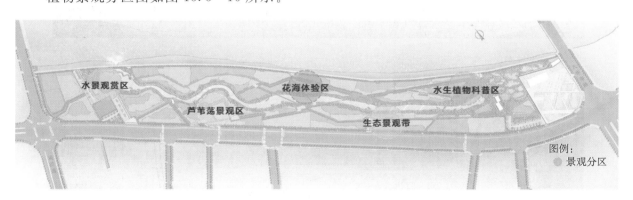

图 15.5 - 16　植物景观分区图

水景观赏区结合景观塘面，以观赏水面水景为主要特色，其中水面的 1/3 种植植物，以避免水面空间显得过于狭窄。沿水岸以丛植香蒲、旱伞草、水葱等观叶和观形植物和千屈菜、梭鱼草、再力花、水生美人蕉等观花植物为主；水面种植芦苇、花叶芦竹、荷花、萍蓬草、槐叶萍等具有较高观赏价值的植物，形成挺水植物—漂浮植物—浮水植物—沉水植物的景观。

芦苇荡景观区以大面积种植芦苇为主，芦苇生长较快，成体植株可达 1.8m 以上，形成密闭的空间，栈道坐落于芦苇丛中，游人可以行走于上，芦苇夹道，心境顿时得以平静、放松。

花海体验区以水生观花植物为主，种植不同花色水生美人蕉、姜花、千屈菜、黄菖蒲、花菖蒲等观花植物种类，并通过不同植物形态的配置形成多层次植物景观。

生态景观带考虑植物整体景观效果、生态景观性，结合周围植物种植景观，在场地中段以种植花叶芦荻、香蒲等禾本科和莎草科植物为主。

水生植物科普区根据水生、湿生植物的实用特点及特性，形成水生蔬菜植物、水生景观植物、水生药用植物、香料植物以及其他用途植物观赏区，以进行水生和湿生植物的科普教育。

植物景观实景如图 15.5-17 所示。

图 15.5-17　植物景观实景图

15.5.9.3　植物类型与种类选择

基调树种选择香樟、水杉、柿树；骨干树种选择墨西哥落羽杉、东方杉、女贞；常绿（半常绿）树种选择香樟、女贞、冬青、天竺桂、椤木石楠、墨西哥落羽杉、东方杉、桂花、黄花夹竹桃；落叶乔木选择水杉、池杉、垂柳、朴树、柿树、乌桕、榔榆、黄山栾树、枫杨、晚樱、木芙蓉、木槿；灌木选择栀子花、伞房决明、毛鹃、扶芳藤；草本植物选择鸢尾、阔叶麦冬、麦冬、石蒜、马尼拉等。

15.5.10　远期规划

本项目东侧煤气站近期不搬迁，但在设计时考虑到远期煤气站搬迁后的统一规划、利用问题，将该地块作为湿地公园功能的延续，设计与布置湿地展览馆和生态广场两部分。远期规划鸟瞰图如图 15.5-18 所示。

图 15.5-18　远期规划鸟瞰图

15.6　专项设计

15.6.1　防渗设计

15.6.1.1　地质与水文地质分析

根据岩土工程勘察报告，场地位于东阳市临江大桥和山口大桥之间的东阳江南岸，地貌为东阳江南岸的高漫滩及一级阶地上，因开挖砂石材料，原始地形地貌已基本破坏，现地面高程（黄海高程）为 66.26～73.58m，由南向北倾斜，其间分布两个较大的池塘。

勘察查明，在钻探所达深度范围内，场地地层层序分别为第（0）层、第（①-1）层、第（①-2）层、第（①-3）层、第（②-1）层、第（②-2）层、第（③-1）层、第（③-2）层和第（③-3）层。

各岩土层的地下水的渗透系数见表15.6-1。

表 15.6-1　　　　　　　　　各岩土层的地下水的渗透系数表

地层代号	名　称	渗透系数/(cm/s)	地层代号	名　称	渗透系数/(cm/s)
①-1	素填土	1×10^{-3}	②-2	圆砂夹砾砂	6×10^{-2}
①-2	素填土	5×10^{-2}	③-1	全风化泥质粉砂岩	1×10^{-5}
①-3	杂填土	1×10^{-4}	③-2	强风化泥质粉砂岩	3×10^{-4}
②-1	粉质黏土	5×10^{-5}			

场地内地下水水质化学类型为 $HCO_3 - Ca - Mg$ 水，根据《岩土工程勘察规范》（GB 50021—2017），场地地下水对混凝土结构有微腐蚀性，按常规采取抗腐蚀措施。工程典型地质剖面图如图15.6-1所示。

15.6.1.2　工程设计

1. 氧化塘防渗

为了更好地融入湿地景观，氧化塘未采用钢筋混凝土结构，采用生态工法建造，底部采用混凝土底板，沥青勾缝，边坡采用浆砌块石砌筑，块石表面水泥砂浆抹平，然后铺设土工布保护层，再敷设 1mm 厚 HDPE 土工膜，膜做翻边锚固处理，翻边高度为氧化塘设计常水位以上 50cm，同时，在浆砌块石挡墙顶部及翻边土工膜上方覆盖耕植土，种植挺水植物，形成软性驳岸景观。

2. 潜流湿地防渗

潜流湿地面积大，大面积浇筑混凝土底板容易产生不均匀沉降，设计防渗体系自下而上依次采用素土夯实、100mm 细砂平整、600g/m² 土工布保护层、1.0mmHDPE 膜、200g/m² 膜上土工布隔离层。

3. 表流湿地防渗

表流湿地采用 30cm 黏土后铺设 GCL 膨润土毯，防渗层铺设后覆盖 40cm 耕植土，两侧与潜流湿地形成缓坡连接，两岸种植挺水植物。

15.6.2　填料设计

本工程垂直潜流人工湿地填料层设计（从下至上）见表15.6-2。

表 15.6-2　　　　　　　　　垂直潜流人工湿地填料层设计

分层	功　能	厚度/mm	材　料
排水层	汇集排出的已处理污水	200	粒径 8～16mm 砾石
过渡层	防止上层砂粒堵塞下面排水层	2	竹编
滤料层	核心处理区	800	粒径 5～10mm 砾石和功能填料
覆盖层	防砂面表面冲蚀	200	粒径 8～16mm 砾石

本工程水平潜流湿地填料设计示意图如图15.6-2所示。

本工程分为预处理区、潜流湿地区、表流湿地区 3 个部分，其中潜流人工湿地面积为

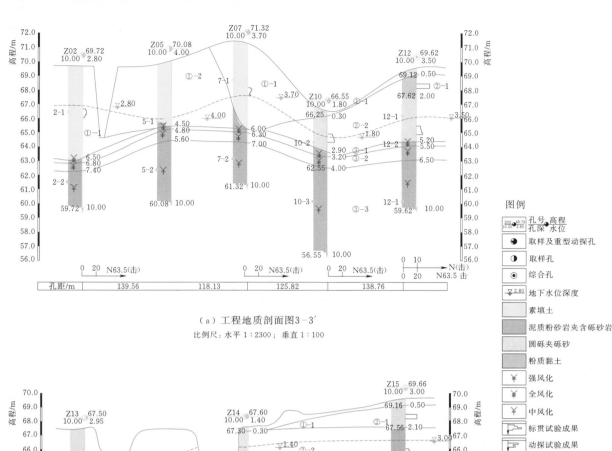

（a）工程地质剖面图3-3′

比例尺：水平1∶2300；垂直1∶100

（b）工程地质剖面图10-10′

比例尺：水平1∶600；垂直1∶100

图 15.6-1　工程典型地质剖面图

8.76hm²，垂直潜流湿地砾石填料高度为 1.2m，水平潜流湿地砾石填料高度为 1m，人工湿地砾石总铺设量约 9.58 万 m³。

砾石一般来自于河流径流搬运、冲积作用后的河床，是经过天然河流采挖、人工制造、筛选、水洗而成，球形状，纯白色或杂色，各项指标均应符合《水处理用石英砂滤料》（CJ 24.1—1988）标准规定。砾石与普通建筑砂石相比，品质要求极高。但浙江省的河道采砂场在"五水共治"的大背景下纷纷关闭，要在预算范围内找到合格的供应商难度非常大，只有退而求其次，采用干河床、河岸带、废弃荒滩等含砾夹砂层的土进行分选，而这种砂场在

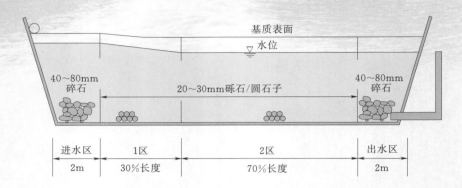

图 15.6-2 水平潜流湿地填料设计示意图

"质"方面恰恰都存在问题。由于来料泥沙含量高，必须多次清洗才能确保洁净程度，同时需要按照设计粒径要求进行分选，满足不同粒径要求（图 15.6-3）。

（a）砾石含泥量较高

（b）砾石粒径不符合要求

图 15.6-3　砾石实景

本工程所需砾石填料粒径详见表 15.6-3。

表 15.6-3　　　　　　　　　　　本工程中选用的填料类型

粒径/mm	用量/万 m³	材　料	功　能	放置区域
8～16	0.9	砾石	排水层	垂直潜流湿地
5～10	3.6 (0.72)	砾石＋沸石	滤料层	
8～16	0.9	砾石	覆盖层	
3～5	0.9	瓜子石	覆盖层	水平潜流湿地
40～80	0.006	砾石	进水区、出水区	
20～30	3.6	砾石	中间区域	
120	0.094	砾石	防浮泥、过滤	砾石床
80	0.094	砾石		
60	0.094	砾石		
40	0.094	砾石		
合计	10.3 (0.72)			

注　括号内为沸石用量。

15.6.3　防堵塞措施设计

堵塞是潜流湿地发挥长效处理功能需要解决的最为关键的问题，本工程采用以下几方面解决措施：①设置了生态氧化池、生态砾石床等强化预处理单元，进一步去除进水中的悬浮物，并提前充氧，减小后端湿地的堵塞；②优化填料集配，减小堵塞风险；③湿地单元采用并联间歇运行的方式，保证各单元可以定期停床休作；④创新景观型湿地单元的集配水系统设计，保证均匀配水；⑤施工中重视填料质量，保证填料的清洁度。

15.6.4　植物设计

15.6.4.1　植物特征

根据实际情况，本项目主要选择的湿生及水生草本植物如下。

（1）垂直潜流湿地选用植物：芦竹、香根草、纸莎草、香蒲、再力花、菖蒲、水葱、水生美人蕉等。

（2）水平潜流湿地选用植物：水葱、香蒲、菖蒲、再力花、水生美人蕉、雨久花、梭鱼草、水芹、西伯利亚鸢尾、黄菖蒲等。

（3）表流湿地选用植物：芦苇、旱伞草、姜花、菖蒲、黄菖蒲、千屈菜、梭鱼草等；沉水植物：苦草、菹草。

15.6.4.2　水生植物种植设计

湿地鸟瞰实景图如图 15.6 - 4 所示。

水生植物种植总平面布置图如图 15.6 - 5 所示。

图 15.6 - 4　湿地鸟瞰实景图

尾水人工湿地设计与实践

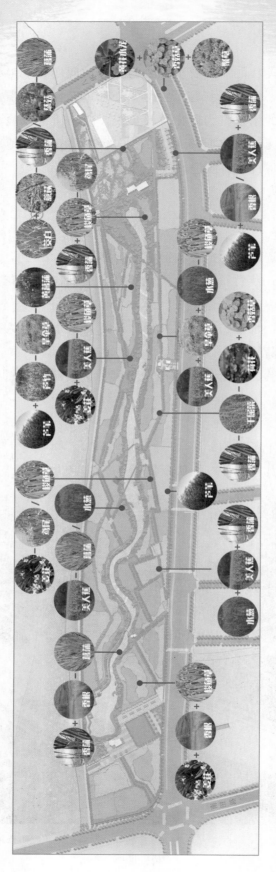

图 15.6-5　水生植物种植总平面布置图

16 化茧成蝶·仙居案例

16.1 项目背景

16.1.1 仙居县概况

仙居县为浙江省台州市辖县，位于浙江省东南部，台州市的西部，地处浙江省东南部包括苍山脉中段，东连临海市、台州市黄岩区，南邻永嘉县，西接缙云县，北靠磐安县和天台县。

仙居县内主要河流为永安溪，该河流自西向东纵贯仙居县全境，属于灵江水系，是浙江省第三大水系椒江干流的上游和源头，全长141km，其中在仙居县境内长度为116km，流域被称为永安溪流域。此外，仙居县还有大小支流38条，为羽毛状河系，流域面积2702km²。仙居县总面积为1992km²，总人口为51.03万人（截至2016年年底）。

16.1.2 必要性分析

随着经济的不断发展，城镇化战略的大力推进，仙居县城市规模急剧扩大、城市人口迅速增加，城市污水排放量不断增大，这给城市排水基础设施带来了巨大的压力。在此情况下，滞后的排水基础设施建设会对当地环境造成严重的影响。然而，由于过去"重建设、轻环保"的旧观念，城镇基础设施建设远远落后于城镇建设的发展。整个城市缺乏必要的污水收集系统和处理设施，污水被无序的排入内河中，这不仅直接造成了河道的污染，而且也破坏了当地的生态环境，污水乱排放已经成为区域性水环境污染源。

近年来，在国家相关法律法规以及浙江省"五水共治"等水环境政策的基础上，仙居县各级政府针对水环境改善及水污染治理制订了一系列的措施。然而仙居县现有的污水处理厂处理规模和处理出水水质均无法满足相关要求，这严重影响了水环境质量。基于上述政策导向以及处理现状等方面的考虑，仙居污水处理厂二期工程（包含尾水人工湿地）的建设将满足处理水量增加的要求，并将现有村镇的污水进行收集处理，从而大大减少了水污染物的直接排放。从远期效果上来看，二期工程的建设能够提高城市污水综合治理能力，实现污水资源化，提高水资源的利用率，具有显著的环境效益。

此外，利用湿地构建优美的生态景观，通过打造景观水系、湿地植被、游憩步道、亲水平台等，形成服务于周边居民的湿地公园，提供休闲活动的空间。

16.1.3 场地原状

根据《仙居县县城总体规划（2006—2020）》《仙居县县域城乡污水统筹治理规划（2014—2020）》中的选择原则、建设方推荐以及原污水处理厂现状，并综合考虑本项目的实际情况，项目场址位于现已建的仙居污水处理厂一期北侧。项目西侧为司太立大道，南侧为春晖中路，北侧为内河，总用地面积为 21.19hm² （图 16.1 - 1）。

图 16.1 - 1　项目位置示意图

16.2　污水处理厂概况

16.2.1　工艺描述

仙居污水处理厂二期工程的处理规模为 4 万 m³/d，该项目一次性建设完成。根据对仙居污水处理厂二期工程进水（生活污水与工业废水混合后的综合污水）水质预测和污水处理厂一期工程 90% 频率实测进水水质（即小于该水质数据值的数据占总量的 90%）的统计，结合对水质变化趋势的分析及考虑相关产业政策影响等因素，并考虑适当留有一定的富余，预测仙居污水处理厂二期工程进水水质见表 16.2 - 1。

表 16.2 - 1　　　　　　污水处理厂二期设计进水水质　　　　　　单位：mg/L

项　　目	COD	BOD₅	SS	NH₃ - N	TN	TP
二期进水综合污水水质预测	362	202	186	30.0	40	3.3
一期现状 90% 频率实测进水水质统计	365	125	117	34.7	38	3.0
二期设计进水水质确定	380	140	180	35.0	40	3.5

污水处理厂进水水质中 B/C 为 0.37，其中工业废水以医药化工废水为主，考虑到本工程的污水中工业废水占 30%，比例比较小，并且工业废水处理达到《污水综合排放标准》（GB 8978—1996）中的三级标准和《污水排入城镇下水道水质标准》（GB/T 31962—2015）中的 A 等级后排入污水处理厂处理，从进水水质上看，进水的可生化性较好，潜在的水质风险较小。出水达到地表水准Ⅳ类标准，主要去除污染物有 BOD、COD、SS、NH₃ - N、TN、TP 等。

污水处理厂处理工艺的思路确定为"预处理＋一级生化处理工艺＋深度处理工艺＋二级生化处理工艺＋消毒处理工艺"。其中预处理和一级生化处理工艺主要考虑对大部分 COD、BOD、NH₃ - N、SS、TN 和 TP 的去除，其中强化 TN 的去除力度。深度处理工艺主要考虑对 SS 和 TP 的进一步去除。二级生化处理工艺主要考虑对 BOD、COD、NH₃-N 的进一步去除，以保证出水水质达标。消毒工艺主要保证出水的微生物指标达标。污水处理厂工艺流程：进水→粗格栅→进水泵房→细格栅→旋流沉砂池→水解调节池→改良 A²/O 生化池→二沉池→高密度沉淀池→反硝化滤池→转盘滤池→接触消毒池→出水。污泥处理工艺流程：剩余污泥→储泥池→机械浓缩脱水→外运。

16.2.2 光伏发电设计方案

仙居县属于浙江省太阳能资源较丰富区域，属于我国第三类太阳能资源丰富区域，有利于建设太阳能发电站。

本工程在规划和设计时就开始考虑分布式发电系统，符合绿色环保的理念，将绿色清洁能源融入到环保工程中，为环保工程提供部分电力支持，增加了本工程清洁绿色高效的展示功能，也能将建筑物和构筑物更好地与光伏系统有机地结合在一起，做到美观、安全、清洁。根据现场实际情况，光伏发电系统使用多晶硅组件和组串逆变器，在混凝土屋顶采用固定支架（安装角度为 24°），每个发电单元容量约 300～400kWp，以光伏组件—组串逆变器—交流汇流箱组成。发电单元内每 22 块光伏组件串联为一个支路，10～12 个支路接入一台组串逆变器，经逆变成交流汇流至交流汇流箱。并网电压为 0.4kV，逆变器出口电压为 0.4kV，设计安装容量为 732kWp，在光伏发电系统整个 25 年经济寿命期内，年平均上网电量约 70.53 万 kW·h。

在此情况下，使用光伏发电后本项目每年可为电网节约标煤约 215.12t，减少温室气体 CO_2 排放约 574.11t，减少污染气体 SO_x 和 NO_x 排放分别为 4.37t 和 1.48t，具有显著的社会效益与经济效益。

污水处理厂鸟瞰图如图 16.2-1 所示。

图 16.2-1　污水处理厂鸟瞰图

16.3　工艺论证

16.3.1　设计进出水水质

生态湿地主要功能为深度处理二期污水处理厂近期 4 万 m³/d 的尾水，出水达标后排至湿地公园北面的内河后流入永安溪。永安溪为台州市重要的水源地和一类水源保护区，具有重要的生态价值。根据浙江省水环境功能区划分，仙居污水处理厂排放口附近水体为《地表水环境质量标准》（GB 3838—2002）的Ⅲ类水功能区。

仙居污水处理厂二期工程尾水水质优于《城镇污水处理厂污染物排放标准》一级 A 排放标准；出水水质满足台州市要求的污水处理厂出水水质标准，即主要指标满足地表水环境Ⅳ类水质标准（地表水准Ⅳ类），按照台州市环保局制定的《台州市城镇污水处理厂出水指标及标准限值表（试行）》实施，具体限值见表 16.3-1。

表 16.3-1　　　　　　　　　地表水准Ⅳ类标准主要指标一览表

序号	基本控制项目	准地表水Ⅳ类标准	序号	基本控制项目	准地表水Ⅳ类标准
1	化学需氧量（COD）/(mg/L)	30	7	总氮（以 N 计）/(mg/L)	12（15）
2	生化需氧量 BOD₅/(mg/L)	6	8	氨氮（以 N 计）/(mg/L)	1.5（2.5）
3	悬浮物（SS）/(mg/L)	5	9	总磷/(mg/L)	0.3
4	动植物油/(mg/L)	0.5	10	色度（稀释倍数）	15
5	石油类/(mg/L)	0.5	11	pH 值	6~9
6	阴离子表面活性剂/(mg/L)	0.3	12	粪大肠菌群数/(个/L)	10³

注　每年 12 月 1 日至次年 3 月 31 日执行括号内的排放限值。

16.3.2　工艺流程

人工湿地可选用单一形式的人工湿地或多种人工湿地的组合，常见的类型有单级垂直潜流人工湿地、单级水平潜流人工湿地、单级表流人工湿地、水平潜流＋垂直潜流人工湿地、垂直潜流＋水平潜流人工湿地、垂直潜流＋水平潜流＋表流人工湿地。单级人工湿地的占地较大，以表流人工湿地为例，按照设计水质水量以及水力负荷，至少需要 40hm²，现有土地面积无法满足用地需求。此外，单级人工湿地的处理效果（特别是脱氮效果）一般、景观形式较为单一，因此需要采用组合人工湿地工艺。结合仙居污水处理厂二期工程尾水进入湿地前为"反硝化滤池"的特点，本项目最终推荐的生态湿地处理工艺流程为"垂直潜流＋水平潜流＋表流湿地"的组合工艺。

尾水人工湿地设计与实践

16.4 工艺设计

16.4.1 总平面设计

结合人工湿地的工艺组合及处理水量，本次设计垂直潜流湿地面积合计 2.46hm²，水平潜流湿地面积合计 2.25hm²，表流湿地面积合计 1.5hm²。三种人工湿地的设计范围如图 16.4-1所示。

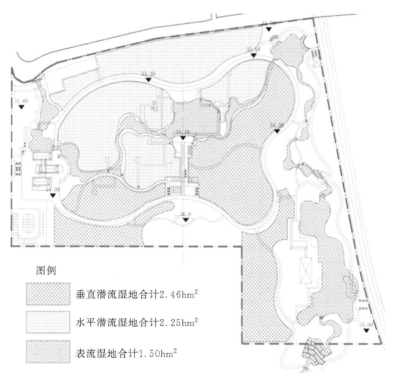

图例

▨ 垂直潜流湿地合计2.46hm²

▦ 水平潜流湿地合计2.25hm²

▨ 表流湿地合计1.50hm²

图 16.4-1 不同人工湿地的设计范围

16.4.2 潜流湿地

16.4.2.1 湿地单元

1. 单元面积

本项目湿地面积采用 BOD₅ 负荷法计算，具体计算采用式（16.4-1）：

$$A = LW = \left[Q\ln\left(\frac{C_0}{C_e}\right) \right] \Big/ k_T yn \qquad (16.4-1)$$

式中：A 为湿地表面积，m²；L 为湿地长度，m；W 为湿地宽度，m；Q 为处理水量，m³/d；C_0 为进水 BOD₅ 浓度，mg/L；C_e 为出水 BOD₅ 浓度，mg/L；k_T 为降解系数，1/d；y 为滤池深度；n 为孔隙率。

对于潜流型湿地，K_{20} 一般采用 1.104d⁻¹，则 k_T 根据 $k_T = K_{20} \times 1.06T^{-20}$ 计算。填料性能见表 16.4-1。

275

表 16.4 - 1　　　　　　　　　　　　填 料 性 能 表

填　　料	有效直径 /mm	孔隙率 /%	透水系数 /[m³/(m²·d)]	K_{20}/(1/d)
砂砾＋沸石	6～8	40	500～5000	1.30

（1）垂直潜流湿地。

进水 BOD_5 浓度：10mg/L。

出水 BOD_5 浓度：7.5mg/L。

孔隙率：0.40。

水深：1.0m。

总面积：22000m²，取值为 24600m²。

（2）水平潜流湿地。

进水 BOD_5 浓度：7.5mg/L。

出水 BOD_5 浓度：6.0mg/L。

孔隙率：0.40。

水深：1.0m。

总面积：17000m²，取值为 22500m²。

重要设计参数见表 16.4 - 2。

表 16.4 - 2　　　　　　　　　　　　重要设计参数一览表

参　　数	规范、 规程要求	设计值	参　　数	规范、 规程要求	设计值
垂直潜流＋水平潜流湿地面积/hm²	—	4.71	潜流湿地底板坡度/%	0.5～1	0.5
BOD 表面负荷/[g/(m²·d)]	8～12	3.3	滤料孔隙率/%	35～40	40
NH_3 - N 表面负荷/[g/(m²·d)]	3.0～4.5	1.27	停留时间/h	24～72	11.3
TP 表面负荷/[g/(m²·d)]	0.3～0.5	0.17			

2. 单元尺寸

在设计人工湿地几何尺寸时，潜流人工湿地设计中如采用多个人工湿地单元，水平潜流湿地独立单元面积一般不宜大于 800m²，垂直潜流湿地独立单元面积一般不宜大于 1500m²。表流人工湿地的单元长宽比宜控制在 3∶1 以上，潜流人工湿地的单元长宽比宜控制在 3∶1 以下。对于长宽比小于 1 或不规则的潜流人工湿地，应考虑人工湿地均匀布水和集水的问题。设计规则的潜流人工湿地单元的长度宜为 20～50m，不规则人工湿地的设计应考虑尽量减少死角的问题。

本项目设计水平潜流湿地单元面积约为 800m²，垂直潜流湿地独立单元面积约为 1500m²。垂直潜流湿地平均分割成 17 个面积基本相等的并联单元（单个面积为 800m²），水平潜流湿地平均分割成 25 个面积基本相等的并联单元（单个面积为 1500m²），垂直潜流湿地和水平潜流湿地之间采用串联方式，湿地单元分割如图 16.4 - 2 所示。

尾水人工湿地设计与实践

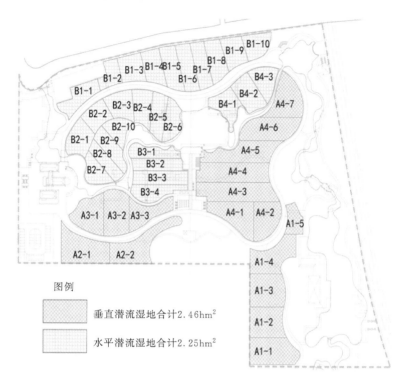

图 16.4－2　垂直/水平潜流湿地单元分割

16.4.2.2　集配水系统设计

对于大面积的人工湿地，为保证湿地的处理效率，确保湿地的均匀配水是关键。

1. 垂直潜流湿地

（1）配水设计。垂直潜流湿地总面积 2.46hm²，水力停留时间约 7.5h，水力负荷 1.6m³/（m²·h）。垂直潜流进水为两级配水：一级配水分为 6 个垂直潜流湿地分区，每个分区面积控制在 4100m² 左右（图 16.4－3），人工湿地采用上部进水、下部出水方式。二级配水为每个湿地分区设置 6～9 个布水环路，并联运行，既有利于减小湿地内部管道尺寸，更有利于配水均匀，单个环路设置 40～50 根进水立管，进水立管间距 3.0m×3.0m，每根立管上端开 φ20 孔，孔口流速大于等于 2.5m/s，孔中心高于湿地滤料面层 1～5cm（图 16.4－4 和图 16.4－5）。

（2）出水设计。湿地底部设置出水管，出水管间距 3m，每隔 20m 设置与湿地上部连通的通气立管，管道采用 De315 HDPE 双壁波纹管，每隔适当距离设置渗水缝，渗水缝宽度不能大于湿地滤料最小粒径，防止管道淤积砂石造成排水管道堵塞。每个外排的湿地出水管设置水位调节槽（图 16.4－6）。

2. 水平潜流湿地

垂直潜流湿地出水通过重力流收集管道一次配水至 4 个水平潜流湿地分区。每个分区再通过配水渠二次配水至 27 个面积大致相等的水平潜流湿地单元。尾水从水平潜流湿地的进水端在重力作用下渗流至人工湿地出水端，出水端设置水位调节槽调整水平潜流内液位，水平潜流湿地最终出水通过收集主管汇流至表流湿地（图 16.4－7）。

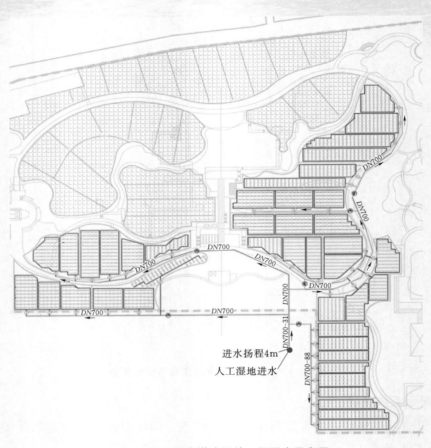

图 16.4-3 垂直潜流湿地一级配水示意图

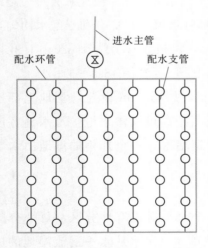

图 16.4-4 垂直潜流湿地二级配水示意图

图 16.4-5 垂直潜流湿地进水配水管施工图

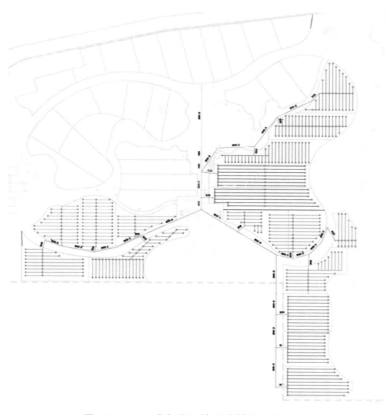

图 16.4 - 6　垂直流湿地出水管平面布置图

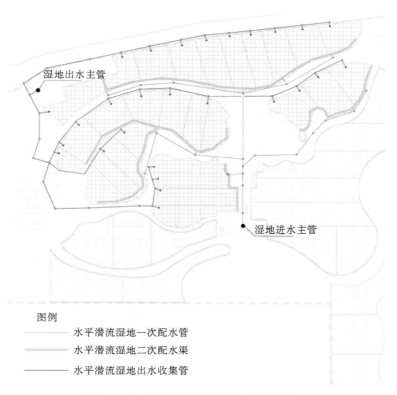

湿地出水主管

湿地进水主管

图例
———— 水平潜流湿地一次配水管
———— 水平潜流湿地二次配水渠
———— 水平潜流湿地出水收集管

图 16.4 - 7　水平潜流湿地进出水系统平面图

16.4.3　表流湿地

设计表流湿地面积共计1.5hm²，与景观水系相结合。根据表流湿地的工艺特点及景观需求，表流湿地布置如下：①表流湿地与潜流湿地、园内景观路桥相互交叉、相互融合，使湿地公园更加生态自然；②根据表流湿地水体溶解氧含量较低的特点，在表流湿地前端设置跌水段，增加水体溶解氧，并增加流水潺潺的意境；③表流湿地长度约为1000m，由于长度较长，结合景观的需要，采用"以线串面"的布局形式，4个主体水面通过支流串联。表流湿地平面布置情况如图16.4-8所示。

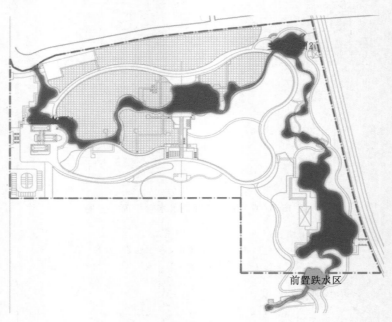

前置跌水区

图16.4-8　表流湿地平面布置图

16.5　景观设计

16.5.1　总体设计

本项目以仙居的历史文化作为场地的景观脉络，考虑项目场地的独特性，即具有净化水质的功能以及位于生物制药产业园旁等，提炼出三个与本项目场地联系最为紧密的元素（制药、竹工艺、净化）作为景观要素，并取意为"化茧成蝶"，喻意尾水的再生。总平面布置图如图16.5-1所示。

16.5.2　节点设计

1. "叠水迎宾"区及重要节点

开敞、大气的"叠水迎宾"节点位于湿地公园的西南角（图16.5-2），是整个湿地公园

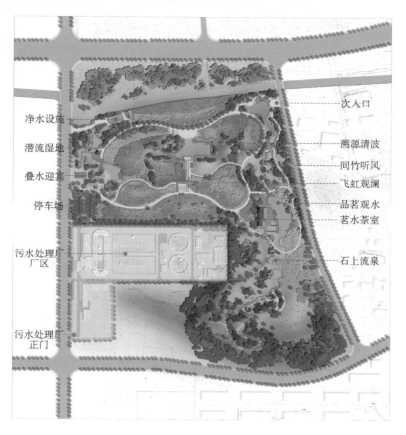

净水设施
潜流湿地
叠水迎宾
停车场

污水处理厂
厂区

污水处理厂
正门

次入口

溯源清波
间竹听风
飞虹观澜
品茗观水
茗水茶室

石上流泉

图 16.5-1 湿地总平面布置图

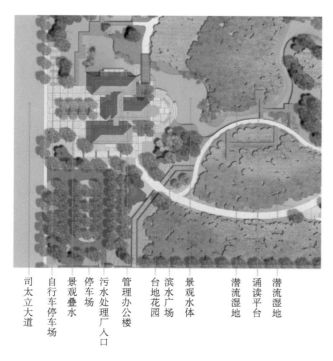

司太立大道
自行车停车场
景观叠水
停车场
污水处理厂入口
管理办公楼
台地花园
滨水广场
景观水体
潜流湿地
诵读平台
潜流湿地

图 16.5-2 "叠水迎宾"区节点图

图 16.5 - 3 "叠水迎宾"区效果图

的主入口，其中管理办公楼是该节点的主体景观。景观水系曲折而过，带来水的灵动，缓和场地刚硬的线条，刚柔并济。次第而下的叠水向远来的客人张开了欢迎的双臂（图 16.5 - 3）。该区域植物以组团种植方式为主，以香樟为基调，搭配黄山栾树形成季相变化的绿盖，中层种植金桂、女贞等常绿树种，形成绿色屏障；以海棠、樱花、紫薇等观花植物为特色树种，丰富节点季相变化。临水种植垂柳、碧桃等乔木，水生植物选择干净简洁的黄菖蒲、鸢尾、梭鱼草等形成清爽简洁的风貌。

2. "溯源清波"区及重要节点

"溯源清波"节点位于湿地公园正中央（图 16.5 - 4），是整个湿地公园的核心部分。节点内设置科普教育平台、诵读平台和玻璃栈道，以展板、模型的形式向游客介绍人工湿地污水净化工艺（图 16.5 - 5）。该区域以水生植物为主，结合栈道拐角种植芦苇、芦竹等高大繁茂

诵读平台　竹木栈道　潜流湿地　滨水挑台　空中栈桥　休憩廊架　文教广场　水下栈道　　潜流湿地　　环路

图 16.5 - 4 "溯源清波"区节点图

的植物用以遮挡视线，增加趣味。开敞的静水面结合平台种植挺水植物荷花、浮叶植物睡莲等，丰富水面空间。此外，结合景观功能及净水效果，种植苦草、黑藻、狐尾藻等沉水植物，满足一定的科普效果。

图 16.5－5　"溯源清波"区效果图

3. "品茗观水"区及重要节点

"品茗观水"区为具有休憩、餐饮、景观等多种功能的节点，以对景障景等景观表现手法营造了流水潺潺、轻吟浅唱的宁静氛围，是整个湿地公园当中休憩饮茶的好去处（图 16.5－6 和图 16.5－7）。该区域利用杉科植物将该节点与主园路分隔，形成独立静谧的空间。临水种

潜流湿地　　休憩廊道　茗水茶室　室外茶座　景观叠水　景观水面　竹木栈道　入口广场　规划道路

图 16.5－6　"品茗观水"区节点图

植开花植物的水生植物千屈菜、湿生植物醉鱼草等，形成亮丽的水生色带，使人在闲暇品茗的同时提升丰富的视觉感受。

图 16.5－7　"品茗观水"区效果图

16.5.3　交通设计

车行道主要沟通园内外的交通及满足运行方面的需求。由于湿地公园内部以步行为主，所以车行道控制在湿地公园的西侧，西北部的车行道是为运送氯气钢瓶的运输车辆提供通道，西南侧的车行道则是通往停车场的车道。

湿地公园内的道路主要分为4m主园路、2.5m园路、1.5m步行道和空中栈道四类。其中4m主园路形成的环路，一方面是为了完善湿地公园内部的交通体系，使其成环；另一方面是为了能让湿地工作车辆通行。每年对湿地植物进行收割与更新运输时都需要使用专用的工作车辆。2.5m园路作为次级园路，是公园内部游览线路的骨架，有效地连接了各个节点。1.5m步行道是园内的游览通道，也是与场地本身联系最为紧密的园路。空中栈道是为了取得较高的视点而在园内制高点的位置设置的眺望台，具有空间趣味性。交通分析图如图16.5－8所示。

16.5.4　竖向设计

本项目的竖向设计结合场地本身的特征，潜流湿地之间具有高差可以利用自然重力流进行污水净化，故以场地污水处理厂尾水处理湿地的功能为线索，同时结合场地本身南高北低、西北低洼的场地特征，将场地分为高低错落的三级台阶，高程分别为35m、34m、33m。将景观美化与人工湿地有机地结合在一起。高程分析图如图16.5－9所示。

结合高程设计，对本项目场地进行剖面分析如图16.5－10所示。

尾水人工湿地设计与实践

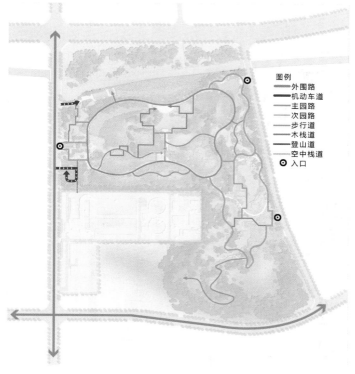

图 16.5 - 8　交通分析图

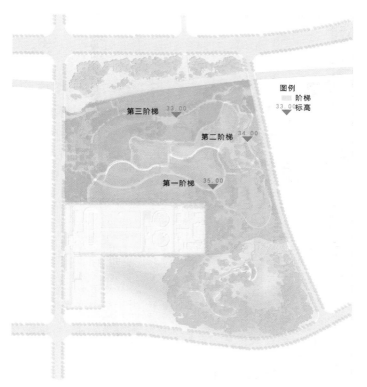

图 16.5 - 9　高程分析图 (单位: m)

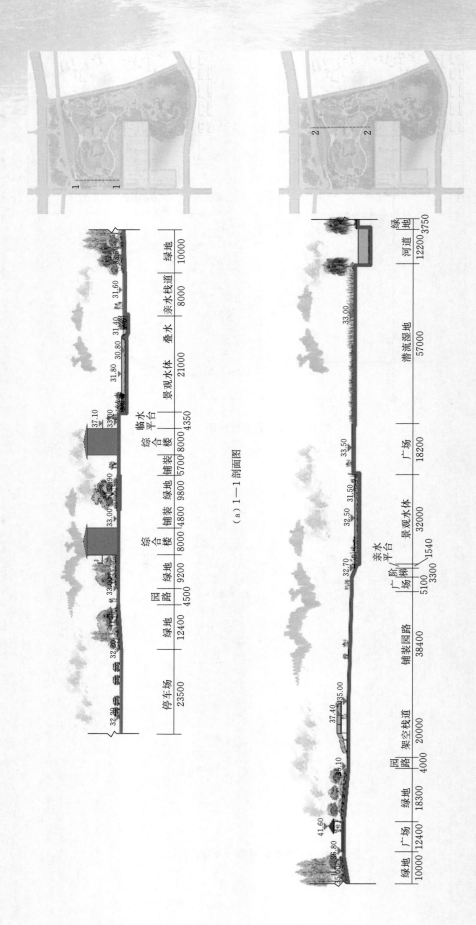

（a）1—1 剖面图

（b）2—2 剖面图

图 16.5 - 10（一） 剖面分析图（高程单位：m；尺寸单位：mm）

尾水人工湿地设计与实践

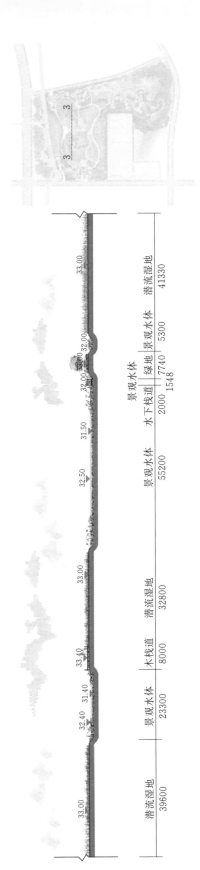

（c）3—3 剖面图

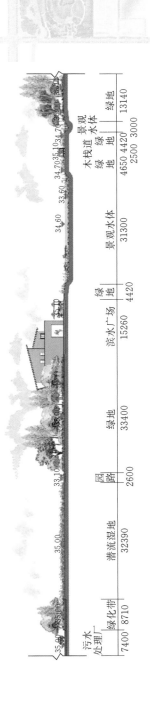

（d）4—4 剖面图

图 16.5-10（二）　剖面分析图（高程单位：m；尺寸单位：mm）

尾水人工湿地设计与实践

287

17 田螺净水·常熟案例

17.1 项目背景

17.1.1 常熟市概况

常熟市位于江苏省东南部，地处长江三角洲中心。东倚上海，南连苏州，西邻无锡，北临长江黄金水道，与南通隔江相望，具有得天独厚的区位优势，人口106.87万人（截至2016年年底）。近20年经济增长一直保持在15%以上，综合实力显著增强。特别是近几年来，外向型经济发展迅猛，投资环境不断改善。

常熟市新材料产业园地理位置优越，水陆交通便利，位于常熟市沿江产业带，望虞河畔，北依长江，东西与国家一类口岸常熟港和张家港相邻。从园区出发，可在半小时内达苏州、无锡，1小时内达上海、南通和嘉兴，2小时内可达南京、杭州和宁波等地。

17.1.2 必要性分析

常熟新材料产业园前身为江苏高科技氟化学工业园。产业园内设污水处理厂，园区企业废水经内部预处理装置进行处理后接入园区污水管网，在污水处理厂内处理达标后排放长江，污水处理厂出水执行《城镇污水处理厂污染物排放标准》（GB 18918—2002）一级A标准，尾水对长江及下游水域水质造成了不利影响。产业园于2014年5月建成了水处理生态湿地进行尾水提标，湿地出水达到地表水Ⅳ类标准后流入周边水体。项目由苏州德华生态环境科技股份有限公司完成实施和运行管理，至2018年，项目已成功运营4年多。

17.1.3 场地原状

场地因临近长江和望虞河，未作为常熟新材料产业园的工业项目用地，建设前是一块闲置用地。

17.2 污水处理厂概况

常熟新材料产业园污水处理厂规划日处理规模为1万 m³ 废水，远期规划日处理4万 m³ 废水。污水处理厂从2005年开始建设，至2007年日处理5000m³ 废水的一期工程投运，总投资约为3000万元。园区内企业废水首先通过企业内部的废水预处理装置进行处理后接入园区污水管网，在污水处理厂内处理达标后排放，其处理工艺如图 17.2-1 所示。

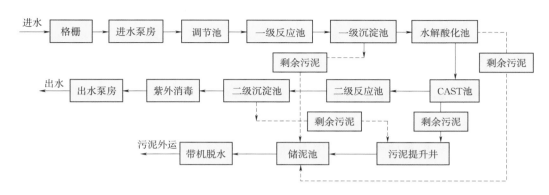

图 17.2-1　污水处理厂一期工程处理工艺

17.3　工艺论证

17.3.1　设计水质水量

　　本工程设计时常熟新材料产业园污水处理厂一期工程处理规模为 5000m³/d，实际处理量平均约为 3500m³/d。水处理生态湿地（一期）设计水量为 4000m³/d，二期工程（规划中）设计规模为 6000m³/d，总规模为 10000m³/d。生态湿地设计进出水水质见表 17.3-1。

表 17.3-1　　　　　　　　　　　　　生态湿地设计进出水水质

控制项目	进水标准	出水标准	控制项目	进水标准	出水标准
pH 值	7～8	6～9	TP/(mg/L)	0.5	≤0.3
COD/(mg/L)	50	≤30	氯离子 Cl⁻/(mg/L)	800	800
NH₃-N/(mg/L)	5（8）	≤1.5	SS/(mg/L)	10	≤10
TN/(mg/L)	15	≤1.5			

　　注　括号外数值为水温大于 12℃时的数值；括号内数值为水温小于等于 12℃时的数值。

　　污水处理厂出水泵房每日将 4000t 尾水通过压力管道输送至水处理生态湿地进水调节池。污水经水处理生态处理后达到Ⅳ类水标准。

17.3.2　工艺流程

　　常熟新材料产业园水处理生态湿地设计规模为 4000m³/d，占地面积 5.9hm²。项目采用德国生态工程协会先进的生态湿地技术，依照《德国人工湿地标准》设计。项目采用"调节池—垂直潜流湿地—生态塘—表流湿地—饱和流湿地"的组合工艺，在国内工业园区尾水的生态治理方面具有突破性、首创性和唯一性。

17.4 工艺设计

17.4.1 总平面设计

　　根据平面布置原则及建设地点地形、地貌、道路等自然条件，并考虑进出水方向、风向等因素，对生态湿地处理中心各组成部分进行合理布置，同时达到污水处理、景观美化和科学研究等多种功能。现场布局宛如一颗生态田螺，吸纳污水处理厂尾水，排放达标净水。湿地工艺平面图及实景图如图 17.4 - 1 所示。

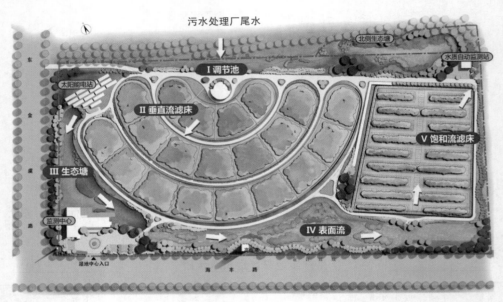

（a）平面图

（b）实景图

图 17.4 - 1　湿地工艺平面图及实景图

17.4.2 单元设计

17.4.2.1 调节池

　　P 污水处理厂出水泵站将尾水提升至调节池，调节池选址于场地最高点。调节池对尾水起到缓冲、沉淀部分悬浮物的作用，同时利用重力流，通过自动布水器和进水井将尾水均匀分配至各垂直潜流单元。调节池实景图如图 17.4 - 2 所示。

17.4.2.2 垂直潜流湿地

垂直潜流湿地设有 20 个并联的处理单元，采用间歇交替布水的运行方式，每次布水约 20min，两次布水之间的间隔时间约 2.5h，间歇运行确保了床体处于不饱和状态，布水时，污水会把空气中的氧气带入滤床内，

图 17.4 - 2　调节池实景图

同时污水中的有机物、氨氮被生物膜吸附；不布水时，吸附到生物膜的有机物通过微生物代谢，形成 CO_2 和水，氨氮则通过硝化菌转化为硝酸氮。在此工艺段，$NH_3 - N$、SS、COD 去除率分别可达 85%、80%、35%。

垂直潜流湿地按高程自高到低依次分为 3 块湿地区，即垂直潜流湿地 I 区、垂直潜流湿地 II 区、垂直潜流湿地 III 区。3 个区半环绕调节池，依次呈内、中、外的层次排列，20 个垂直潜流湿地单元为平行、并联关系。垂直潜流湿地鸟瞰实景图如图 17.4 - 3 所示。

17.4.2.3 生态塘

生态塘平均水深 2m，水力停留时间 1d。深水区对于磷的沉淀是最优的，同时这里也会发生反硝化过程，有利于减少总氮。生态塘内布置了浮岛，起到遮阴作用，降低水温，减少水体扰动，提高生态塘的沉磷效果。浮岛由特殊编织的纺织品制成，其内部有空气，使其有最佳的漂浮条件。材料能够抗紫外线（德国制造，萨克森纺织研究所研发）。生态塘实景图如图 17.4 - 4 所示。

图 17.4 - 3　垂直潜流湿地鸟瞰实景图

图 17.4 - 4　生态塘实景图

17.4.2.4　表流湿地

表流湿地使从深水区流出的水得到复氧，水力停留时间 0.5d，种植的挺水植物有利于悬浮物的进一步沉淀。表流湿地实景图如图 17.4-5 所示。

图 17.4-5　表流湿地实景图

17.4.2.5　饱和流湿地

饱和流湿地设有两个处理单元，各单元采用"丰"字形结构，形成一条蜿蜒的水道，在有限面积里面形成最长的水道，延长水流路径，防止短流的发生。饱和流湿地水力停留时间 1.5d，有利于发生反硝化，湿地种植的植物能提供额外的碳源，强化脱氮效率。饱和流湿地采用满水状态运行，水位淹没填料表面，使得湿地内部形成良好的厌氧环境，通过垂直潜流湿地硝化作用形成的硝态氮，在这里实现厌氧反硝化，通过反硝化菌使硝态氮还原为氮气，最终降低总氮浓度。饱和流湿地实景图如图 17.4-6 所示。

17.4.3　电气自控系统

项目建设了太阳能电站，装机容量 80kW，共四组太阳能组件，单组装机容量 20kW。太阳能发电主要供设备、景观、办公区用电（图 17.4-7）。

项目配备中控室，实现对垂直潜流湿地 20 套自动布水系统的控制。中控室还集中显示日常运行数据和日志文件，包括各处理单元的水位、出水水质数据、太阳能电站发电量等。项目总平面控制界面图如图 17.4-8 所示，项目高程图如图 17.4-9 所示，垂直潜流湿地单元控制界面如图 17.4-10 所示。

图 17.4-6　饱和流湿地实景图

图 17.4-7　太阳能电站

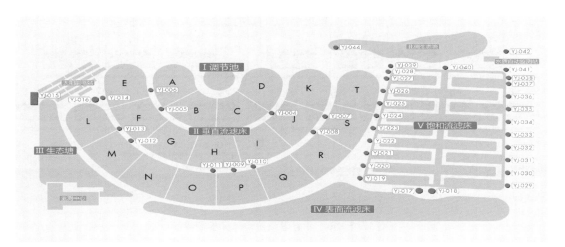

图 17.4-8　总平面控制界面

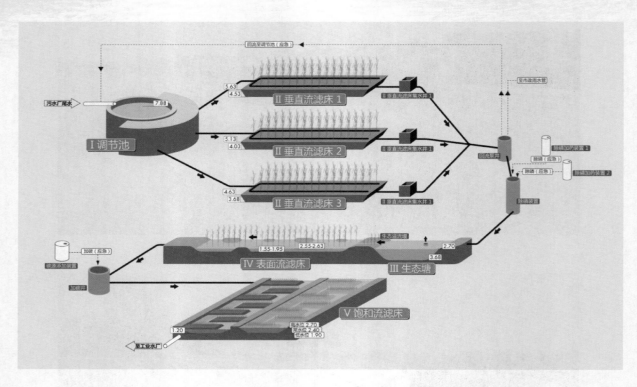

图 17.4 - 9 项目高程图

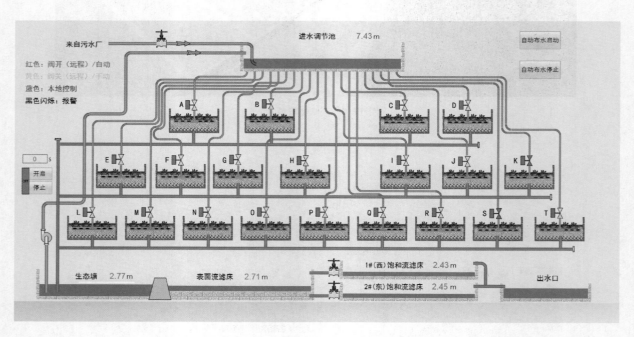

图 17.4 - 10 垂直潜流湿地单元控制界面

17.5 景观设计

本工程以"湿地单元"为模块,对单元形态、空间结构、交通组织、植物配置进行景观营造,打造一个兼具生态效益和景观效益的湿地景观。

17.5.1 单元形态

调节池是五个单元中的制高点,位于北部中心位置。它也是湿地内最佳的视角观景平台,可俯瞰其他四个单元。

垂直潜流湿地以同心圆形式呈三级扇形结构在场地内布置,是湿地的主景观区。配合不同湿地单元上种植不同高度和覆盖度的植物,形成了多层次、疏密有致、起伏变化、含蓄耐看的景观效果。

利用西部与南部的狭长地块设置生态塘和表流湿地,种植浮岛,营造水面景观。饱和流湿地是仅次于垂直潜流湿地的次要景观节点,通过采用竹制支撑架和石笼网箱构筑湿地主体,形成了自然而又连续的"丰"字形蜿蜒水道,既保证了停留时间,又呈现清澈见底的水体景观。

17.5.2 空间结构

工程整体空间结构利用传统中式园林起承转合的艺术创作手法,以调节池为起点,垂直潜流湿地为承接,生态塘和表流湿地为升华,饱和流湿地为景观结点,形成整体连续、空间变化丰富、动静结合的"隐而露、露而隐"的中式园林空间效果。水是整个工程的灵魂,为避免空间支离破碎,各景观元素如流水一般,随地赋形,在迂回曲折中形成变化而又统一的有机空间。

17.5.3 交通组织

整个场地内的交通组织以步行系统为主,为避免行人对各个水处理单元的破坏,主干道围绕垂直潜流湿地形成环路。铺装材料以透水砖为主。

17.5.4 植物配置

植物配置以满足水处理工艺水生植物为出发点,保护乡土植物为目标,创造自然、野趣、生态的植物配置效果。根据规划区域各个湿地模式功能需要,因地制宜配置植物。

在植被配置时结合地形进行绿化。项目经过现场的地形整理,将山林、草坡引入到景观设计中,展现了当地的乡土风貌和大自然的特征。园内多处设置宽阔起伏的草地,为场地营造了更丰富的景观层次和空间,实现了生态与景观的真正融合。

尾水人工湿地设计与实践

295

17.6 项目效益

17.6.1 净水效益

工程运营后，为园区污染物减排作出了贡献，2015—2017年共处理尾水203.8万t，减少了对长江的污染物排放。根据湿地中心2015—2017年进出水水质情况，进水中各污染物浓度在全年有小范围波动，尤其是氨氮和总氮的浓度，但是项目出水能够保持稳定，特别是冬季温度较低、植物枯萎期时也能够达到较好的处理效果。这表明项目能够较好地应对高盐的进水水质、天气和温度等变化。

17.6.2 生态效益

工程区域植物群落丰富、层次多样，吸引了如鸟类、爬虫类等动物，为生物多样性的保护创造了良好的栖息地环境，更起到涵养水源、调节区域小气候的作用。同时，动物、植物和微生物等共同构成了一个稳定的生态综合体，有利于维护区域的生态平衡，并为居民提供一个生态教育的平台（图17.6-1）。

图 17.6-1 湿地优美的生态环境

18 福星映月·雄安案例

18.1 项目背景

18.1.1 雄安新区概况

2017年4月1日，中共中央、国务院印发通知，决定设立河北雄安新区。新区规划范围涉及河北省雄县、容城、安新3县及周边部分区域，地处北京、天津、河北腹地，区位优势明显。新区的设立是党中央作出的一项重大的历史性战略选择，是千年大计、国家大事。

白洋淀是河北省最大的湖泊，主体位于雄安新区安新县境内，为大清河中游的缓洪滞沥淀泊，总面积约360km²，容积约10.7亿m³（相应水位9.34m）。其干淀水位为5.1m，淀内高程一般为5.5～6.5m，汛限水位为6.5～6.8m，村基高程一般为9.5～10.5m。淀区水域间有苇田、台地、村庄，三者交错，周围有堤防环绕，堤防总长约203km。白洋淀现状主要有8条入淀河流，其中仅有孝义河、府河、白沟引河常年有水，是主要的补给水源。

18.1.2 必要性分析

加强白洋淀生态环境治理和保护是党中央和国务院规划建设雄安新区的关键环节。《河北雄安新区总体规划（2018—2035年)》中提出的构建"一淀、三带、九片、多廊"生态空间格局，形成林城相融、林水相依的生态城市，其中的"一淀"，即开展白洋淀环境治理和生态修复，恢复其"华北之肾"的功能。为此，河北省委、省政府印发了《白洋淀生态环境治理和保护规划（2018—2035年)》，在分析白洋淀生态环境现状的基础上，提出到2020年，淀区正常水位达到6.5m左右，淀区面积逐步恢复，府河、孝义河等8条入淀河流的水质考核断面达到考核要求，淀区内考核断面的水质基本达到地表水环境质量Ⅲ～Ⅳ类标准；远期，入淀河流水质稳定在地表水环境质量Ⅳ类标准，淀区水质达到地表水环境质量Ⅲ～Ⅳ类标准。白洋淀流域生态环境治理和保护规划示意图如图18.1-1所示。

然而，现状白洋淀的水质并未达到地表水环境质量标准要求，其主要污染源为入淀河流污染及淀区内源污染。其中，孝义河的来水主要是污水处理厂尾水，对淀区水质影响较大。为此，近期围绕孝义河治理，重点实施了三项工程：一是马棚淀退耕还淀生态湿地工程，主要目的是削减孝义河下游河道两侧汇水区范围内的农田面源污染；二是孝义河新区段河道综合治理工程，主要目的是削减孝义河河道的内源污染；三是孝义河入淀口湿地水质净化工程，主要目的是削减孝义河的上游来水污染。三项工程形成一个有机整体，共同保障入淀河流水质达标。三项工程的地理位置关系如图18.1-2所示。

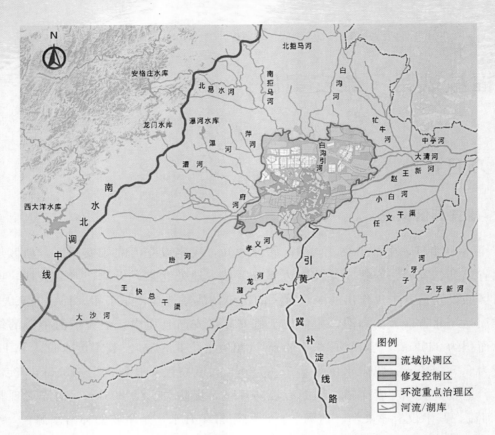

图 18.1-1　白洋淀流域生态环境治理和保护规划示意图

孝义河湿地附近共有 3 处常规监测断面，从上游到下游分别为蒲口断面、郝关坝断面和端村断面，其中端村断面位于白洋淀淀内，具体位置如图 18.1-2 所示。根据保定市生态环境局公布的 2017 年 1 月至 2019 年 2 月的水质月报，将三个断面的水质监测数据汇总整理，以时间序列和上下游顺序进行对比，分析后发现，三个断面的水质在两年间整体呈改善趋势，但仍存在超标现象，其中主要超标污染物为 COD、TP、NH_3-N 等；从上下游水质变化情况来看，端村断面水质好于蒲口断面和郝关坝断面，而郝关坝断面则是水质最差的断面。

18.1.3　项目原状

本项目选址于雄安新区安新县同口镇龙华乡、孝义河马棚淀入淀口处，工程占地总面积约 1.98km^2。场址东侧靠近白洋淀生态功能区，其周边情况如图 18.1-3 所示。

18.1.4　项目定位

综上分析，本项目定位首要功能是保障入淀河流水质，处理对象主要是孝义河上游来水，同时兼具应急突发水污染事故处理功能。此外，项目区北侧为拟建的同口特色小镇，故该湿地还兼具景观游憩功能。

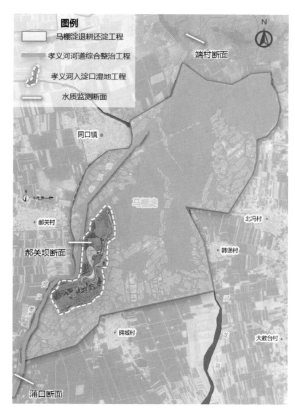

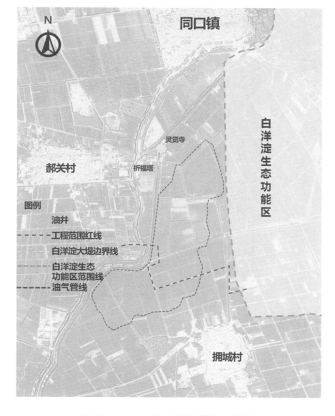

图 18.1-2　三项工程及三断面位置关系示意图　　　　图 18.1-3　场址周边情况示意图

18.2　污水处理厂概况

　　该湿地处理对象为孝义河河水，其上游来水主要为安国、博野、蠡县和高阳等市县的污水处理厂尾水及部分漏排污水，雨季时有部分天然径流流入，入流量逐月统计见表 18.2-1。湿地的设计进水量为孝义河流域污水和尾水量扣除沿途蒸发渗漏量，处理规模为 20.0 万 m^3/d，汛期时的多余水量则直接从主河道直接下泄到下游。

表 18.2-1　　　　　　　　　　　　　孝义河河道入流量逐月统计表　　　　　　　　单位：万 m^3/d

项　目	月　份											
	1月	2月	3月	4月	5月	6月	7月	8月	9月	10月	11月	12月
污水和尾水	21.1	21.1	21.1	21.1	21.1	21.1	21.1	21.1	21.1	21.1	21.1	21.1
天然径流	1.2	2.1	1.7	2.3	1.1	2.4	11.0	21.9	5.6	3.3	3.0	2.7
河道总入流量	20.7	21.5	21.0	21.2	19.9	21.2	29.9	40.9	24.7	22.6	22.4	22.2

　　上游 7 座污水处理厂的情况统计如图 18.2-1 所示。

图 18.2-1 孝义河上游污水处理厂情况统计图

18.3 工艺论证

18.3.1 设计进出水水质

根据相关上位规划，孝义河上游将开展相关水环境整治，孝义河入淀水质将逐步好转。根据水质目标要求，工程设计进出水水质分为三个工况考虑。工况一：进水水质为地表水Ⅳ类水；工况二：进水水质为地表水Ⅴ类水；工况三：进水水质为现状水质（劣于地表水Ⅴ类水）。工程选取最不利水质作为设计边界，其他两种工况作为验证条件。水质目标要求为湿地出水水质非冬季总磷去除率不低于40%，其他主要污染物指标去除率不低于30%；冬季总磷去除率不低于30%，其他主要污染物指标去除率不低于20%。

设计进出水水质指标见表18.3-1。

表 18.3-1   设 计 进 出 水 水 质   单位：mg/L

设计进水水质	COD	NH_3-N	TN	TP
设计进水水质	57.6	1.5	3.1	0.54
非冬季设计出水水质	40.3	1.05	2.2	0.32
冬季设计出水水质	46	1.2	2.5	0.38

18.3.2 工艺流程

该湿地设计综合考虑湿地工艺的水质目标可达性、经济性以及后期施工运维的便利性，选择采用目前国内比较成熟的"塘—床—表"组合工艺（图18.3-1）。工程设计在孝义河湿地段下游建闸，使河道水位稳定，避免淀区水位受顶托影响，河水通过河堤底部管道自流进入前置沉淀生态塘，生态塘预处理之后，通过一体化泵站提升经湿地配水主渠和配水支渠均匀分配进入潜流湿地单元，通过潜流湿地的出水汇流进入集水支渠和集水主渠，再通过出水控制堰门调节水位后进入表流湿地，最后排入沉水植物塘，塘出水经生态溢流堰进入外侧农田排水渠，最终排入孝义河下游。

孝义河 → 前置沉淀生态塘 → 一体化提升泵站 → 潜流湿地 → 表流湿地 → 沉水植物塘 → 孝义河下游

图 18.3-1　工艺流程图

18.4　工艺设计

18.4.1　总平面设计

该湿地总平面设计遵循"最小干预"的原则，沿用场地原有机理，将70%的场地设计为方格网状，在区域尺度上与北方大地景观保持一致，以节省投资，同时梳理原有田耕路，形成场地的三级道路，不仅可节省工程投资，在后期实施退耕还淀生态湿地工程时还可与其协调一致。

湿地主要分为前置沉淀生态塘、潜流湿地、表流湿地和沉水植物塘4个处理单元，其中前置沉淀生态塘21.5hm²，潜流湿地27.6hm²，表流湿地54.4hm²，沉水植物塘30.2hm²，其余为道路、绿地及景观用地等。湿地总平面布置如图18.4-1所示。

该湿地水质净化区域共分为7个分区，每个分区包括1个前置沉淀生态塘、1个潜流湿地区和1个表流湿地区，最终湿地出水汇入中心的沉水植物塘。

18.4.2　竖向设计

工程竖向设计充分考虑项目区现状地形，形成西高东低、南高北低的整体格局，以平衡土方，同时使湿地出水水位能弹性适应后期白洋淀水位上涨的情况。

湿地竖向设计如图18.4-2所示。

图 18.4-1　湿地总平面布置图

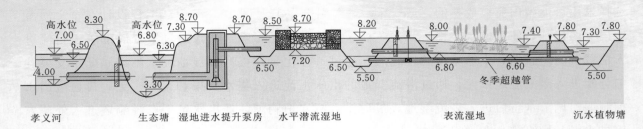

图 18.4-2　湿地竖向设计图（单位：m）

为保证各功能单元配水均匀，在湿地内部进行多次配水，具体配水过程如图 18.4-3 所示。

图 18.4-3　湿地配水过程图

18.4.3　前置沉淀生态塘

18.4.3.1　工艺描述

前置沉淀生态塘承接孝义河管道进水，起沉淀、水解、配水的作用，同时，一旦上游发生水污染事故，通过监控设置，可将污水团引入本单元，避免污染白洋淀。为保证水体进入厌氧污泥层和底部生态基，生态塘的进水口设置在高于塘底 0.6~1.0m 处。生态塘水深为 3.0~4.0m，可有效沉淀河道进水中的悬浮物及降低河水中的含沙量，同时使底层水体呈现厌氧状态，通过厌氧作用将 COD 转化成 BOD，增加水体可生化性，并将少量的有机氮转化为氨氮。

18.4.3.2 设计参数

（1）面积：21.5hm²，共分为7块，每块面积约3hm²。

（2）有效水深：3.0～4.0m。

（3）有效容积：75.0万m³。

（4）水力停留时间：3.8d。

18.4.4 潜流湿地

18.4.4.1 工艺描述

潜流湿地为湿地水质净化的核心区，污染负荷较高，处理效果较好。本项目根据冬季水质目标要求，在预设冬季其他单元处理效果为零的基础上，反算潜流湿地规模，添加功能性填料，以确保冬季水质达标。考虑到冬季冻土厚度约0.45m，故将潜流湿地的填料深度设计为1.5m，可有效提高湿地冬季处理效果。

18.4.4.2 设计参数

（1）面积：27.6hm²，共分为7块，每块面积约4hm²。

（2）有效水深：1.3m。

（3）有效容积：12.56万m³。

（4）水力停留时间：0.63d。

（5）水力负荷：0.72m³/（m²·d）。

（6）孔隙率：35%。

18.4.4.3 集配水系统设计

潜流湿地常用的配水方式主要有穿孔管配水、花墙配水、石笼渠道配水等，每种配水方式对比情况见表18.4-1。

表18.4-1　　　　　　　　　潜流湿地配水方式对比情况一览表

配水方式	穿孔管配水	花墙配水	石笼配水
内容	采用穿孔管进行大阻力配水	采用花墙进行配水	利用石笼通过渗流形式配水
经济性	采用穿孔管配水需要较高流速，水头损失较大	施工较复杂，造价较高	河水SS浓度高，容易堵塞
配水效果	均匀	较均匀	较均匀
运行维护管理	一般	一般	一般
施工难度	较复杂	复杂	一般
占地面积	小	较大	较大
综合造价	较高	一般	一般

根据表18.4-1综合分析，湿地采用石笼水渠配水的方式。来水通过一体化泵站提升进入潜流湿地配水干渠，配水干渠为自然土质，渠顶宽9m，自然放坡，坡度1∶2，采用植被护

坡。通过配水干渠分流入各个配水支渠，配水支渠为格宾石笼堆砌，渠顶宽 2m，配水后进入主体填料区，经填料区处理后汇入收水支渠，再汇入收水干渠，排入表流湿地。收水支渠和收水干渠设计同配水支渠和配水干渠。

18.4.5 表流湿地

18.4.5.1 工艺描述

表流湿地为水质深度净化区，通过硝化及反硝化作用去除污水中的氨氮和总氮，同时，植物的吸收与微生物同化作用可去除水中的氮磷及有机物。

18.4.5.2 设计参数

（1）面积：54.4hm^2。

（2）有效水深：0.3～0.5m，局部深挖。

（3）有效容积：43.52 万 m^3。

（4）水力停留时间：2.18d。

（5）水力负荷：0.37m^3/（m^2·d）。

18.4.6 沉水植物塘

18.4.6.1 工艺描述

该单元主要起到水质提升及清水展示的作用，塘内以沉水植物为主，并搭配挺水植物和浮水植物，既可以提高生物多样性，还可抑制藻类暴发。同时，塘内设置一定数量的生态岛（约占 10%），为鸟类及水生动物提供栖息地，提高湿地动植物的多样性。

18.4.6.2 设计参数

（1）面积：30.2hm^2。

（2）有效水深：1.8m。

（3）有效容积：54.36 万 m^3。

（4）水力停留时间：2.72d。

（5）水力负荷：0.66m^3/（m^2·d）。

18.4.6.3 生态溢流堰设计

沉水植物塘末端设置生态溢流堰，总长度 11m，堰顶高程 7.30m。生态溢流堰主体结构为干砌块石，顶部采用散置卵石营造水生动植物自然生长环境，降低对水体局部的扰动影响。

18.5 景观设计

18.5.1 设计理念

本工程作为雄安新区及白洋淀首个人工湿地，不仅要满足湿地生态的基本要求，更要注重生态价值的转换，意即兼顾科普教育及适度的游览观光功能。景观设计以"最小干预下的

尾水人工湿地设计与实践

北方大地景观"为设计理念，将华北平原的自然田野形态和景观要素作为湿地的特色，结合人工湿地水质净化的工艺要求，将整个场地划分为七个分区。设计的主题为"净水音符、生态赞歌"，七个分区像七个跳动的音符，既满足水处理功能的要求，又贴合雄安新区建设绿色发展的生态基调，奏响一曲新时期生态文明建设的赞歌。同时，七个分区又像七个散落的星盘，围绕镶嵌在"华北明珠"白洋淀旁，寓意雄安新区的建设事业蒸蒸日上、福星高照。

18.5.2 总体布置

本工程的总平面布置是在确保水质净化功能的基础上进行仿自然设计，充分展现人工湿地的景观、生态效果。场地自西向东梯次布置前置沉淀生态塘、潜流湿地、表流湿地、沉水植物塘等单元，并划分为七个分区，每个分区为一个独立的处理系统。不同单元构成的生态斑块交错排布（如沉淀生态塘与潜流湿地交错），构成相互交融的生境斑块，有助于提高生物多样性，且可形成四季不同的优美景观。

湿地平面布置形成了五大特色功能区，如图 18.5-1 所示，并且在遵循场地机理的同时，利用 30% 的场地面积，打造中部蜿蜒曲折的水轴，形成碧波荡漾的水乡风貌，并方便运行维护管理。围绕着水轴设置荷塘月色、水花园、水岸花渚、荻荡芦浦、叶沐秋枫、箐箐水塘、鹭鸶岛鸣、水上森林等景观主题节点，构建生态自然、乡情野趣、景色优美的湿地景观风貌，湿地总平面布置图和孝义河湿地整体鸟瞰图如图 18.5-2、图 18.5-3 所示。

图 18.5-1 湿地分区图

图 18.5-2 湿地总平面布置图

图 18.5-3　孝义河湿地整体鸟瞰图

18.5.3　分区设计

18.5.3.1　综合管理区

综合管理区位于场地的东侧，为湿地的入口服务区，主要包括中央轴线广场、停车场、景观挑台、亲水栈道、观景亭、亲水码头及服务管理用房等，为湿地内的日常运营及游人提供服务。在景观方面对该区域进行重点设计，以形成功能丰富、景观效果突出的入口形象。综合管理区效果图如图 18.5-4 所示。

图 18.5-4　综合管理区效果图

18.5.3.2 湿地科普区

湿地科普区以湿地科普教育为主要功能，以温室展厅（预留）为主要科普宣传节点，以主园路为线索，两侧设置湿地生态系统、湿地动植物的简介牌、宣传栏等，系统地介绍湿地的相关科学知识，形成湿地科普教育游线。其中，温室展厅可微缩展示湿地处理的各个单元，使游客在四季游览时都可在此了解整个湿地的工艺流程。湿地科普区效果图如图 18.5－5 所示。

图 18.5－5　湿地科普区效果图

18.5.3.3 鸟类观赏区

鸟类观赏区位于中央水塘区域，主要包括生态岛、湖面、栈桥、观鸟塔等。通过架高栈桥、观鸟塔等的设计，为游人提供高空观赏鸟类和湿地风景的场所，丰富游人的观景体验，同时最小化对鸟类栖息地的干扰。鸟类观赏区效果图如图18.5-6所示。

图 18.5-6　鸟类观赏区效果图

18.5.3.4 生境探索区

生境探索区主要位于鸟类观赏区的南侧，以林地和生态岛屿为主，通过曲径通幽的园路在林地和湿地生态岛内穿梭，同时结合休憩的空间设置生态创意装置，增加游人的参与感和体验感。生境探索区效果图如图18.5-7所示。

图 18.5 - 7　生境探索区效果图

18.5.3.5　生态保育区

生态保育区位于湿地西侧和四周，以水生态修复和水质净化为主要功能，设计时最小化人为干预，以形成自然湿地特色。

18.5.4　交通设计

利用场地田埂路，结合场地机理，形成"中心水轴—主园路—次园路（田埂路）—支路"的三级交通体系（图 18.5 - 8）。其中：中心水轴可行船，确保可通过水运将收割后的水生植物运送到岸边；主园路横贯整个场地，宽 3.5m，可行车，局部起伏，形成高低错落有致的景观，作为场地的主通道；次园路主要利用原有田埂路，适当拓宽，宽 2.0m，作为后续湿地单元运行维护的通道，可通电瓶车，并局部栽植乔木，形成方格网北方大地景观，乔木疏密有致，形成豁然开朗的效果，支路1.6m，方便游憩、观赏和体验。

18.5.5 细部设计

18.5.5.1 铺装设计

场地内的铺装设计坚持生态优先的基本原则，以当地的材料及原生木材，包括木头、石板、木屑、渣土砖、砾石等进行铺装，以营造自然生态、乡土野趣的景观意向。

18.5.5.2 导视标志设计

服务设施图标采用国际标准的置石图标系统，所有标志需确立少数几种主体色及主体材料，多使用材料原色及与自然环境协调的中性色。

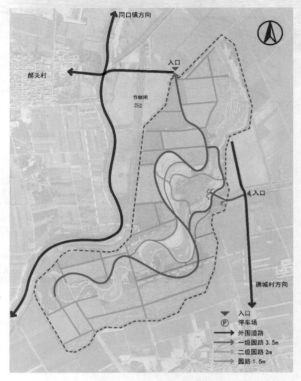

图18.5-8　交通体系图

18.5.5.3 装置小品设计

装置小品主要采用木条、石块等自然生态材料，通过艺术化设计增加体验感和参与感。

18.5.5.4 灯具设计

灯光设计要以尊重自然、减少人为干预为原则，以低亮度安全照明为主，减少对鸟类、鱼类等动物栖息环境的破坏。

18.5.6 绿化设计

该工程是以水和密林为主的大尺度植被景观，水生植物和混交林是景观的主体。在保护现有杨树、柳树等的基础上，对具有景观典型性、完好性的植被尽量保留，对生长不良、景观效果欠佳、相应的景观生态功能不能满足的区域进行修复和改造，提升景观价值，修复时遵循以乡土植物为主的原则，体现当地植物群落及湿地特征。

18.5.6.1 防护林带种植设计

防护林带主要位于场地红线10～20m范围内，构建了湿地面向外界的景观界面，其植物种植展现了湿地的外部形象。种植设计上，在湿地外围形成纯林景观，统一而富有特色。选择本地的乡土树种，以榆树、加杨及旱柳为基调树种，采用密植的形式，林下种植野生的花卉和草本植物。随着树木逐年的生长，根据不同的植物生长特点进行适当的梳理，增加林内的通透性，以促进林下萌蘖幼苗的生长，实现林木由人工种植林向自然纯林的转变，达到林木的自然更新。

18.5.6.2 陆岛种植设计

陆岛种植设计主要为湿地内的生态孤岛和陆域林地，种植形式分为旱生植物群落种植、旱

尾水人工湿地设计与实践

生＋湿生植物群落种植、湿生植物群落种植。旱生植物群落主要位于陆域的林地，主要乔木为构树、椿树、刺槐等；地被植物为狼尾草、狗尾草、波斯菊、大花金鸡菊等。旱生＋湿生植物群落主要位于陆域与湿地水面过渡区域，主要乔木为旱柳、桑树等，地被及水湿生植物为狗尾草、早熟禾、芦苇、千屈菜等。湿生植物群落种植主要位于湿地内的生态孤岛，湿生植物为芦苇、水葱、千屈菜、荷花、菱角等。其中部分湿生植物为经济型作物，在形成野趣十足的生产性景观的同时，可带来一定的经济收入，也为淀区居民提供了体验农事活动的场所。

18.6　专项设计

18.6.1　防渗设计

湿地中的前置沉淀生态塘、潜流湿地、表流湿地、沉水植物塘等处理单元底部均采用300mm厚夯实黏土进行防渗。

18.6.2　填料设计

本项目出水水质要求非冬季总磷去除率不低于40％，冬季总磷去除率不低于30％，如何确保湿地的除磷效果尤其重要，填料作为人工湿地的重要组成部分，对除磷起到关键作用。

钢渣作为炼钢过程中的一种副产品，由生铁中的硅、锰、磷、硫等杂质在熔炼过程中氧化而成的各种氧化物，以及这些氧化物与溶剂反应生成的盐类组成。根据相关文献及现有人工湿地案例的运行情况，钢渣对磷的去除效果在多种填料中较有优势，且本项目地处河北腹地，盛产钢渣，因此本项目填料层考虑在碎石的基础上适当掺加部分钢渣（图18.6-1）。

图 18.6-1　钢渣

填料区沿水流方向依次为进水过渡区、核心过滤区和出水过渡区。进水区长 5m，填料自上而下依次为 200mm 厚粒径 8～12mm 的碎石覆盖层、1300mm 厚粒径 16～32mm 的碎石配水层。核心过滤区沿水流方向分为两部分：第一部分自上而下依次为 200mm 厚粒径 8～12mm 的碎石、1300mm 厚粒径 8～16mm 的碎石层；第二部分自上而下依次为 200mm 厚粒径 8～12mm 的碎石、1300mm 厚粒径 8～16mm 的钢渣层。两部分长度比为 4∶1。出水区长 5m，填料自上而下依次为 200mm 厚粒径 8～12mm 的碎石覆盖层、1300mm 厚粒径 16～32mm 的碎石配水层（图 18.6-2）。

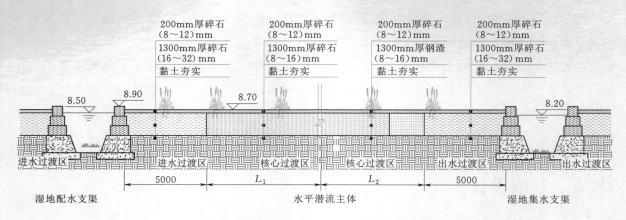

图 18.6 - 2　潜流湿地典型断面示意图（高程单位：m；尺寸单位：mm）

18.6.3　植物设计

各单元植物设计均从水质净化、景观搭配的角度进行配置，以丰富湿地景观的多样性。前置沉淀生态塘岸边设置 5m 宽水深植物种植区，恢复挺水植物和浮叶植物。挺水植物主要为芦苇、菖蒲、水葱、荷花；浮叶植物主要为睡莲和荇菜。潜流湿地以滤料床为植物种植基质，挺水植物主要选择对种植基质要求不高的品种，主要为本地种芦苇、香蒲、菖蒲、水葱、花叶芦竹等。表流湿地采用近自然湿地恢复方法，恢复挺水植物、浮叶植物和沉水植物。挺水植物主要为芦苇、香蒲、菖蒲、水葱、荷花；浮叶植物主要为睡莲、荇菜和芡实；沉水植物主要为矮生苦草、菹草、黑藻、狐尾藻、金鱼藻。沉水植物塘结合水下地形及功能定位，恢复沉水植物，选择净化能力强、景观效果好的品种，主要为矮生耐寒苦草（四季常绿型）、狐尾藻、金鱼藻、苦草、菹草等。

18.6.4　动物设计

水体中投放适当的水生动物可以通过食物链的迁移转化，有效的去除水体中富余的营养物质，抑制藻类生长。滤食性鱼类可以有效地去除水体中的藻类物质，从而使水体透明度增加；滤食性贝类以浮游植物、微生物和有机碎屑为食，可加速悬浮物质的沉降及有机质的循环作用，进而改善水质；肉食性鱼类以小型鱼类为食，可防治草食性鱼类破坏水生植物系统，确保食物链网的完整，利于生态系统的有效运行。本项目动物配置见表 18.6 - 1。

表 18.6 - 1　　　　　　　　　　　动 物 配 置 表

序号	项目名称	品　种	序号	项目名称	品　种
1	滤食性鱼类	鲢、鳙鱼	5	贝类	无齿蚌、河蚬
2	杂食性鱼类	麦穗鱼、餐条	6	虾类	青虾、沼虾
3	肉食性鱼类	黄颡鱼、乌鳢、鳜鱼	7	浮游动物	滤藻虫
4	螺类	环棱螺、田螺			

19 燕南归·宝安案例

19.1 项目背景

19.1.1 宝安区概况

宝安区处在粤港澳大湾区的地理中心，深圳市的西北部，西临珠江口，东接龙岗区，南连南山区、福田区，北靠东莞市，广深港南北向发展轴和深中东西向发展轴在宝安交汇，形成了天然的交通核心。宝安区土地面积 397km²，人口为 301.71 万人（截至 2016 年年底）。宝安区是深圳的经济大区、工业大区和出口大区，产业基础较为雄厚，外向型经济特征明显，近年来形成以战略性新兴产业为先导、电子信息产业为龙头、装备制造业和传统优势产业为支撑的产业结构。

茅洲河为深圳市第一大河，干流全长 31.29km，流域面积为 388.23km²，其中宝安境内流域面积为 112.65km²，涵盖松岗、沙井街道两个行政区域，包含河涌 19 条，河道总长 96.56km。

19.1.2 必要性分析

作为深圳第一大河，茅洲河见证了深圳改革开放后的快速发展，也接纳了沿河两岸产生的大量生活污水、工业废水，水质污染极为严重。2015 年 8 月，深圳市宝安区政府、宝安区环境保护和水务局考虑茅洲河流域宝安片区实际情况，利用先进治河理念，结合已有相关规划成果，通过综合工程措施，开展茅洲河综合整治工程，切实改善流域水环境。水体生态修复是整个流域治理中不可或缺的环节，人工湿地工程是水体生态修复的重要组成部分，是整个茅洲河整治工程的生态标签。整治后的茅洲河实景图如图 19.1-1 所示。

根据茅洲河流域综合整治工程进度安排，至 2018 年年底，沿河截污工程、大部分片区雨污分流管网工程、再生水补水工程、底泥清淤工程及应急处理工程均基本完工。工程完工后，茅洲河干流的水质有了显著提升，当上游控制断面来水的水质达到 V 类水，在旱季无降雨的情况下，茅洲河干流洋涌大桥、燕川、共和村等 3 处河流考核断面的氨氮浓度低于 8mg/L，河道基本消除黑臭，但是水质状况仍不理想。为满足水环境综合整治水质目标的要求，需要进一步削减河道和入河箱涵的污染物负荷，降低水体污染物浓度，提升和改善水质，提升生态景观，实施人工湿地工程是重要的手段之一。

图 19.1-1 整治后的茅洲河实景图

19.1.3 场地原状

根据原状用地与土地规划等情况，燕罗湿地工程选址于茅洲河干流上游南侧，松岗水质净化厂北侧，洋涌桥大闸上游。该场地在工程实施前为滩地，场地地形高程为3～5m，场地内有抛石护岸的沿河路，除靠近堤顶路有较大坡度的护坡外，其余地势较为平坦，视线开阔，防洪标准达到20年一遇。该场地总占地面积为5.50hm²。

19.2 工艺论证

19.2.1 设计进水水量

燕罗湿地处理对象为2号应急处理设施的部分出水。2号应急处理设施主要处理茅洲河中上游干流截污箱涵出水，近期设计处理规模为6万 m³/d，远期待上、下村调蓄池建成后设计处理规模为11万 m³/d。

燕罗湿地工程可用地面积为5.50hm²，其中景观塘（荷花池）和景观设施的占地面积约3.10hm²，预处理和湿地处理区的面积约为2.40hm²。考虑到场地的限制，燕罗湿地无法处理2号应急处理设施的全部出水，因此进水水量根据处理区实际占地面积而定。为最大程度地削减污染物负荷，垂直潜流人工湿地水力负荷取上限值0.8m³/（m²·d），湿地区占地面积为1.77hm²，确定本工程设计处理水量为1.4万 m³/d。

19.2.2 设计进出水水质

燕罗湿地设计进水为茅洲河中上游干流截污箱涵末端水质改善工程 2 号应急处理设施出水，进水水质执行一级 B 标准，出水水质执行《地表水环境质量标准》（GB 3838—2002）中 Ⅳ 类水（TN 除外），进出水水质标准见表 19.2-1。当雨季运行工况时，仅对出水水质设定去除率目标：对 COD、BOD_5、NH_3-N、TP 的设计去除率均为大于等于 50%。

表 19.2-1　　　　　　　　　　生态湿地设计进出水水质标准

控制项目	进水标准	出水标准	控制项目	进水标准	出水标准
pH 值	6~9	6~9	TN/(mg/L)	15	—
COD/(mg/L)	60	≤30	TP/(mg/L)	1	≤0.3
NH_3-N/(mg/L)	8（15）	≤1.5			

注　括号外数值为水温大于 12℃时的数值；括号内数值为水温小于等于 12℃时的数值。

19.2.3 工艺流程

由于本工程场地面积不大，为保证湿地的污染物去除效果，采用污染物去除效率高、负荷大、占地小的潜流湿地为主要工艺，针对投资较高、建设难度较大、容易堵塞、不容易打造景观的缺点，一方面通过合理的系统和单元设计降低成本，利用新施工技术、合理安排建设时序降低建设难度；另一方面采取相应的预处理措施，降低进水的悬浮物浓度，避免湿地堵塞，同时增加后续的表流湿地单元，提供景观打造和提升空间，保证整个人工湿地工艺的合理性。燕罗湿地的处理工艺流程为"生态氧化池＋高效沉淀池＋垂直潜流湿地＋表流湿地"，工艺流程如图 19.2-1 所示。

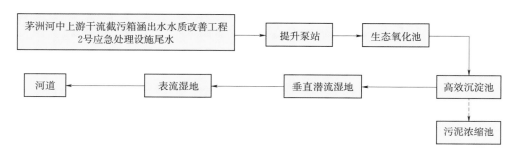

图 19.2-1　工艺流程图

预处理单元选择"生态氧化池＋高效沉淀池"工艺，水力停留时间较为充分，设计去除率分别取 COD 40%、BOD 40%、氨氮 60%、总磷 50%、SS 50%。

根据规范要求，垂直潜流人工湿地的 COD 去除率为 60%~80%，BOD 去除率为 50%~90%，氨氮去除率为 50%~75%。该垂直潜流湿地水力负荷为 0.79m^3/($m^2 \cdot d$)，对 COD、BOD、氨氮、总磷、SS 的设计去除率分别取 60%、50%、60%、60%、50%，在人工湿地系统的去除能力范围之内。

根据规范要求，表流人工湿地的 COD 去除率为 50%～60%，BOD 去除率为 40%～70%，氨氮去除率为 20%～50%。由于本次工程用地紧张，表流湿地面积相对较小，水力负荷远大于规范要求的 0.1m³/(m²·d)，停留时间远达不到 4～8 天的要求，本次设计暂不考虑表流湿地对 COD、BOD、氨氮、总磷的去除率。

因此燕罗湿地设计污染物去除率见表 19.2-2，能够满足出水水质要求。

表 19.2-2　　　　　　　　　　设计污染物去除率

序号	处理单元	COD/%	BOD/%	NH_3-N/%	TP/%	SS/%
1	预处理单元	40	40	60	50	50
2	湿地单元	60	50	60	60	50
3	总去除率	76	70	84	80	75

19.3　工艺设计

19.3.1　总平面设计

燕罗湿地工程可用地面积为 5.50hm²，其中景观塘（荷花池）和景观设施的占地面积约为 3.10hm²，预处理的面积约为 0.63hm²，垂直潜流人工湿地面积约为 1.77hm²。

根据本工程需要及现场实际情况，燕罗湿地的取水设施、提升泵站布置于 2 号应急处理设施的场地内，通过输水管道将出水依次通过生态氧化池、高效沉淀池、垂直潜流湿地和表流湿地。潜流湿地和表流湿地布置于茅洲河流域水环境综合整治—中上游段干流综合整治工程的洋涌河水闸景观节点内，南侧紧挨茅洲河防洪大堤，北侧和东侧为洋涌河水闸景观节点的护岸，西侧（下游侧）紧邻已基本完工的荷花池，属于狭长形地块，潜流湿地出水进入表流湿地（即荷花池），然后流入茅洲河。工艺功能分区图如图 19.3-1 所示。

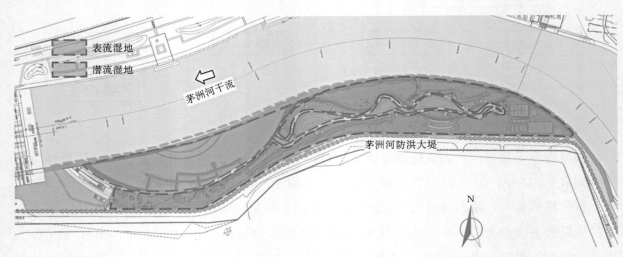

图 19.3-1　工艺功能分区图

19.3.2　竖向设计

为实现湿地处理系统的顺利运行，各处理系统之间采用管道或渠道等方式连通，各处理构筑物之间需留足水力高差，保障水力条件，使整个系统水流顺畅，完成湿地处理工艺的流程要求。各湿地单元运行水位见表19.3-1。

表19.3-1　　　　　　　　　　　各湿地单元运行水位一览表

湿地名称	提升泵房	生态氧化池（氧化塘）	高效沉淀池（生态塘）	垂直潜流湿地	表流湿地
水位/m	5.8	6.5	6.3	4.4～4.8	3.5～4.5

19.3.3　提升泵房

提升泵房设计规模为1.40万m^3/d（考虑到进水水质较好的工况，提升泵站最大处理规模按1.8万m^3/d考虑）。平面尺寸为5.9m×5.5m，采用潜水泵，泵参数为$Q=375m^3/h$，$H=6m$，$N=11kW$，3台，2用1备，变频。

19.3.4　生态氧化池

生态氧化池中悬挂填料作为生物膜的载体，待处理的尾水经充氧曝气后以一定流速流经填料，与生物膜接触，生物膜与悬浮的活性污泥共同作用，达到净化污水的作用。

生态氧化池尺寸为20m×17m×4.0m（H），设计有效水深为3.5m，其中填料层高度为2.5m，填料上水深为0.5m，配水区高度为0.5m，超高0.5m。生态氧化池分为两格，单格流量为0.081m^3/s，水力停留时间为2h。

19.3.5　高效沉淀池

高效沉淀池是一种集泥水分离与污泥浓缩功能于一体的沉淀工艺，通过投加PAM（聚丙烯酰胺）混凝剂来强化沉淀效果，混凝剂的投加量为2kg/h（干粉）。高效沉淀池分为反应区和澄清区，二者的尺寸分别为4.7m×5.2m×6m（H）和12.7m×10m×6m（H）。设置3台隔膜泵（2用1备）将部分污泥回流至反应区，以提高混凝沉淀效果。

19.3.6　垂直潜流人工湿地

垂直潜流人工湿地是燕罗湿地污水处理系统的核心部分，其实质上是人为设计的、工程化的湿地系统，利用系统内物理的、化学的和生物的协同作用对污染物进行净化。人工湿地的净化效果与基质、水生植物和微生物等有着密切的联系。

垂直潜流人工湿地系统占地面积1.77hm^2，配水管以东西方向布置在场地南北侧，将场地分为南北两个区块，南、北侧区块各设置8个潜流湿地单元格。垂直潜流人工湿地的水力负荷为0.79$m^3/(m^2 \cdot d)$，水力停留时间为0.74d。垂直潜流人工湿地填料层厚度为 1.3m，填料主要采用砂石填料，该填料为中粗砂填料和碎石级配填料，不同粒径的填料分层回填，保证湿地系统的孔隙率保持在 45% 左右，部分采用生物活性填料，填料具体结构见表 19.3-2。

表 19.3-2 垂直潜流湿地填料设计

分层	功能	厚度/mm	材料	粒径/mm	备注
覆盖层	防砂层表面冲蚀	200	砾石	8~16	
滤料层	去除污染物核心功能区	700	无泥粗砂、沸石	0.2~6	含 50% 沸石
过渡层	防止上层砂粒堵塞下面排水层	200	砾石	4~8	
排水层	汇集排出的已处理污水；防止堵塞出水管	200	砾石	8~16	

单个垂直潜流湿地单元配水系统分别采用 DN400 干管-DN150 支干管配水系统，DN150 管道穿孔，孔径 8mm，间距 2.0m，错向 45°开孔，形成"丰"字形配水系统。集水系统使用穿孔管，为防止集水管堵塞，在集水管前放置的填料不宜采用易碎材料，可选用大块卵石放置在集水管周围，此外，集水管上应开大小均匀的孔，以利于出水。

19.3.7　表流人工湿地

燕罗湿地的表流湿地分为两部分：一部分布置在潜流湿地中间，模拟自然河流；另一部分是依托原洋涌河景观节点工程中的荷花池，在其基础上提升改造而成，表流湿地面积为 1.6hm²，水深为 50cm，底坡比降 0.1%。表流人工湿地实景图如图 19.3-2 所示，景观塘实景图如图 19.3-3 所示。

图 19.3-2　表流人工湿地实景图　　　　　　　　图 19.3-3　景观塘实景图

19.4　景观设计

19.4.1　总体设计

本工程以达到"燕罗"二字所寓意的良好生态环境为出发点，提取出符合其特色的流线形式为场地内主导肌理，加之燕川社区是全国最大的琥珀交易中心，便以琥珀为场地内独特的设计元素，结合场地现状设置花田草滩、滨水休闲空间、活动广场、架空栈道、生态水泡和湿地绿岛，打造以湿地生态景观休闲游憩为特色的滨河绿地。燕川社区有"燕"为名，故选择燕子和琥珀的形象进行抽象并且提取，作为设计元素来进行方案设计。这种抽象的元素在平面图中能得到很好的体现（图19.4-1）。

湿地平面布置图如图19.4-2所示。

图 19.4-1　设计意向图

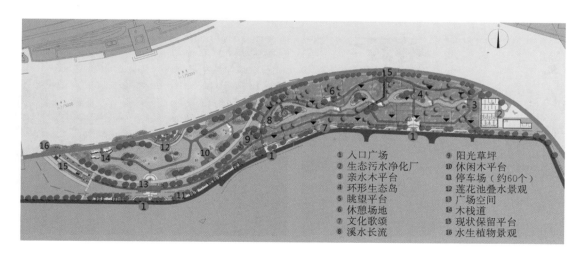

① 入口广场　　　　　⑨ 阳光草坪
② 生态污水净化厂　　⑩ 休闲木平台
③ 亲水木平台　　　　⑪ 停车场（约60个）
④ 环形生态岛　　　　⑫ 莲花池叠水景观
⑤ 眺望平台　　　　　⑬ 广场空间
⑥ 休憩场地　　　　　⑭ 木栈道
⑦ 文化歌颂　　　　　⑮ 现状保留平台
⑧ 溪水长流　　　　　⑯ 水生植物景观

图 19.4-2　湿地平面布置图

19.4.2　交通设计

本工程的交通体系为3级交通游览体系，分别为主园路、次园路和三级园路，同时结合入口和集散空间，完善交通功能。主园路宽度为3m，在利用现状抛石护岸的基础上加以贯通主要出入口，保证全线游览需求。次园路主要以2.5m栈道形式，结合景观游览需求布置，带领游人深入花海湿地等各个景观节点，栈道可架空与湿地于景观水面之上，增加游览体验。

根据场地活动需求，设置滨水空间和保留莲花台三个场地，在文化性、休闲型和集散性方面使燕罗湿地整体得到功能性的提升，游览体验也更加丰富。场地共设置两个入口，东、西各设置一个，以此满足人行出入需求。

湿地的交通分析图如图19.4-3所示，园路实景图如图19.4-4所示。

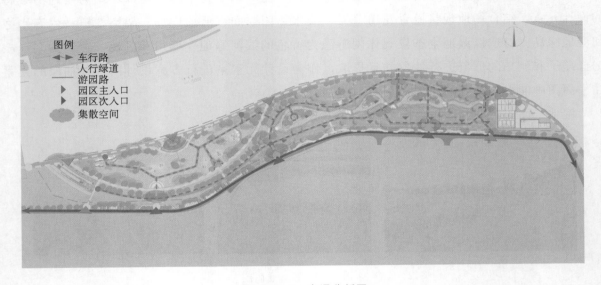

图 19.4-3　交通分析图

图 19.4-4　园路实景图

19.4.3　高程设计

设计高程在现状高程的基础上，因地制宜，局部开挖和填土，满足防洪功能的同时，使场地节点高程与周边路网高程自然衔接；滨水栈道设计高程保持在常水位0.5m以上；场地高程自东向西由高到低，保证水流从潜流湿地到表流湿地顺畅贯通。

湿地高程分析图如图 19.4 – 5 所示。

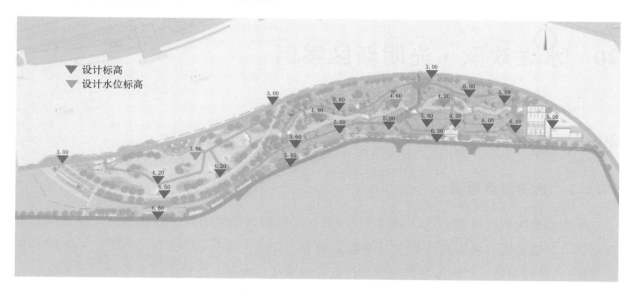

图 19.4 – 5　湿地高程分析图

19.4.4　小品设计

景观小品是景观设计当中的画龙点睛之笔,是游客在游赏过程当中直接接触的部分。此设计小品采用与场地元素相符合的形状,达到整体的统一性。同时小品采用的形态十分有亲和性,能使游客在游赏过程当中得到最好的体验(图 19.4 – 6)。

图 19.4 – 6　小品实景图

尾水人工湿地设计与实践

20　水之欢歌·光明新区案例

20.1　项目背景

20.1.1　光明新区概况

深圳市光明新区成立于 2007 年 8 月 19 日，是深圳市成立的四个新区之一，位于深圳市西北部，下辖公明、光明两个街道，辖区总面积为 156.1km²，人口 56.08 万人（截至 2016 年年底）。茅洲河是光明新区境内的重要河流，属珠江口水系，发源于深圳市境内的羊台山北麓，自东南向西北流经石岩、公明、光明、松岗、沙井，在沙井民主村汇入珠江口伶仃洋，流域总面积为 388.23km²（包括石岩水库以上流域面积）。光明新区茅洲河流域内，共有 9 条支流（分别为玉田河、鹅颈水、大凼水、东坑水、木墩水、楼村水、新陂头水、西田水、白沙坑支流），4 条排洪渠（分别为上下村排洪渠、公明中心排洪渠、公明排洪渠和合水口排洪渠），2 个污水处理厂（分别为公明污水处理厂和光明污水处理厂）。

20.1.2　必要性分析

茅洲河是深圳市境内最大的河流，污染十分严重。根据相关政策要求，2020 年年底前，茅洲河流域要完成黑臭水体治理，污水基本实现全收集、全处理，水质基本达到Ⅴ类水质标准，其中部分指标达到Ⅳ类水质标准。茅洲河上游干流径流量主要来自其流域范围内的 9 条支流、4 条排洪渠及 2 个污水处理厂，其中光明污水处理厂对茅洲河平均径流量贡献量达30%，光明污水处理厂未来一段时期内出水仍执行一级 A 标准，在此情况下，难以满足 2020 年流域水质考核目标要求。

人工湿地作为一种有效的污水处理工艺，在净化河水、雨水以及提升尾水水质方面起到了关键性的作用。在此情况下，在光明新区茅洲河流域建造人工湿地处理污水处理厂尾水以及净化河水对消除黑臭水体，实现水质达标具有重要作用。同时人工湿地可以结合环境景观建设，融入当地文化，为市民提供休憩空间和科普教育基地，同时促进周边旅游产业发展。

20.1.3　规划场地现状

规划的光明湿地群涉及 5 个人工湿地，分别为上下村湿地、观光路湿地、新陂头南湿地、鹅颈水湿地和大凼水河口湿地。

（a）上下村湿地

（b）观光路湿地

（c）新陂头南湿地

（d）鹅颈水湿地

（e）大冚水河口湿地

图 20.1-1　项目位置示意图

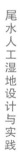

上下村湿地规划占地面积为 8.5hm²，位于茅洲河干流南侧（公明北环大道以南，公明西环大道以东），周围用地性质分别为生态湿地（规划中）、工业用地、交通设施用地，依托良好的茅洲河干河滨水景观及基地内丰富的自然景观资源，有便利的交通条件和区位条件。

观光路湿地规划占地面积为 13.0hm²，位于东坑水中段（龙大高速西侧，观光路南侧），周边用地性质有商业用地、文化设施用地和工业用地，多为工业用地，人流量小。

新陂头南湿地规划占地面积为 7.5hm²，位于新陂头水支流中段以南、常平公路以东，周围用地性质分别为居民用地、教育科研用地、社会停车场、生产防护绿地和工业用地等，人流量较少。

鹅颈水湿地规划占地面积为 14.0hm²，位于茅洲河干流东侧，华星光电西侧，多为农田苗圃。规划用地为园地，周边用地性质为工业用地和生态湿地（规划中），呈现南居北业，服务人群主要为周边产业办公人流和居民。

大凼水河口湿地规划占地面积为 7.0hm²，位于大凼水与茅洲河干流交汇处西南侧，周围用地性质分别为商住、医疗、社会停车场、体育用地等，人流量大，居民急需娱乐场地。

规划的光明湿地群位置示意图如图 20.1-1 所示。

20.2 污水处理设施概况

20.2.1 光明污水处理厂

光明污水处理厂位于茅洲河以东、龙大路以西、别墅大道以南、双明大道以北的区域内，服务范围为南到大外环、北至新陂头水、西到根玉路、东至光侨路，近期设计处理规模为 15 万 m³/d，远期处理规模为 25 万 m³/d，出水水质满足《城镇污水处理厂污染物排放标准》（GB 18918—2002）一级 A 排放标准。

该污水处理厂采用"强化脱氮改良 A²/O"处理工艺，工艺流程：进水→粗格栅→进水泵房→细格栅→曝气沉砂池→初沉池→强化脱氮改良 A²/O 生物反应池→二沉池→反冲洗滤池→紫外线消毒池→出水。

20.2.2 公明污水处理厂

公明污水处理厂位于茅洲河干流中上游，服务范围为石岩街道，近期处理规模为 10 万 m³/d，远期处理规模为 15 万 m³/d，出水水质满足《城镇污水处理厂污染物排放标准》（GB 18918—2002）一级 A 排放标准。

该污水处理厂采用 A²/O 处理工艺，工艺流程：进水→粗格栅→进水泵房→细格栅→曝气沉砂池→多模式运行 A²/O 反应池→二沉池→反冲洗滤池→加氯消毒池→出水。

20.2.3 上下村雨水调蓄池一级强化处理设施

为削减入河雨水径流污染，改善和保障茅洲河中上流干流水质，截流上游汇流的初期雨

尾水人工湿地设计与实践

水，设置上下村调蓄池。上下村调蓄池占地面积为5.1hm²，总有效调蓄容积为29万m³。收集后的雨水经一级强化处理后排出，出水水质满足《城镇污水处理厂污染物排放标准》一级B排放标准。处理工艺采用絮凝沉淀工艺，工艺流程：进水→絮凝池→平流沉淀池→出水。

20.3 整体思路

20.3.1 工程任务

（1）提升茅洲河水质，实现考核断面达标。湿地工程是茅洲河水环境综合整治工程的组成部分，是茅洲河水质提升的技术措施之一。湿地工程近期处理河水、远期处理尾水，有效保障省级、市级水质考核断面达标。

（2）发挥湿地生态、社会综合功能，为市民提供休闲空间。通过对现状用地、规划用地的梳理，建设人工湿地工程削减茅洲河污染物量，强化湿地景观、生态功能。在提高水体的自净能力、保证考核断面水质达标的同时，为市民提供休闲娱乐、科普教育场所。

（3）树立海绵城市典范。光明新区作为我国首个国家低冲击开发雨水综合利用示范区，本项目中观光路湿地和鹅颈水湿地为光明新区海绵城市的两个海绵城市建设示范项目，以点带面逐步形成规模效应。

20.3.2 设计理念

规划的5个人工湿地工程（上下村湿地、鹅颈水湿地、观光路湿地、大凼水河口湿地、新陂头南湿地），均位于光明新区茅洲河流域，分布于茅洲河两侧。现阶段人工湿地群处理河水、尾水和雨水，远期主要处理光明污水处理厂和公明污水处理厂尾水。5个人工湿地犹如绿珠玉岛散落于茅洲河畔，项目总体设计理念为"茅洲河畔谱新曲，光明新区续华章""大珠小珠落玉盘，绿珠玉岛"，以音符串联5个湿地，上下村湿地为"门户之雅"、观光路湿地为"科普之门"、新陂头南湿地为"生态之音"、鹅颈水湿地为"净化之符"、大凼水河口湿地为"湿地之曲"（图20.3-1）。

20.3.3 工程定位

湿地具有蓄水、调洪、补充地下水、调节气候、净化水体、控制土壤侵蚀、生物多样性、碳源与碳汇等生态功能。除生态功能外，湿地具有景观、休闲娱乐、科普教育等社会功能。根据场地现状、规划用地、周边用地、交通等基础条件，确定上下村湿地、新陂头南湿地、观光路湿地、大凼水河口湿地、鹅颈水湿地的不同功能定位（表20.3-1）。

尾水人工湿地设计与实践

图 20.3 – 1　湿地工程总体设计理念

表 20.3 – 1 湿地的功能定位一览表

湿地名称	功　能　定　位
上下村湿地	是集雨水、河水共处理、海绵城市、景观、智慧于一体的综合整治型人工湿地
观光路湿地	是水质净化型、智慧功能湿地
新陂头南湿地	是水质净化、生物多样性恢复、智慧功能湿地
鹅颈水湿地	是集净化型功能、智慧、景观于一体的综合整治型人工湿地
大凼水河口湿地	是集雨水、尾水共处理、海绵城市、景观、智慧于一体的综合整治型人工湿地

　　水质净化均为 5 个人工湿地的主要功能，上下村湿地的进水为上下村调蓄池一级强化处理设施出水，观光路湿地和新陂头南湿地处理承接光明污水处理厂尾水的河水，鹅颈水湿地和大凼水河口湿地的处理，承接公明污水处理厂尾水的河水。

　　根据现场情况和工程计划，规划的光明湿地群中的上下村湿地、新陂头南湿地和鹅颈水湿地落地实施，下文将对上述 3 个湿地进行详细阐述。

20.4　上下村湿地

20.4.1　设计进水水量

　　雨季上下村湿地主要用于处理上下村调蓄池一级强化处理出水，调蓄池出水规模为 20 万 m³/d，考虑到占地面积等因素，上下村湿地仅处理部分出水，根据水力负荷确定雨季上下村湿地的处理规模为 2.0 万 m^3/d。旱季上下村调蓄池基本没有出水，需从河道抽水进入湿地，以满足湿地的生态需水，根据旱季水质确定旱季上下村湿地的处理规模为 0.4 万 m^3/d。

20.4.2　设计进出水水质

上下村湿地进水为上下村调蓄池一级强化处理出水，设计进水水质执行一级 B 标准，出水水质执行《地表水环境质量标准》（GB 3838—2002）中Ⅳ类水（TN 除外）。若进水水质劣于一级 B 标准，仅对出水水质设定去除率目标：对 COD、BOD_5、$NH_3 - N$、TP 的设计去除率均为大于等于 50%。进出水水质限值见表 20.4 - 1。

表 20.4 - 1　　　　　　　　　　　上下村湿地进出水水质限值

水　　质	COD	BOD_5	$NH_3 - N$	TP	SS
进水水质/(mg/L)	60	20	8	1	20
出水水质/(mg/L)	≤30	≤6	≤1.5	≤0.3	—

20.4.3　工艺流程

上下村湿地功能定位以净化改善水质为主。采用预处理工艺去除 SS，缓解后续湿地单元堵塞的风险，考虑到场地面积有限，预处理工艺采用"生态氧化池＋高效沉淀池"。污水由预处理区经布水系统均匀进入潜流湿地，净化后再经集水系统汇集进入表流湿地，进一步通过湿地植物降解氮磷。上下村湿地的处理工艺流程主要为"生态氧化池＋高效沉淀池＋垂直流潜流湿地＋表流湿地"，工艺流程如图 20.4 - 1 所示。

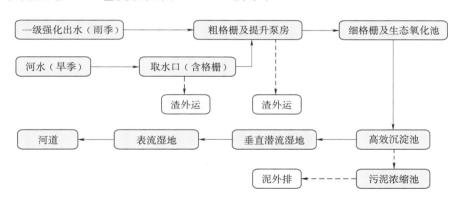

图 20.4 - 1　上下村湿地工艺流程图

20.4.4　平面设计

根据现场实际情况，上下村湿地用地规模从规划阶段的 8.5hm^2 调整至 7.62hm^2，分为预处理区、垂直潜流湿地区及表流湿地区三个区块。

预处理区布置在场地西北角，根据各区块功能情况分东西两部分，其中取水泵房、生态氧化池位于预处理区西部，沿河呈"一"字布设，高效沉淀池、污泥浓缩池和配套设施位于预处理区东部，靠近上下村调蓄池布置。

垂直潜流湿地布置在场地北侧，紧绕上下村调蓄池周边布置，便于预处理区出水处理；表流湿地主要位于场地南侧，靠近居民区，便于居民休憩，潜流湿地与表流湿地通过涵管相连，湿地出水最终进入场地西侧的公明排洪渠内。

上下村湿地工艺平面布置图如图 20.4-2 所示。

20.4.5　工艺设计

20.4.5.1　生态氧化池

生态氧化池平面尺寸为 37.2m×19.2m，设置两组，池内设置填料、曝气和排泥设施，水力停留时间为 2.11h，设计有效水深为 4.0m，其中填料层高度为 3.0m，填料上水深为 1.0m。

20.4.5.2　高效沉淀池

高效沉淀池平面尺寸为 14.55m×17.35m，分为混合反应区和沉淀区，其中混合反应区水力停留时间为 4.6min，沉淀区为斜管沉淀，面积为 78.5m²，中心设刮泥机，底部设置排泥设施。

20.4.5.3　垂直潜流湿地

垂直潜流湿地占地面积为 4.11hm²，共分为 30 个面积小于 1500m² 的湿地单元，水力停留时间为

图 20.4-2　上下村湿地工艺平面布置图

1.2d，水力负荷为 0.49m³/(m²·d)。设计填料总厚度为 1.3m，自上而下包括覆盖层、滤料层、过滤层和排水层。

单个垂直流地块配水系统分别采用 De160 配水环管-De50 配水支管配水系统，配水支管设置三通立管，立管采用人工穿孔。湿地采用间歇进水的方式进行布水，配水环管形成"目"字形配水系统。

垂直潜流湿地集水管采用"丰"字形配水系统，集水管采用 De315 HDPE 双壁波纹管。

20.4.5.4　表流湿地

表流湿地分为两部分，第一部分面积约为 0.32hm²，布置在潜流湿地中间，平均水深 50cm，模拟自然河流，底坡 0.3%，起到垂直潜流湿地的汇水、导流功能；第二部分面积约为 0.90hm²，主要功能是结合景观廊道、地面绿化、景观小品等相结合打造景观，平均水深 100cm，底坡 0.1%。

20.4.6　景观设计

20.4.6.1　总体设计

上下村湿地分为南北两部分，北部靠近规划上下村调蓄池，设计以潜流湿地为主，是湿

地净化水质工艺的重点区域。区块内因考虑调蓄池的气味环境等因素，不设过多停留设施，局部设亲水平台。设计南部为表流湿地，是市民休闲游览的重要区域。区域内围绕"湿地写艺"的景观定位，设置云影画静、翠影寻鱼、景观跌水、摄影基地、摄影栈道、科普广场等景观空间，满足市民休闲娱乐、艺术写生的活动需求。上下村湿地总平面布置图如图20.4-3所示。

20.4.6.2 交通设计

上下村北侧为公明北环大道，西侧为公明西环大道，东南侧为南光高速，场地中部未来规划建设城市道路，南侧为现状小路。湿地南北侧主入口依托现状道路设置，中部预留3个公园出入口。规划道路建设前，主园路贯通湿地南北区块，规划道路建设后，中部园路可拆除，与规划道路衔接形成公园入口。湿地主园路宽度为3m，次园路（栈道）宽度为2m，园路南北贯通，在南侧成环状，并在南侧形成多个亲水台和广场。上下村湿地交通分析图如图20.4-4所示。

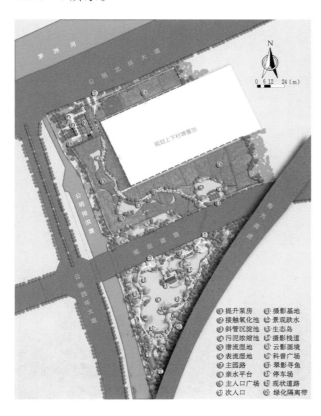

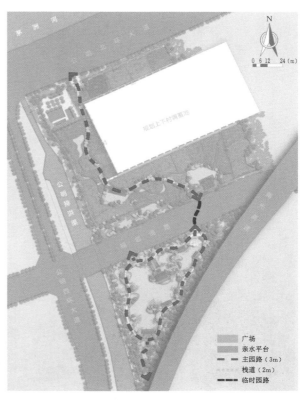

图 20.4-3　上下村湿地总平面布置图　　　图 20.4-4　上下村湿地交通分析图

20.4.6.3 高程设计

上下村湿地取水口设计通过提升泵提升水至高程11.50m，北侧潜流湿地高程为6.00～6.50m，北侧表流湿地高程为4.60～5.30m，南侧表流湿地水面高程为4.00m，北侧潜流湿地水流通过管道到达南侧表流湿地。

在南侧表流湿地的景观设施设计中，亲水平台为了更好地亲近常水位4.00m，亲水平台高程为5.39～5.50m。在景观造景中，结合场地现状标高以及尽量减少开挖，通过在绿地中堆土造景，营造丰富的竖向变化，主园路高程为5.60～6.30m。上下村湿地高程分析图如图20.4-5所示，上下村湿地效果图如图20.4-6所示。

图20.4-5 上下村湿地高程分析图

图20.4-6 上下村湿地效果图

20.5 新陂头南湿地

20.5.1 设计进水水量

新陂头南湿地用地与滞洪区重叠，大部分面积被滞洪库容占用，湿地以满足表流湿地（即滞洪区）旱季生态需水要求为主，确定新陂头南湿地的处理规模为 0.20 万 m^3/d。

20.5.2 设计进出水水质

新陂头南湿地进水为新陂头河河水，设计进水水质执行《地表水环境质量标准》（GB 3838—2002）中Ⅴ类水，出水水质执行地表水Ⅳ类水（除 TN 外）。当雨季运行工况时，新陂头南湿地停止运行，以充分发挥其滞洪功能。新陂头南湿地进出水水质限值见表 20.5-1。

表 20.5-1 新陂头南湿地进出水水质限值

水 质	COD	BOD_5	NH_3-N	TP	SS
进水水质/(mg/L)	40	10	2	0.4	200
出水水质/(mg/L)	≤30	≤6	≤1.5	≤0.3	—

20.5.3 工艺流程

新陂头南湿地处理对象为河道水，水质条件相对较好，预处理单元主要功能为调节均化、沉淀、曝气充氧、初步处理等，主要采用污水稳定塘系统。污水由预处理区经布水系统均匀进入潜流湿地，净化后再经集水系统汇集进入表流湿地，进一步通过湿地植物降解氮磷。新陂头南湿地的处理工艺流程主要为"初沉池＋氧化塘＋生态塘＋潜流湿地＋表流湿地"，净化工艺流程如图 20.5-1 所示。

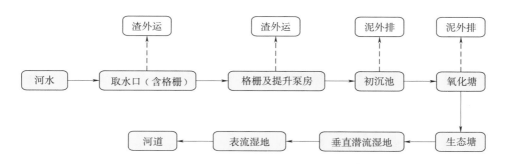

图 20.5-1 新陂头南湿地净化工艺流程图

尾水人工湿地设计与实践

20.5.4 平面设计

根据现场实际情况，新陂头南湿地用地规模从规划阶段的 7.5hm² 调整至 4.98hm²，分为预处理区、垂直潜流湿地区及表流湿地区三个区块。

预处理区布置在场地东北角，紧邻新陂头河上游侧，预处理区内依次布置取水设施、提升泵站、初沉池、氧化塘、生态塘等建筑物；垂直潜流湿地区位于预处理区和表流湿地（滞洪）区之间，靠近预处理区侧，便于水质处理；表流湿地区（含滞洪区）位于地块中部，四周有巡河道路围绕。

新陂头南湿地工艺平面布置图如图20.5-2所示。

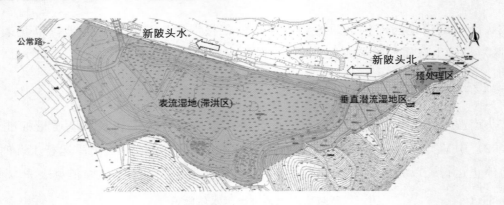

图20.5-2 新陂头南湿地工艺平面布置图

20.5.5 工艺设计

20.5.5.1 初沉池

初沉池的作用主要是通过自然沉降和微生物絮凝作用去除SS。初沉池有效容积为250m³，池高为2.5m，有效水深为2.0m，设计水力停留时间为3h。

20.5.5.2 氧化塘

氧化塘有效容积为840m³，有效水深为2.0m，由下向上布置填料层、稳水层和超高层，其中填料层高度为1.5m，稳水层高度为0.5m，超高0.50m，使用悬挂式弹性填料，填料的填充率为20%。采用造流曝气机4台，单台功率为0.75kW。

20.5.5.3 生态塘

生态塘有效容积为375m³，有效深度为2.0m，总高为2.5m，设计水力停留时间为4.5h。塘周边布置湿生植物，如扶芳藤、海芋、龟背竹、花菖蒲等；塘中布置沉水植物，如苦草、菹草等，并在塘中投放鱼类、虾类和底栖动物，形成食物链。

20.5.5.4 垂直潜流湿地

垂直潜流湿地位于滞洪区东侧区块，占地面积为0.43hm²，共分为6个面积基本相等的湿地单元，设计水力停留时间为1.26d，水力负荷为0.46m³/(m²·d)。设计填料总厚度为1.3m，自上而下包括覆盖层、滤料层、过滤层和排水层。

12个湿地单元分为2个区域面积大致相等的配水分区，各配水分区含6个湿地单元。单个垂直潜流湿地单元进水配水系统分别采用De160环管-De50支干管配水系统，管材采用PE管，同时配水支管设置三通立管，立管管道穿孔，孔径8mm，180°开孔，配水形成目字形配水系统。

垂直潜流湿地集水管采用"丰"字形配水系统，集水主管采用De225 HDPE双壁波纹管，集水支管采用De110 HDPE双壁波纹管。

20.5.5.5　表流湿地

表流湿地位于湿地西侧，兼做湿地公园景观水面和滞洪区，种植湿地植物，正常运行时水深约0.55m，底坡0.1%，占地面积约2.64hm²，出水汇入新陂头河。

20.5.6　景观设计

20.5.6.1　总体设计

新陂头南湿地位于滞洪区内，场地现状基底良好，傍山伴河，在场地天然山体湖景中融入景观栈道、林荫台、文化科普设施等，为周边提供休闲活动、健康养生的场地。并结合滞洪区的特殊功能，在水中设置水位观测柱，记录不同时期的水位情况，形成科普教育空间。沿湖设置的栈道平台均可淹没，通过不同的高程设置，满足不同时期水位的变化和观赏，形成水中瑜伽台、冥思台、滨水太极台、林荫棋台等养生活动空间。

结合生态处理工艺，新陂头南湿地分为潜流湿地区和表流湿地区。表流湿地区为主要的景观造景、观赏、游览、游憩和科普教育区域，设置广场、亲水平台、栈道等，为市民主要的活动区域。潜流湿地区结合滞洪区和取水口设置在地块东侧，不设置过多停留空间，以湿地净化水质工艺为主。新陂头南湿地总平面布置图如图20.5-3所示。

图20.5-3　新陂头南湿地总平面布置图

20.5.6.2　交通设计

新陂头南湿地西侧为公常路，北面为新陂头河规划设计堤顶路。南面及东侧为山体，西南侧有现状道路。因北侧规划为堤防堤顶路，现未建。新陂头南湿地依托现有道路，设置湿地公园出入口，并在道路尽端设置停车场，方便市民出行。

湿地主园路为原有堤防道路，宽度为4m，在场地内已形成环形贯通。为增加湿地公园的亲水性和游览性，在可达性较强和观景较好处，设置次园路（栈道），宽度2m，形成丰富的交通游览体系。新陂头南湿地交通分析图如图20.5-4所示。

图20.5-4　新陂头南湿地交通分析图

20.5.6.3　高程设计

新陂头南湿地取水自东侧新陂头河道，设计取水口通过提升井，水位提升后为15.10m，设计潜流湿地水面12.50m，表流湿地水面9.95m，出水口9.16m。

在表流湿地的景观设施设计中，亲水平台为了更好地亲近常水位9.95m，亲水平台高程为10.40m。在景观造景中，主园路利用现状高程为13.00～14.20m。新陂头南湿地高程分析图如图20.5-5所示，新陂头南湿地鸟瞰图及在建期间航拍图如图20.5-6、图20.5-7所示。

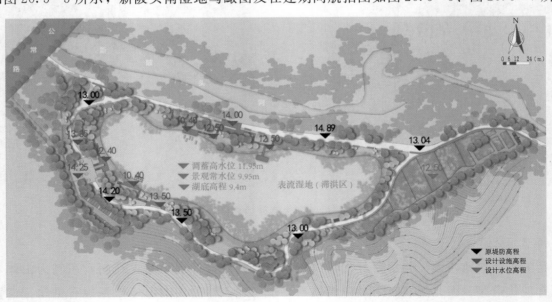

图20.5-5　新陂头南湿地高程分析图（单位：m）

尾水人工湿地设计与实践

图 20.5－6　新陂头南湿地鸟瞰图

图 20.5－7　新陂头南湿地在建期间航拍图

20.6 鹅颈水湿地

20.6.1 设计进水水量

鹅颈水湿地功能定位从水质净化型调整为生态修复、生态景观型，主要用于处理鹅颈水河水，为满足湿地生态需水及换水的要求，保障湿地系统水质，确定鹅颈水湿地的处理规模为 0.5 万 m^3/d

20.6.2 设计进出水水质

鹅颈水湿地进水为鹅颈水河水，设计进水水质执行《地表水环境质量标准》（GB 3838—2002）中 V 类水，出水水质执行地表水 IV 类水（除 TN 外）。当雨季运行工况时，仅对出水水质设定去除率目标：对 COD、BOD_5、氨氮、总磷的设计去除率均为不小于 50%。进出水水质限值见表 20.6 - 1。

表 20.6 - 1   鹅颈水湿地进出水水质限值

水 质	COD	BOD_5	$NH_3 - N$	TP	SS
进水水质/(mg/L)	40	10	2	0.4	200
出水水质/(mg/L)	≤30	≤6	≤1.5	≤0.3	—
雨季工况下污染物去除率/%	≥50	≥50	≥50	≥50	—

20.6.3 工艺流程

鹅颈水湿地处理对象为河道水，水质条件相对较好，预处理单元主要功能为调节均化、沉淀、曝气充氧、初步处理等，主要采用稳定塘系统。污水由预处理区经布水系统均匀进入潜流湿地，净化后再经集水系统汇集进入表流湿地，进一步通过湿地植物降解氮磷。鹅颈水湿地的处理工艺流程主要为"初沉池＋氧化塘＋生态塘＋潜流湿地＋表流湿地"，与新陂头南湿地的工艺一致。

20.6.4 平面设计

根据现场实际情况，鹅颈水湿地用地规模从规划阶段的 14.0hm² 调整至 7.45hm²，分为预处理区、垂直潜流湿地区及表流湿地区三个区块。

预处理区内布置取水设施、提升泵站、初沉池、氧化塘、生态塘等建筑物，主要位于地块的南部（靠近鹅颈水上游侧），垂直潜流湿地区紧邻预处理区布置，表流湿地区位于场地北侧，湿地出水最终进入场地东侧的鹅颈水内。

鹅颈水湿地工艺平面布置图如图 20.6 - 1 所示。

尾水人工湿地设计与实践

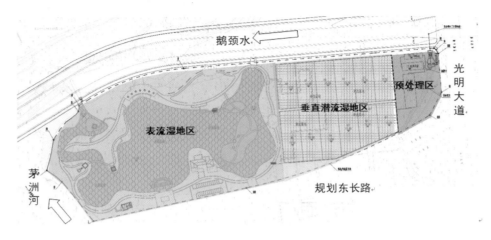

图 20.6-1　鹅颈水湿地工艺平面布置图

20.6.5　工艺设计

20.6.5.1　初沉池

初沉池的作用主要是通过自然沉降和微生物絮凝作用去除 SS。初沉池平面尺寸 24.0m× 7.0m，有效容积为 420m³，池高为 3.0m，有效水深为 2.5m，设计水力停留时间为 2h。

20.6.5.2　氧化塘

氧化塘平面尺寸为 28.0m×10.0m，有效容积为 840m³，有效水深为 3.0m，由下向上布置填料层、稳水层和超高层，其中填料层高度为 2.5m，稳水层高度为 0.5m，超高 0.50m，使用悬挂式弹性填料，填料的填充率为 20%。采用造流曝气机 3 台，单台功率为 0.75kW。

20.6.5.3　生态塘

生态塘平面尺寸为 45.0m×15.0m，有效容积为 1667m³，有效深度为 2.5m，总高为 3.0m，设计水力停留时间为 8h。塘周边布置湿生植物，如扶芳藤、海芋、龟背竹、花菖蒲等；塘中布置沉水植物，如苦草、菹草等，并在塘中投放鱼类、虾类和底栖动物，形成食物链。

20.6.5.4　垂直潜流湿地

垂直潜流湿地占地面积为 1.80hm²，共分为 12 个面积基本相等的湿地单元，设计水力停留时间为 2.1d，水力负荷为 0.28m³/(m²·d)。设计填料总厚度为 1.3m，自上而下包括覆盖层、滤料层、过滤层和排水层。

12 个湿地单元分为 2 个区域面积大致相等的配水分区，各配水分区含 6 个湿地单元。单个垂直流湿地单元进水配水系统分别采用 De160 环管—De75 支干管配水系统，管材采用 PE 管，配水支管设置三通立管，立管管道穿孔，孔径 8mm，180°开孔，配水形成"目"字形配水系统。

垂直潜流湿地集水管采用"丰"字形集水系统，集水主管采用 De225（HDPE 双壁波纹管），集水支管采用 De160（HDPE 双壁波纹管）。

20.6.5.5　表流湿地

表流湿地位于湿地北侧，兼做湿地公园景观水面，种植湿地植物，正常运行时水深为 0.50～0.80m，底坡 0.1%，占地面积约 2.06hm²，出水汇入鹅颈水。

尾水人工湿地设计与实践

20.6.6 景观设计

20.6.6.1 总体设计

鹅颈水湿地通过用地基底的分析，融合周边华星光电等大型电子工业的产业文化，响应"光明绿环"高端的城市规划，使鹅颈水湿地成为城市滨水休闲、科普、活力空间。景观设计中提取华星光电液晶面板的产业特色，以像素、光斑为元素，应用在廊架、栏杆等景观设施设计中，利用新技术形成水幕喷泉、光影科普墙、互动投影等具有科普教育功能的节点空间。

鹅颈水湿地分为潜流湿地区和表流湿地区。表流湿地区为主要的造景、观赏、游憩和科普教育区域，也是全园最为重要的水景区块，设置架空广场、亲水平台、特色廊架、喷泉等，还设置了下沉式的桥梁，让游客以不同的视角体验湿地水环境。考虑到处理工艺及气味环境等因素，潜流湿地区主要布置栈道用于连接周边区块及潜水湿地植物收割运输，适当距离设置休憩设施，便于游客暂时性的停留休息。鹅颈水湿地总平面布置图如图 20.6-2 所示。

图 20.6-2 鹅颈水湿地总平面布置图

20.6.6.2 交通设计

湿地西侧规划东长路、南侧为光明大道、东侧为鹅颈水堤顶道路，依托规划道路及现状道路，场地东西两侧设置出入口，西侧 2 个广场出入口接规划东长路，东侧设 3 个出入口接堤顶道路，场地南侧为湿地预处理区，不设出入口。

湿地主栈道宽度为 3m，串联 5 个出入口，环形贯通，次栈道宽度为 2m。主次栈道均架于潜流湿地之上，形成科普游览栈道。鹅颈水湿地交通分析图如图 20.6-3 所示。

20.6.6.3 高程设计

鹅颈水湿地取水自东侧鹅颈水河道，设计取水口通过提升井，水位提升后为 18.15m，设计潜流湿地水面常水位为 15.50m，表流湿地水面常水位为 14.20m，出水口 13.50m。

尾水人工湿地设计与实践

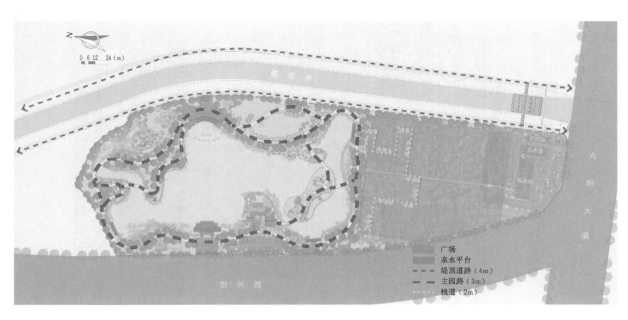

图 20.6-3　鹅颈水湿地交通分析图

在表流湿地湖体景观造景中，原地形高程（平均约 14.50m）的基础上开挖 1～2m，近水岸水深控制在 0.5～1m 深，仅在湖底中心部位挖深，水深达到 2m 左右，同时通过在湖中小岛堆土造景，消化场地内开挖土方，营造丰富的竖向变化。

在表流湿地的景观设施设计中，亲水平台为了更好的亲近湖体常水位，亲水平台高程为常水位高程基础上抬高 0.3～0.5m。栈道高程为潜流湿地高程基础上根据景观需求抬高，高程为 15.75～16.30m。鹅颈水湿地高程分析图如图 20.6-4 所示，鹅颈水湿地鸟瞰图、在建期间航拍图和建成实景分别如图 20.6-5、图 20.6-6 和图 20.6-7 所示。

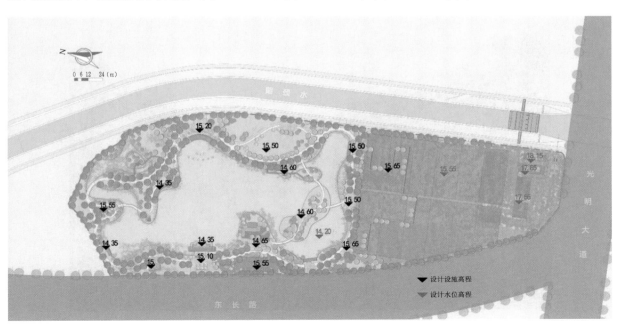

图 20.6-4　鹅颈水湿地高程分析图（单位：m）

图 20.6-5 鹅颈水湿地鸟瞰图

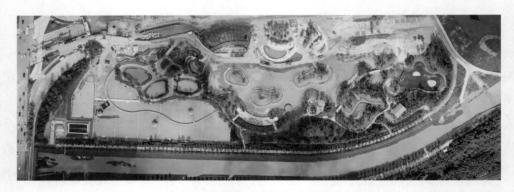

图 20.6-6 鹅颈水湿地在建期间航拍图

图 20.6-7 鹅颈水湿地建成实景

21 总结

21.1 实践经验

1. 应统筹考虑提标在水环境质量改善中的作用

人工湿地是污水处理厂尾水提标可行的工艺之一，但是，是不是一定要进行尾水的提标，答案是不一定。实际上，我国的污水处理厂污染物排放标准已经严于一些发达国家，因此，一味的提高尾水的排放标准，并不一定是最经济的、最紧迫的措施，如果将同样的投资用于新建污水收集管网、改善管网质量、提高污水处理厂的处理效能等，反而能起到事半功倍的效果。这都要求我们在上马提标改造项目之前，系统思考流域的水环境问题。

2. 人工湿地技术在尾水深度处理中有独特优势

人工湿地作为污水深度净化处理的一个重要技术手段，具有能耗低、去污效果好的优点，相较其他工艺兼具良好的景观和生态效应。尤其在污染治理设施"邻避效应"日益增强的同时，人工湿地是一种极好的绿色基础设施，可以相对较好地解决传统市政设施在功能性与景观环境协调性方面的矛盾。

3. 我国人工湿地技术正处于快速发展的历史阶段

人工湿地在我国的应用日益广泛，而尾水处理则是重要的应用领域。我国的尾水型人工湿地有不同的技术流派，呈现百花齐放的局面。在用地紧张或气候寒冷的地区，宜采用强化型塘—表工艺、强化预处理型工艺、以潜流湿地床为主的工艺，但要注意其投资偏高的缺点。在用地比较宽裕、景观要求高的地区，宜采用以塘、表单元为主的工艺，以尽可能呈现湿地的景观生态效果。

4. 充分认识人工湿地技术在实际应用中的限制因素

人工湿地技术的应用受场地条件、设计进出水水质条件、气候条件、投资及运行成本、是否具有专业的团队（包括设计、施工、运维等团队）、基质选择、前序污水处理厂处理工艺等因素限制，在具体实施前应因地制宜予以充分考虑。

5. 应将潜流湿地单元作为流程中的核心处理单元

分析不同类型的人工湿地工艺，强化预处理型工艺由于主要依靠预处理单元去除污染物，湿地单元的去污作用不明显，因此更多的像是污水处理厂处理工艺的延伸，而作为自然处理系统的意义较为有限；而"塘—表"工艺占地面积较大，湿地造景的功能更为突出；因此，相对来说，以潜流湿地作为流程中的核心处理单元的"塘—床"工艺或"塘—床—表"工艺应是尾水型人工湿地的主流工艺和发展方向。

21.2　应用建议

1. 重新修订及新编人工湿地的相关标准及规范

目前，可供设计人员参考的人工湿地相关标准规范主要有原环境保护部发布的《人工湿地污水处理工程技术规范》（HJ 2005—2010）、住房和城乡建设部标准定额研究所编著的《人工湿地污水处理技术导则》（RISN - TG 006—2009），此外，江苏、上海、天津等地陆续颁布了地方标准，但综合来看，这些标准规范大同小异，体现区域特点尚不明显，指导性比较有限。同时，目前相关标准体系尚不完善，仅出台了设计技术规范，缺少针对人工湿地施工、验收、运营等其他环节的标准规范。随着我国人工湿地建设日益增多，可在大量工程实践的基础上，根据我国各区域特点，重新修订及新编人工湿地的相关标准和规范。

2. 人工湿地宜主要用于微污染水的处理

虽然人工湿地是模拟自然湿地生态系统建设的具有强化处理污染物功能的人工生态系统，但其本质仍属于一种污水处理生态系统，无论将其如何人工化，其自然生态系统的属性仍然存在，其具体表现在它的处理效果受自然环境如光照、气温等的影响很大，处理效能相较普通的生物膜法工艺差很多，因此，建议将人工湿地用于净化自来水厂原水、污水处理厂尾水、入湖支流河道等微污染水的处理。同时，若一味强调人工湿地的净水功能，而大量采用人工强化措施（如钢筋混凝土结构的反应池、人工曝气设备等），则失去了人工湿地作为生态处理工艺的初衷。

3. 最大化发挥人工湿地的综合效益

生态文明已经成为国家发展战略，绿水青山就是金山银山的理念深入人心，可持续发展已经成为必由之路，如何将人工湿地设计为仿自然型，发挥人工湿地的生态环境功能与景观效果，是尾水型人工湿地设计和实践过程中需要重点考虑的问题。目前，囿于行业和专业的分工，人工湿地工程多立项为市政排水工程，往往由环境工程或给水排水工程等工艺专业的设计人员担任项目负责人和总工，在工艺专业牵头的基础上，配套风景园林专业，这样的项目操作模式，将风景园林专业置于从属地位，很难设计出工艺功能与景观功能充分融合的湿地工程，建议形成由景观专业牵头、工艺专业提边界条件的工作模式，将更有利于打造功能复合型的人工湿地工程。

4. 加强人工湿地建成后的效果评估

由于我国幅员辽阔，环境复杂多样，而人工湿地工程处于自然开敞的环境，其处理效能受各类边界条件的影响因素多，因此，迫切需要对已建湿地工程的处理效果进行后评估，同时，应建立耦合各种自然工况条件的定量化评估模型，在统一的基准上进行数据的横向对比和分析，以进一步总结经验教训，指导后续同类工程的设计和实践。

5. 从全寿命周期的角度考虑湿地的建设和运营

随着新型投融资模式如PPP、EPC等在水环境治理项目中的应用，如何统筹考虑人工湿地的设计、施工、运营，将其全生命周期的综合效益最大化，是值得认真总结和思考的问题。同时，建议采用第三方运营等形式，采用专业化人工湿地运营团队进行工程运营，确保人工湿地的长期稳定达标运行，充分发挥其生态景观效果，实现湿地综合效益最大化。

6. 弱化工程思维，强化生态效应

目前，部分省份如江苏省已经在推广一厂一湿地，对此，应适当弱化人工湿地项目的工程思维，不必过于强调其进出水指标的设定、规模的论证、防渗标准、防洪标准的设定等。可以充分利用疏林草地、废弃荒地、绿化带、高架桥下绿地等，因地制宜地设置尾水人工湿地。应将人工湿地视为尾水排入自然水体过程之前的一个调控环节，视为水的"自然—社会"两元循环的链接点、水体营养比例失调后和水体生态系统恢复前的缓冲调适站。

21.3 不足与展望

1. 本书存在的不足

首先，本书由工程设计人员编写，主要针对人工湿地工程的设计与实践，在污染物去除机理、水流动力学等理论研究方面有待加强；本书对人工湿地的配水系统设计、自动控制系统设计、植物的处理、冬季的运行等问题阐述尚有待展开，需要在下一阶段继续补充完善。同时，也呼吁我国广大的科研人员，在进行理论研究时，进一步总结出易于实际工程应用的设计参数，将人工湿地的科研成果转换为实际的生产力。

其次，我国地域广阔，人工湿地工艺类型多种多样，本书采用的案例样本数量有限，有如以管窥豹，尚需进一步开阔视野，加强学习和交流；同时，现有工程案例以梳理总结为主，缺乏系统的跟踪监测和效果评估，且部分案例的设计有进一步优化的空间，如在工艺流程设计时没有与污水处理厂的工艺流程统筹考虑，在景观设计时未严格遵照湿地公园的相关规范标准等。

2. 应进一步实现核心技术的突破

我国对水环境质量改善的要求日益提高，使得水环境治理工作的边界条件和考核标准不断变化。人工湿地技术必须不断跟上新形势发展的要求，如现行污水处理厂污染物排放标准有待重新修订（目前正在修订并向社会广泛征求意见），对一些指标如 TN 等的考核要求会更严格，而我国的污水处理厂进水往往具有低碳高氮的特征，经二级生化处理后，C/N 进一步降低，人工湿地技术如何在工程应用层面利用植物有机碳，高效低耗地实现反硝化脱氮仍是迫切需要解决的问题；利用农林废弃物等生物质转换为生物炭，降低功能性填料的掺加比例和填料部分的工程投资，也是值得研究的课题。

3. 应进一步实现与各类水处理新老技术的耦合应用

随着水环境治理标准的日益严格，仅靠人工湿地一种技术单打独斗肯定是不行的，需要与不同的技术组合或与不同的工艺流程进行耦合应用，才能取长补短，发挥综合功效。一些传统的技术手段（如曝气等）及一些传统的水处理工艺（如 SBR 工艺、A²/O 工艺、接触氧化工艺等）已经与人工湿地技术进行了耦合应用，但一些新技术如低成本的膜技术、光催化技术、新型浮岛、新型环保填料等仍有待于进一步耦合应用，特别是针对特定的环节和目标等方面，如特征污染因子的去除、湿地的防堵塞、增加微生物的生物附着性能、延长HRT 等。

4. 应进一步加快人工湿地建设的速度

随着人工湿地在我国的迅速推广和应用，很多建设单位、总承包单位、设计单位、施工单位和运管单位等都缺乏相应的经验，因此可借鉴装配式建筑的概念，将人工湿地进行模块化生产和安装，推动和促进产业的形成和发展。下一步应针对湿地模块的结构、组装模式、集配水方式以及目标水质和湿地模块数量的响应关系等方面进行研究。

5. 应进一步增加人工湿地技术适用的范围

我国地域辽阔，各种类型的水质污染问题成因复杂。目前，人工湿地工艺更多应用于生活污水和微污染水体的处理等，而在国外，人工湿地广泛应用于工业污水、养殖废水、石油废水等的处理，因此，应进一步增加人工湿地在我国的研究和应用，拓宽其适用的范围。同时，随着公众对水体中新型污染物的关注，如何利用人工湿地去除这些物质也是有待研究的领域。

6. 应进一步延长人工湿地运营的周期

人工湿地三分建设，七分管理。尤其是潜流湿地，如果不精心管理，若干年后就会面临堵塞问题，需要进行改造。目前，较为可行的方式是建立人工湿地的智慧管控系统，实现单元之间的自动配水、自动切换，形成周期性交替运行，最终打造"智慧化＋"的湿地工程。

参 考 文 献

［1］ 魏俊，赵梦飞，刘伟荣，等．我国尾水型人工湿地发展现状［J］．中国给水排水，2019，35（2）：29－33.

［2］ 魏俊，斯筱洁，赵梦飞，等．水处理型人工湿地的景观设计原则探讨［J］．中国给水排水，2019，35（2）：34－38.

［3］ 孔令为，邵卫伟，梅荣武，等．浙江省城镇污水处理厂尾水人工湿地深度提标研究［J］．中国给水排水，2019，35（2）：39－43.

［4］ 魏俊，赵梦飞，王济来，等．宋公河人工湿地设计方案优化探讨［J］．中国给水排水，2019，35（4）：16－19.

［5］ 魏俊，赵梦飞，韩万玉，等．东阳市江滨景观带湿地公园人工湿地填料的设计与施工［J］．中国给水排水，2019，35（4）：12－15.

［6］ 韩万玉，魏俊，赵梦飞，等．东阳市江滨景观带湿地公园设计案例分析［J］．中国给水排水，2019，35（4）：20－23.

［7］ 程开宇，魏俊．杭州市市区河道原位修复技术应用研究［J］．中国给水排水，2016（22）：53－56.

［8］ 邹锦，符宗荣，颜文涛．人工湿地生态景观设计［J］．装饰，2005（3）：17－18.

［9］ 邹锦．人工湿地生态景观设计［D］．重庆大学，2005.

［10］ 周海兰．人工湿地在重金属废水处理中的应用［J］．环境科学与管理，2007，23（9）：89－91.

［11］ 种云霄，胡洪营，钱易．大型水生植物在水污染治理中的应用研究进展［J］．环境工程学报，2003，4（2）：36－40.

［12］ 钟秋爽，王世和，孙晓文，等．曝气气水比对人工湿地处理效果的影响［J］．环境工程，2008，26（6）：42－44.

［13］ 赵亚乾，王文科，赵晓红，等．河流水源保护景观化人工湿地设计例析［J］．中国给水排水，2015（11）：142－146.

［14］ 赵文喜，陶磊，刘红磊．人工湿地堵塞机理及防堵措施浅析及研究［J］．环境科学与管理，2013，38（8）：8－16.

［15］ 赵琦，何小娟，唐翀鹏，等．药物和个人护理用品（PPCPs）处理方法研究进展［J］．净水技术，2010，29（4）：5－10.

［16］ 赵慧敏，赵剑强．潜流人工湿地基质堵塞的研究进展［J］．安全与环境学报，2015，15（1）.

［17］ 张友元，陈振声，Zhangyou Yuan，等．水生植物对污染水体中氮磷含量净化效果的研究进展［J］．安徽农业科学，2014（24）：8317－8318.

［18］ 张姝，尚佰晓，周莹．莲花湖人工湿地对污水的净化效果研究［J］．中国给水排水，2011，27（9）：25－28.

［19］ 张曼胤，崔丽娟，李伟，等．湿地公园建设中的景观设计研究［J］．中国农学通报，2011，27（11）：292－296.

［20］ 张帆，陈晓东，常文越，等．潜流湿地系统防堵塞设计及运行措施探讨［J］．环境保护科学，2009，35（1）：24－26.

［21］ 叶建锋，徐祖信，李怀正．垂直潜流人工湿地堵塞机制：堵塞成因及堵塞物积累规律［J］．环境

科学，2008，29（6）：1508－1512.

[22]　叶超，叶建锋，冯骞，等．人工湿地堵塞问题的机理探讨［J］．净水技术，2012，31（4）：43－48.

[23]　尧平凡，陈静静．人工湿地基质堵塞预防措施及恢复对策研究进展［J］．净水技术，2007，26（5）：45－48.

[24]　杨长明，马锐，山城幸，等．组合人工湿地对城镇污水处理厂尾水中有机物的去除特征研究［J］．环境科学学报，2010，30（9）：1804－1810.

[25]　杨玉梅．重庆鸡冠石污水处理厂的设计特点及运行管理改进［J］．中国给水排水，2008，24（16）：35－39.

[26]　杨立君．垂直流人工湿地用于城市污水处理厂尾水深度处理［J］．中国给水排水，2009，25（18）：41－43.

[27]　许吟波．人工湿地用于重金属污染废水处理的研究［D］．天津大学，2013.

[28]　徐丽．潜流型人工湿地系统污水处理效果及其基质堵塞问题解决方法的研究［D］．湖南农业大学，2014.

[29]　徐竟成，曹博，何文源，等．曝气生物滤池净化城市景观水体工艺研究［J］．水处理技术，2014（5）：83－86.

[30]　徐德福，李映雪．用于污水处理的人工湿地的基质、植物及其配置［J］．湿地科学，2007，5（1）：32－38.

[31]　熊家晴，李东辉，郑于聪，等．潮汐流人工湿地对高污染河水的处理功效［J］．环境工程学报，2014，8（12）：5179－5184.

[32]　项学敏，杨洪涛，周集体，等．人工湿地对城市生活污水的深度净化效果研究：冬季和夏季对比［J］．环境科学，2009，30（3）：713－719.

[33]　吴树彪，董仁杰．人工湿地污水处理应用与研究进展［J］．水处理技术，2008，34（8）：5－9.

[34]　吴后建，但新球，舒勇，等．中国国家湿地公园：现状、挑战和对策［J］．湿地科学，2015，13（3）：306－314.

[35]　吴后建，但新球，舒勇，等．湿地公园几个关系的探讨［J］．湿地科学与管理，2011，7（2）：70－72.

[36]　卫平．城市湿地景观设计研究［D］．合肥工业大学，2009.

[37]　王振，张彬彬，向衡，等．垂直潜流人工湿地堵塞及其运行效果影响研究［J］．中国环境科学，2015，35（8）：2494－2502.

[38]　王文明，危建新，戴铁华，等．人工湿地运行管理关键技术探讨［J］．环境保护科学，2014，40（3）：24－28.

[39]　王凌，罗述金．城市湿地景观的生态设计［J］．中国园林，2004，20（1）：39－41.

[40]　唐运平，王玉洁，段云霞，等．人工湿地去除芳香族化合物的研究进展［J］．天津工业大学学报，2015（2）：64－68.

[41]　潘珉，李滨，冯慕华，等．潜流式人工湿地基质堵塞问题对策研究［J］．环境工程学报，2011，5（5）：1015－1020.

[42]　马剑敏，张永静，马顷，等．曝气对两种人工湿地污水净化效果的影响［J］．环境工程学报，2011，5（2）：315－321.

[43]　马超．人工湿地填料基质筛选［D］．天津大学，2012.

[44]　柳明慧，吴树彪，鞠鑫鑫，等．潮汐流人工湿地污水强化处理研究进展［J］．水处理技术，2014（5）：10－15.

[45]　柳明慧，宋玉丽，吕涛，等．不同组合类型人工湿地污水处理效果比较［J］．环境工程，2014，32（2）：25－29.

[46]　刘亦凡，陈涛，李军．中国城镇污水处理厂提标改造工艺及运行案例［J］．中国给水排水，2016

尾水人工湿地设计与实践

(16): 36 - 41.

[47] 刘俊良，王琴，李君敬. 水处理填料与滤料 [M]. 北京：化学工业出版社，2015.

[48] 梁溯安. 东阳江（流域）水污染物总量控制研究 [D]. 浙江大学，2012.

[49] 梁康，王启烁，王飞华，等. 人工湿地处理生活污水的研究进展 [J]. 农业环境科学学报，2014，33（3）：422 - 428.

[50] 李慧，张彦，李艳英，等. 太湖流域工业园区企业废水处理的问题及对策 [J]. 给水排水，2017，43（11）：58 - 61.

[51] 李捍东，朱健，王平，等. 曝气/微生物/人工湿地组合工艺处理黑臭河水 [J]. 中国给水排水，2009，25（11）：22 - 24.

[52] 李安峰，徐文江，潘涛，等. 人工湿地修复富营养化景观水体的防堵塞研究 [J]. 中国给水排水，2013，29（19）.

[53] 雷明，李凌云. 人工湿地土壤堵塞现象及机理探讨 [J]. 工业水处理，2004，24（10）：9 - 12.

[54] 郎惠卿. 中国湿地植被 [M]. 北京：科学出版社，1999.

[55] 寇丹丹，邹书成. 人工湿地处理重金属废水技术的研究现状 [J]. 环境，2011（s1）：44 - 47.

[56] 康军利. 人工湿地对二级出水中 $NH_3 - N$、TP 去除效果 [J]. 安全与环境学报，2007，7（5）：35 - 38.

[57] 冀泽华，冯冲凌，吴晓芙，等. 人工湿地污水处理系统填料及其净化机理研究进展 [J]. 生态学杂志，2016，35（8）：2234 - 2243.

[58] 温东辉. 天然沸石吸附-生物再生技术及其在滇池流域暴雨径流污染控制中的试验与机理研究 [D]. 北京大学，2002.

[59] 胡沅胜，赵亚乾，赵晓红，等. 实现高效自养脱氮的单级上流式多潮汐人工湿地 [J]. 中国给水排水，2015（15）：127 - 132.

[60] 胡沅胜，赵亚乾，赵晓红. 强化总氮去除的改进型潮汐流人工湿地 [J]. 中国给水排水，2015（15）：133 - 138.

[61] 韩瑞瑞，袁林江，孔海霞. 复合垂直流人工湿地净化污水厂二级出水的研究 [J]. 中国给水排水，2009，25（21）：50 - 52.

[62] 关艳艳，佘宗莲，周艳丽，等. 人工湿地处理污染河水的研究进展 [J]. 水处理技术，2010，36（10）：10 - 15.

[63] 付国楷，周琪，杨殿海，等. 潜流人工湿地深度净化二级处理出水研究 [J]. 中国给水排水，2007，23（13）：31 - 35.

[64] 冯培勇，陈兆平. 人工湿地及其去污机理研究进展 [J]. 生态科学，2002，21（3）：264 - 268.

[65] 范远红，崔理华，林运通，等. 不同水生植物类型表面流人工湿地系统对污水厂尾水深度处理效果 [J]. 环境工程学报，2016，10（6）：2875 - 2880.

[66] 崔丽娟，张曼胤，王义飞. 湿地功能研究进展 [J]. 世界林业研究，2006，19（3）：18 - 21.

[67] 崔丽娟，王义飞，张曼胤，等. 国家湿地公园建设规范探讨 [J]. 林业资源管理，2009（2）：17 - 27.

[68] 成水平，吴振斌，况琪军. 人工湿地植物研究 [J]. 湖泊科学，2002，14（2）：179 - 184.

[69] 陈珺. 未来污水处理工艺发展的若干方向、规律及应用 [J]. 给水排水，2018（2）.

[70] 陈静，杨逢乐，和丽萍. 云南省高原湖泊人工湿地技术规范研究 [M]. 昆明：云南科技出版社，2006.

[71] 曹笑笑，吕宪国，张仲胜，等. 人工湿地设计研究进展 [J]. 湿地科学，2013，11（1）：121 - 128.

[72] 郑兴灿，张昱. 城镇污水处理厂微量污染物的来源与控制途径 [J]. 给水排水，2018（2）：1 - 3.

[73] 郑兴灿. 城镇污水处理技术升级的挑战与机遇 [J]. 给水排水，2015（7）：1 - 7.

[74] 王为东，汪仲琼，李静，等. 人工湿地生态根孔技术及其应用 [J]. 环境科学学报，2012，32（1）：43 - 50.

尾水人工湿地设计与实践

[75] 李小艳，丁爱中，郑蕾，等 . 1990—2015 年人工湿地在我国污水治理中的应用分析 [J]. 环境工程，2018，36（4）：11 - 17.

[76] 杨永兴，杨杨，刘长娥 . 湿地与湿地科学基本理论问题与湿地生态系统的生态、环境功能 [J]. 景观设计学，2019（1）.

[77] 克雷格·S·坎贝尔，迈克尔·H·奥格登 . 湿地与景观 [M]. 吴晓芙译 . 北京：中国林业出版社，2005.

[78] 陈永华，吴晓芙 . 人工湿地植物配置与管理 [M]. 北京：中国林业出版社，2012.

[79] 吴树彪，董仁杰 . 人工湿地生态水污染控制理论与技术 [M]. 北京：中国林业出版社，2016.

[80] 常雅婷，卫婷，嵇斌，等 . 国内各地区人工湿地相关规范/规程对比分析 [J]. 中国给水排水，2019，35（8）：27 - 33.

[81] Zhang T，Xu D，He F，et al. Application of Constructed Wetland for Water Pollution Control in China During 1990 - 2010 [J]. Ecological Engineering，2012，47：189 - 197.

[82] Zhang D Q，Jinadasa K B，Gersberg R M，et al. Application of Constructed Wetlands for Wastewater Treatment in Developing Countries—a Review of Recent Developments（2000 - 2013）[J]. Journal of Environmental Management，2014，141：116 - 131.

[83] Wu S，Wallace S，Brix H，et al. Treatment of Industrial Effluents in Constructed Wetlands：Challenges，Operational Strategies and Overall Performance [J]. Environmental Pollution，2015，201：107 - 120.

[84] Wu H，Zhang J，Ngo H H，et al. A Review on the Sustainability of Constructed Wetlands for Wastewater Treatment：Design and Operation [J]. Bioresour Technol，2015，175：594 - 601.

[85] Vymazal J. Constructed Wetlands for Treatment of Industrial Wastewaters：A Review [J]. Ecological Engineering，2014，73：724 - 751.

[86] Vymazal J. Emergent Plants Used in Free Water Surface Constructed Wetlands：A Review [J]. Ecological Engineering，2013，61（19）：582 - 592.

[87] Vymazal J. Plants Used in Constructed Wetlands with Horizontal Subsurface Flow：A Review [J]. Hydrobiologia，2011，674（1）：133 - 156.

[88] Vymazal J. Constructed Wetlands for Wastewater Treatment：Five Decades of Experience [J]. C R C Critical Reviews in Environmental Control，2010，31（4）：351 - 409.

[89] Vymazal J. Horizontal Sub - Surface Flow and Hybrid Constructed Wetlands Systems for Wastewater Treatment [J]. Ecological Engineering，2005，25（5）：478 - 490.

[90] Simmons M T，Venhaus H C，Windhager S. Exploiting the Attributes of Regional Ecosystems for Landscape Design：The Role of Ecological Restoration in Ecological Engineering [J]. Ecological Engineering，2007，30（3）：201 - 205.

[91] Vymazal J. Wastewater Treatment，Plant Dynamics and Management in Constructed and Natural Wetlands [J]. Springer Netherlands，2008.

[92] Shelef O，Gross A，Rachmilevitch S. Role of Plants in a Constructed Wetland：Current and New Perspectives [J]. Water，2013，5（2）：405 - 419.

[93] Langergraber G，Haberl R，Laber J，et al. Evaluation of Substrate Clogging Processes in Vertical Flow Constructed Wetlands [J]. Water Science & Technology A Journal of the International Association on Water Pollution Research，2003，48（5）：25.

[94] Knowles P，Dotro G，Nivala J，et al. Clogging in Subsurface - Flow Treatment Wetlands：Occurrence and Contributing Factors [J]. Ecological Engineering，2011，37（2）：99 - 112.

[95] Kadlec R H，Wallace S D. Treatment Wetlands [J]. Soil Science，2009，162（6）：233 - 248（216）.

尾水人工湿地设计与实践

［96］　García J，Rousseau D P L，Morató J，et al. Contaminant Removal Processes in Subsurface‐Flow Constructed Wetlands：A Review ［J］． Critical Reviews in Environmental Science & Technology，2010，40（7）：561－661.

［97］　浙江省环境保护科学设计研究院. 浙江省污水处理厂调研报告（2014年度）［R］. 杭州：浙江省环境保护科学设计研究院，2015.

［98］　河海大学设计院. 南水北调东线沿线城市洪泽尾水收集处理及利用工程可行性研究报告［R］. 南京：河海大学设计院，2010.

［99］　浙江大学能源工程设计研究院. 临安污水处理厂6万吨/日尾水脱磷除氮项目可行性研究报告［R］. 杭州：浙江大学能源工程设计研究院，2007.

［100］深圳市环境科学研究所. 观澜河清湖段生态治理工程初步设计说明书［R］. 深圳：深圳市环境科学研究所，2006.

［101］中国电建集团华东勘测设计研究院有限公司. 东阳市江滨景观带湿地公园工程初步设计说明书［R］. 杭州：中国电建集团华东勘测设计研究院有限公司，2014.

［102］同济大学建筑设计研究院（集团）有限公司. 嘉兴市城东再生水厂一期工程——湿地及活水公园EPC总承包项目初步设计说明书［R］. 上海：同济大学建筑设计研究院（集团）有限公司，2016.

［103］中国电建集团华东勘测设计研究院有限公司. 茅洲河流域（宝安片区）水环境综合整治工程——燕川湿地、潭头河湿地、排涝河湿地工程初步设计说明书［R］. 杭州：中国电建集团华东勘测设计研究院有限公司，2017.

［104］中国电建集团华东勘测设计研究院有限公司. 茅洲河（光明新区）水环境综合整治工程项目——生态湿地工程可行性研究报告［R］. 杭州：中国电建集团华东勘测设计研究院有限公司，2017.

［105］中国电建集团华东勘测设计研究院有限公司. 孝义河河口湿地水质净化工程技术标书［R］. 杭州：中国电建集团华东勘测设计研究院有限公司，2019.

尾水人工湿地设计与实践

附表　本书案例参数汇编

章节	湿地名称	工艺流派	预处理单元数量 沉淀(砂)池	接触氧化池	生态砾石床	人工湿地单元数量 水平潜流湿地	垂直潜流湿地	表流湿地	饱和流湿地	塘单元数量 兼性塘	厌氧塘	曝气氧化塘	植物氧化塘	工艺流程	处理水量/(万 m³/d)	占地面积/hm²	水力负荷/(m/d)	设计进水水质	设计出水水质	投资费用/万元	建成年份
第4章	洪泽污水处理厂尾水人工湿地							3		2		1		曝气蓄水塘—兼性塘—表流湿地	10	260.0	0.04	一级B标准	一级A标准	3932	2010年
第4章	临安污水处理厂尾水人工湿地	塘—表工艺		1				2、4		3				氧化池—脱毒滤床—串联式运行池塘—生态廊道—砂石植物滤床	6	13.7	0.44	一级B标准	Ⅲ类标准	13000	2008年
第12章	义乌市义亭污水处理厂尾水人工湿地			1		3		2					4	生物塘系统—表流湿地—复合生态滤池—稳定塘	3.5	13.2	0.26	一级A标准	Ⅳ类标准	1994	2016年
第4章	深圳市龙华污水厂尾水人工湿地	塘—床工艺		1	2		3							生态氧化池—生态砾石床—垂直潜流湿地	2	4.3	0.47	一级A标准	Ⅲ类标准	3935	2007年
第13章	大同市十里河人河河口交汇处生态湿地工程		1			2	3							格栅—沉淀池—前处理湿地—垂直潜流湿地—景观塘	11.9	30.6	0.39	一级A标准	Ⅳ类标准	7287	待建
第4章	慈溪市城区污水处理一期工程尾水人工湿地	(塘)—床—表工艺				1、4		2					3	植物碎石床—表流湿地—生态塘—强化生物滤床	15	28.7	0.52	一级B标准	一级A标准	4463	2010年
第14章	嘉兴市城东再生水厂湿地及活水公园工程					1		2		3				折流式水平潜流人工湿地—表流人工湿地—后置稳定塘	4	16	0.25	V类标准	Ⅳ类标准	9636	2018年

章节	湿地名称	工艺流派	预处理单元数量 沉淀(砂)池	接触氧化池	生态砾石床	人工湿地单元数量 水平潜流湿地	垂直潜流湿地	表流湿地	饱和流湿地	塘单元数量 兼性塘	厌氧塘	曝气氧化塘	植物氧化塘	工艺流程	处理水量/(万m³/d)	占地面积/hm²	水力负荷/(m/d)	设计进水水质	设计出水水质	投资费用/万元	建成年份
第15章	东阳市汇溪景观带湿地公园工程	（塘）—床—表工艺	1	2		4	3	5						强化预处理—垂直潜流湿地—水平潜流湿地—表流湿地	6	15.16	0.40	一级A标准	IV类标准	13524	2015年
第16章	仙居县污水处理厂二期工程					2	1	3						垂直潜流—水平潜流—表流湿地	4	21.19	0.19	一级A标准	IV类标准	12108	2019年
第17章	常熟新材料产业园水处理生态湿地						1	3	4				2	调节池—垂直潜流湿地—生态塘—表流湿地—饱和流湿地	0.5	5.9	0.08	一级A标准	IV类标准	3000	2014年
第18章	孝义河河口湿地水质净化工程					2		3		1			4	前置沉淀生态塘—水平潜流湿地—表流湿地—沉水植物塘	20	198	0.10	劣V类	按去除率计	31038	在建
第4章	阜阳市颍南污水处理厂尾水人工湿地	强化预处理工艺						3		4				强化预处理—表流湿地—沉水植物塘	5	1.1	4.55	一级A标准	IV类标准	80192	待建
第19章	茅洲河燕罗湿地工程		1	2	1		3	4						生态氧化池+高效沉淀池+垂直潜流湿地+表流湿地	1.4	5.5	0.25	一级B标准	IV类标准	8889	2017年
第20章	光明湿地群 上下村湿地		2	1			3	4						生态氧化池+高效沉淀池+垂直潜流湿地+表流湿地	2	7.62	0.26	一级B标准	IV类标准	5664	待建
	新陂头南湿地			1		3		4					2	初沉池+氧化塘+生态塘+潜流湿地+表流湿地	0.2	4.98	0.04	V类标准	IV类标准	6350	2019年
	鹅颈水湿地			1		3		4					2	初沉池+氧化塘+生态塘+潜流湿地+表流湿地	0.5	7.45	0.07	V类标准	IV类标准	10657	2019年

注：
1. 表中数字代表单元次序；
2. 孝义河案例已施工，但未采用本书的工艺。

尾水入工湿地设计与实践

后　记

　　掩卷停笔之际，颇多感慨。随着我国水环境治理业务的飞速发展，我们这些从业人员疲于奔命，一直处于不停的状态转换之中。工作、生活中的角色转换自不必言，在项目实践中，我们又在不同专业、项目尺度、方案深浅、文与理、景与情、具象与抽象、宏观与微观等项目需求中切换。我们就像坐上了高铁，快是常态，如何适应不同的需求，除了思考工作中解决具体问题的"术"，更要思考事务发展的普遍规律"道"，这就必须要有一个沉淀的空间，找到慢的节奏，才能行稳致远。

　　然而，要想在异常繁忙的工作中找到这样的空间，又谈何容易。于是，高铁上、机舱里、候车厅、儿子酣睡后的台灯下、出差期间的旅馆内、周末的办公室，成了我阅读、思考、笔耕不辍的宝贵间隙。本书是我在沉淀空间中思考的产物，希望适时的总结我们的实践经验，在人工湿地功能性和艺术性的融合上，做点尝试和突破，但是，囿于我们文理分科的教育模式，写实主义的艺术教育及设计院的专业分工，等等，我们都不可避免地陷入思维定式，难以创新，更别提艺术上的突破。就像本书总结的人工湿地景观设计的原则一样，或许，艺术的事物本身就很难用某些原则去界定，它是因人而异的，很难有统一的标准，因此，这是需要我们继续思考的问题。

　　写到这里，心里未免惶恐和忐忑，感觉很多问题在书中未能穷尽，还有待解答，有一切清零的感觉，甚至极度怀疑自己的认知。这就像参禅的三重境界，在动态写作本书之时，就像参禅之初，看山是山，看水是水，感觉自己对人工湿地有了一些心得和体会。可是在本书成稿之后，又感觉看山不是山，看水不是水，对自己的认知产生了怀疑。因此，在成稿过程中的反复修改似乎就是源于心底的不自信。在此，深深感谢本书的编辑冯红春老师的耐心和宽容。最后，希望在以后的实践工作中，继续深入认识人工湿地，最终能够禅中彻悟，看山仍是山，看水仍是水！

　　是以自勉，也以本书作为我们继续水环境治理征程的新起点，为建设美丽中国继续奋斗！

作 者 简 介

魏俊，男，1982年生，江西萍乡人，同济大学环境工程专业毕业，硕士研究生，现任中国电建集团华东勘测设计研究院有限公司水环境工程院副院长，高级工程师。从业以来一直从事市政环保工程的规划、设计、科研工作，先后获华东勘测设计研究院有限公司青年岗位能手、青年技术带头人、杭州市"131"中青年人才等。近年来先后担任国内诸多重大水环境治理项目经理、总工等。

韩万玉，男，1983年生，河南南阳人，重庆大学环境工程专业毕业，硕士研究生，现任中国电建集团华东勘测设计研究院有限公司环境与生态工程院党总支书记兼副院长，高级工程师。从业以来一直从事水处理、水环境综合整治技术研究、设计及工程项目管理工作，先后荣获华东勘测设计研究院有限公司质量先进个人、中国电建优秀项目经理、杭州市"131"中青年人才等。近年来先后担任国内诸多大型水务、水环境治理项目经理、总工等。

杜运领，男，1981年生，河南商丘人，大连理工大学水利水电建筑工程专业本科毕业，浙江大学水利工程专业硕士研究生，现任中国电建集团华东勘测设计研究院有限公司水环境工程院院长，教授级高级工程师。从业以来一直从事水利、环境、生态工程的规划设计、项目管理工作，先后获得华东院青年岗位能手、青年技术带头人、浙江省151人才等。近年来先后担任国内多项重大环境、生态、水环境类项目经理等。